楽しく学ぶC言語

飯塚康至［著］　長 慎也［監修］

技術評論社

謝辞

本書で利用している「オンラインプログラミング学習環境」である「Bit Arrow」は大阪電気通信大学の兼宗《かねむね》研究室、東京農工大学の並木研究室、明星大学の長研究室で開発・運用が進められています。これらの研究室のみなさんの力でBit Arrowが公開されていなければ本書は生まれなかったことでしょう。

並木先生、兼宗先生、長先生に感謝するとともに、Bit Arrowを開発・運用している研究室のみなさんにも感謝します。特にBit Arrowの開発を中心的に行っている東京農工大学　博士課程の長島さんに感謝します。

はじめに

みなさん、こんにちは。本書「楽しく学ぶC言語」はプログラミングの楽しさをみなさんに伝えるために執筆しました。書籍の内容に沿って進めていくとアニメーションをおこなったり、シューティングゲームを作ったりしながら楽しくC言語を身につけていくことができるようになっています。

本書は本書の監修を行って頂いた明星大学の長先生が作成した資料を元に、実際に長先生や私が大学の授業で教えた内容を改善しながら執筆していきました。

「C言語」と聞くと何やら難しいイメージを持つ方もいらっしゃると思います。私は20年近くプログラミングを教えていますが、たくさんあるプログラム言語の内、C言語は最も教えやすく、学びやすい言語であると考えています。1972年に誕生したC言語は今なおたくさんのところで活躍していますし、C言語を元に作成されたたくさんのプログラム言語もあります。そのためC言語を学ぶことによってプログラミングに対する理解がより深まると考えています。

そのようなことは抜きにしてもプログラミングを行って自分の考えていることが実現できることはとても楽しいことだと思います。実際には自分の思ったとおりにプログラムを動かすことはたくさんの試行錯誤の繰返しですが、それがプログラミングの醍醐味であり、動いたときの喜びも大きいものと思います。

本書のプログラムは「オンラインプログラミング学習環境」である「Bit Arrow」上で動きます。Bit Arrowはブラウザのみで動作しますので、インターネットに接続できる環境であればすぐに本書の内容を試すことができます。ぜひ実際に手を動かしてみて、自分の作ったプログラムが動く楽しさを感じていただければと思います。

本書は長先生をはじめ編集部のみなさまなどたくさんの人のおかげで完成しました。特に執筆をあたたかくサポートしてくれた妻の真美子と生まれたばかりの赤ん坊の大耀《たいよう》に感謝します。

飯塚 康至

目次

第1部 C言語を楽しもう

第2章 アルゴリズムと関数の再帰呼び出し 347

付録 376

第 1 部

C言語を楽しもう

C言語の基礎を学びながらゲームを
作成していく準備をしていきます。

第 0 章

はじめに

本書ではBit Arrowを用いてC言語のプログラミングを学んでいきます。はじめの一歩として本書で学ぶプログラム・C言語・Bit Arrowがどのようなものかを見ていきます。

第1節 プログラムとは

第1部ではC言語の基礎を「オンラインプログラミング学習環境」Bit Arrowを使って学習していきます。基本的なC言語のプログラムの書き方（文法）を身につけたら、Bit Arrowのグラフィック描画機能を利用して絵を描いたり、描いた絵を動かしたりしながら条件分岐や繰り返し文、関数といったC言語での重要な文法を身につけていきます。

本書で学ぶプログラムとはどのようなものでしょうか？ プログラムとはコンピューターに行ってもらいたい事柄（処理・命令）を記述した手順書のようなものです。

この手順書のようなものであるプログラムはプログラム言語というものを利用して記述します。プログラム言語を利用して手順書のようなプログラムを作成することをプログラミングと呼びます。

プログラミングができるようになると自分の好きなようにコンピューターに命令を出してさまざまなことを行わせることができます。コンピューターに行ってもらいたい事柄をプログラム言語を利用して記述していく人をプログラマーと呼びます。

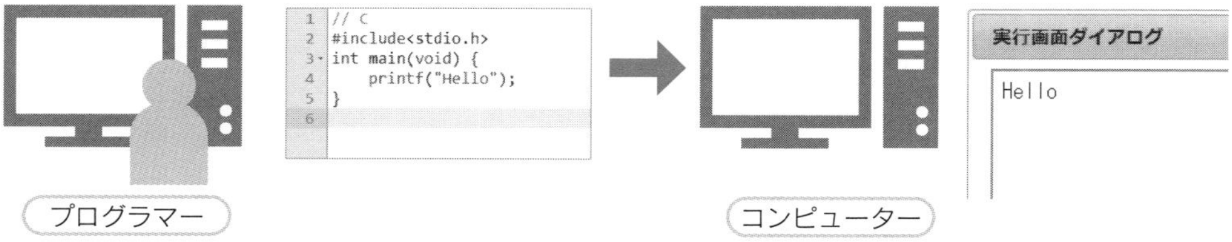

図0-1 プログラムとその周辺の概念

本書ではアニメーションやゲームなどの作成を通じC言語というプログラム言語を学んでいきます。

第2節　C言語とは

本書で学ぶC言語は1972年にできた言語で50年近い歴史があります。C言語はデニス・リッチー(Dennis MacAlistair Ritchie)とケン・トンプソン(Kenneth Lane Thompson)によってコンピューターを動かすための基本ソフトであるオペレーティングシステムを記述する言語として作成されました。

図0-2　ケン・トンプソン(左)とデニス・リッチー(右)

このとき作成されたオペレーティングシステムをUNIXといいます。UNIXとともにC言語は多くの人に支持され広まっていきました。その後、UNIXを搭載したコンピューター同士がネットワークに接続され通信を行うようになり、これが現在のインターネットの元になりました。

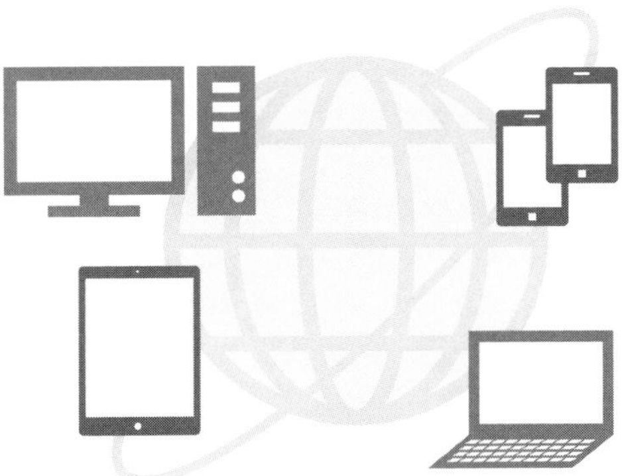

図0-3　インターネットとC言語

現在広く使われているMicrosoft社のWindowsやApple社のMacOS、スマートフォンのAndroidやApple社のiPhoneなど多くのデバイスも基本的な部分はC言語で作成されます。さらに最近ではドローンや家電などのIoT（Internet of Things）と呼ばれるインターネットに接続する機器の多くもC言語で制御されています。

またC言語を参考に多くの新しいプログラム言語が作成されてきました。C言語の影響を受けた主なプログラム言語と発表年は次の通りです。

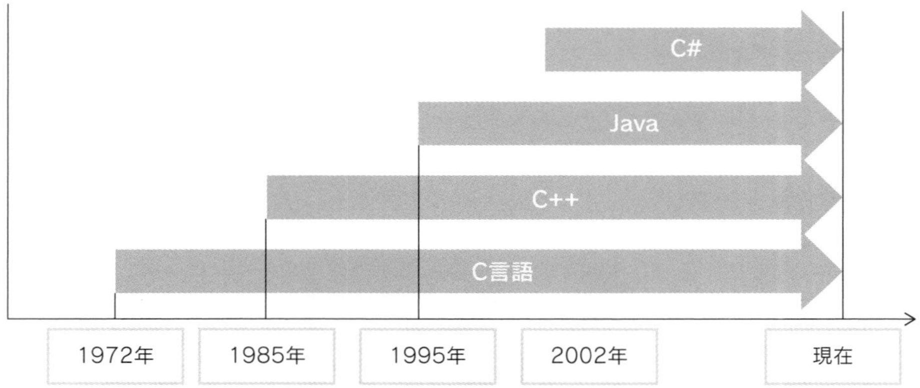

図0-4 C言語とC言語の影響を受けた主なプログラム言語

C言語を学ぶことでこれらの言語への理解も深まることでしょう。このように今なお世界中で利用されているC言語を学ぶことはプログラム言語をこれから学習していく皆さんの役に立つことでしょう。C言語を学ぶメリットは次の通りです

C言語を学ぶ主なメリット

1. C言語は今なお世界中で利用されていてC言語を学んだ人の活躍の場がたくさんある
2. C言語を元にたくさんの言語が作成されてきたので、C言語を身につけておくと他の新しい言語も深く理解できるようになる
3. C言語の文法はこれからも変わらないので、学ぶとその知識をずっと活用できる

第3節 Bit Arrowとは

C言語を学ぶメリットは他にもたくさんありますが、実際にプログラミングを行い動作を確認するにはC言語のプログラミング環境をパソコンの中に作成しなくてはいけないなど、初めてプログラムを学ぶ人にはハードルが高い部分がありました。C言語の学習を始めるまでのところで挫折する場合が多くありました。これを解消したのが本書で利用するオンラインプログラミング環境である「**Bit Arrow**《ビットアロー》」です。

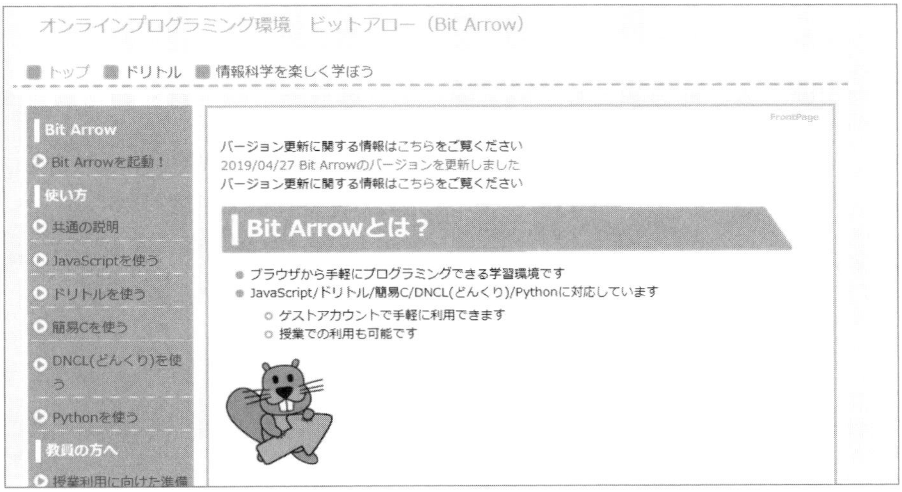

図0-5 Bit Arrow

Bit Arrowはインターネット閲覧ソフトであるブラウザ上で動作するため、インターネットにアクセスできる環境であればパソコン上にC言語のプログラミング環境を作成することなく直ぐにC言語のプログラミング学習を始めることができます。

Bit Arrowには「びたろう君」というキャラクターがいて、みなさんのプログラミング学習を見守ってくれています。びたろう君とともにC言語の学習を進めていきましょう。

図0-6 Bit Arrowのキャラクター「びたろう君」

Bit ArrowではC言語の学習の他に次のようなプログラム言語を学習することができます。

（1）C言語
（2）JavaScript
（3）ドリトル
（4）DNCL（どんくり）
（5）Python

（2）JavaScriptはブラウザで実行できるプログラム言語で世界的に人気の言語です。（3）ドリトルは現大阪電気通信大学の兼宗《かねむね》 進《すすむ》教授により開発された教育用に設計されたプログラム言語で、オブジェクト指向というプログラミング手法を効率よく学ぶことができます。（4）DNCL《どんくり》は大学入試センター試験で出題に使われる「センター試験用手順記述標準言語（DNCL）」の学習環境です。（5）Python《パイソン》はAI（人工知能）の開発や機械学習に利用されることが多い人気の言語です。

Bit Arrowは大阪電気通信大学の兼宗研究室、東京農工大学の並木研究室、明星大学の長研究室で開発が進められています。このためBit Arrowは日本語での論文や解説が多いという特徴があります。日本語の環境でC言語の学習が進められることは初学者の皆さんにとって心強いものと思います。

またBit Arrowはブラウザ上で実行できるために、よりよいオンラインプログラミング環境となるように日々進化しています。

COLUMN　ブラウザについて

Bit Arrowはホームページ閲覧ソフトであるブラウザ上で動作します。主なブラウザは次の通りです。
「Google Chrome」「FireFox」「Internet Explorer」「Microsoft Edge」「Safari」

これらブラウザ上でBit Arrowは動作しますが、ブラウザの種類やバージョンによってはBit Arrowが正しく動作しない場合があります。Bit Arrowの推奨ブラウザはGoogle Chromeです。本書のプログラムはGoogle Chromeで動作確認を行っています。なるべくならGoogle Chromeを利用して学習をすすめてください。特に「Internet Explorer」はうまく動かないことが多いので注意が必要です。

セキュリティ等の制限でGoogle Chromeをインストールできない場合は、「Google Chrome Portable」を利用することができます。Google Chrome PortableはUSBメモリにインストールして使うことができます。

Google Chrome PortableのダウンロードURLは次の通りです。
https://portableapps.com/apps/internet/google_chrome_portable

第1部

第1章

Bit Arrowの利用

本章ではオンラインプログラミング環境であるBit Arrowの起動の方法から初めての使い方、アカウントの作成方法について学んでいきます。またBit Arrowにログイン後にプロジェクトを作成する方法やプログラムを作成してから実行するまでの方法について確認していきます。

第1節 Bit Arrowを起動してみよう

まず、Google Chromeを開きURL欄に「http://bitarrow.eplang.jp/」と入力しエンターキーを押してBit Arrowのサイトにアクセスしてみましょう。

図1-1 Bit Arrowのサイトを開く

Bit Arrowのサイトにアクセスすると次のようなページが表示されます。

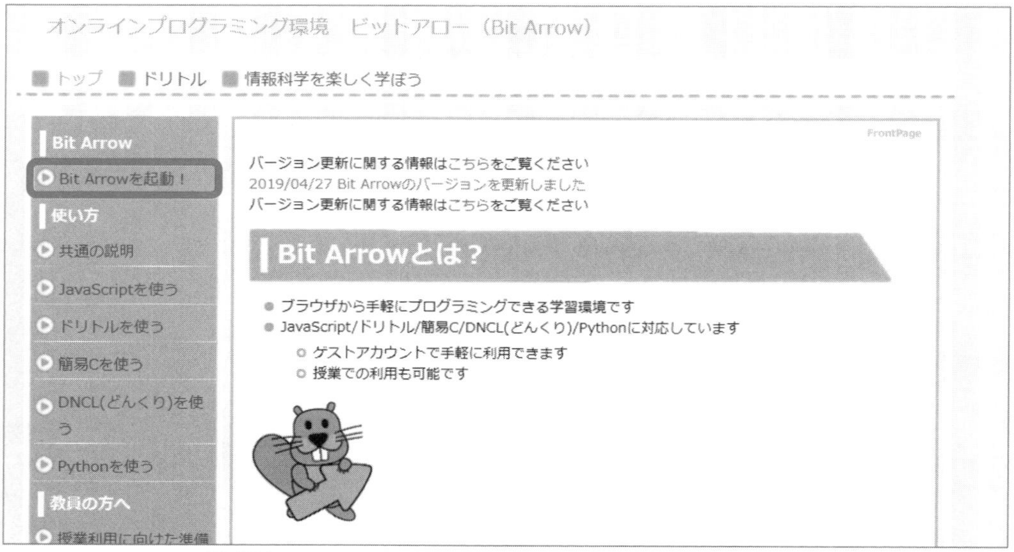

図1-2 Bit Arrowのトップページ（2019年3月1日現在）

この初めのページにはBit Arrowの説明が書かれています。必要に応じて参照してください。

それではBit Arrowを起動してみましょう。図1-2の「Bit Arrowを起動！」を選んでください。すると、図1-3のようなメッセージが表示され、OKを押すと図1-4のようなログイン画面に移動します。

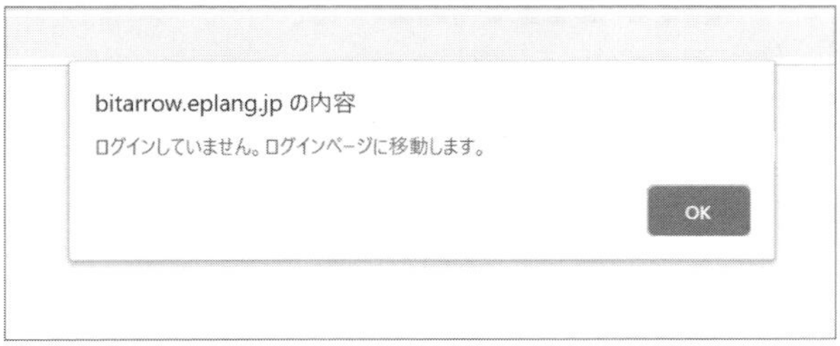

図1-3 ログインページへの移動メッセージ

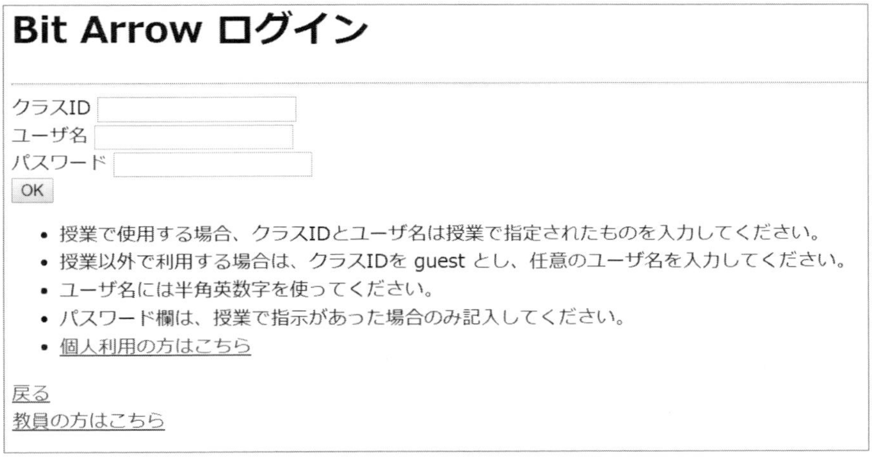

図1-4 ログイン画面

ここから先は：

- とりあえずプログラミングをしてみたい方は次のページに進んでください。
- 自分専用のアカウントを作りたい場合、第1章第3節「登録して自分専用にBit Arrowを使ってみよう」に進んでください。すでにユーザを登録している方は第1章第4節「Bit Arrowにログインしてみよう（ログインの考え方について）」に進んでください。
- 授業などでBit Arrowを利用する場合、先生の指示に従ってください。

第2節 Bit Arrowをとりあえず使ってみよう

Bit Arrowではユーザー登録等を行わずに簡単に、まずはお試しで利用することができます。

簡単にBit Arrowの機能を利用するには「guestクラス」を利用します。guestクラスでは、好きなユーザ名を使用して、パスワードを設定することなく利用できます。ただし、次の点に注意してください。

- guestクラスのユーザにはパスワードが設定されていないため、ユーザ名さえわかってしまえば、他のユーザからも自分のプログラムを見たり、書き換えたりできます。**個人情報など他人に見られては困るものを書き込まない**ようにしてください。
- guestクラスで作成したプログラムは一定期間で消去されることがあります。大事なプログラムは自分のPCの中にコピーを保存するようにしてください（コラム：バックアップの方法）。

今回は、クラス名に「guest」、ユーザ名に「gihyo」、パスワードは空欄で「OK」ボタンを押してログインしてみましょう。

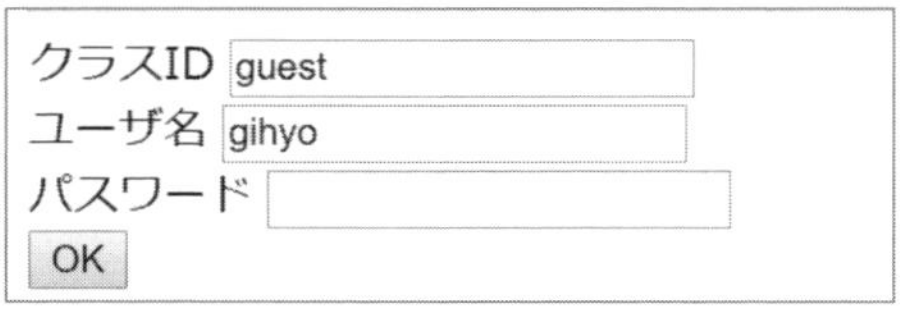

図1-5 guestクラスへのログイン

すると、図1-6のような画面に移動します。

図1-6　プロジェクト一覧画面

図1-6は、これまで作ったプロジェクト（プログラムの集まり）の一覧が表示されます。おそらく、この本を見て「gihyo」ユーザで入った他の人が作ったプロジェクトがいくつか並んでいると思います。

なお、gihyo以外のユーザ名を入れた場合、図1-7のような画面が表示されることがありますが、この場合、左下に表示される「登録」ボタンを押してください。

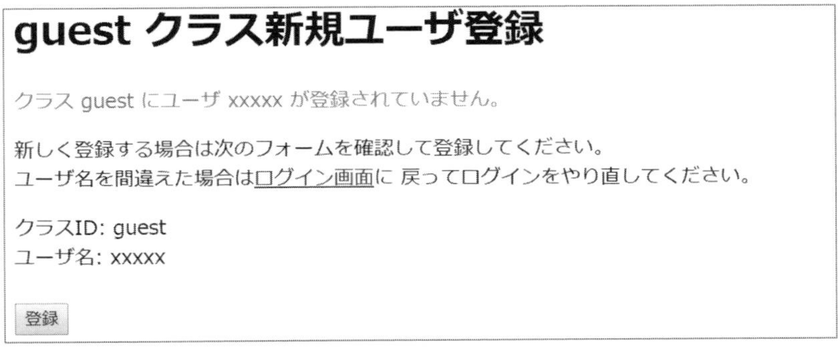

図1-7　ユーザ登録確認画面（登録済のユーザー名の場合は表示されません）

これで、とりあえずBit Arrowを使う準備ができました。早速プログラミングを試したい方は、第1章第5節「プロジェクトを作ってみよう」に進んでください。

第3節 登録して自分専用にBit Arrowを使ってみよう

guestクラスのユーザは他のユーザからもプログラムを読み書きされたり、一定期間でプログラムを消去されたりする可能性があるため、より本格的にプログラミングを学ぶには自分専用のユーザを登録することをおすすめします。ユーザ登録にはメールアドレスが必要になります。

前節でguestクラスのユーザでログインした方は、図1-8の「他ユーザでログイン」を選んで、一旦ログイン画面に戻ってください。

図1-8 他ユーザーでログイン

図1-9のようにログイン画面から「個人利用の方はこちら」というリンクを選択します。

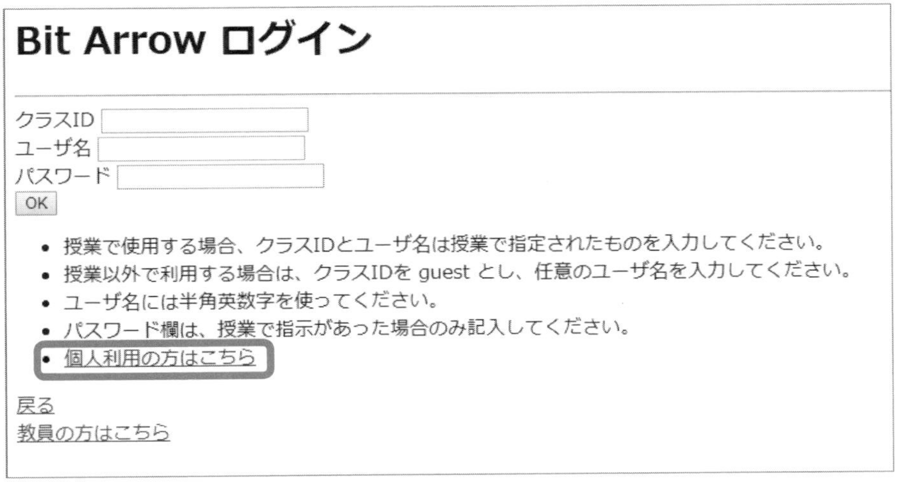

図1-9　ログイン画面から「個人利用」への移動

続いて、「ユーザ登録」を選びます。

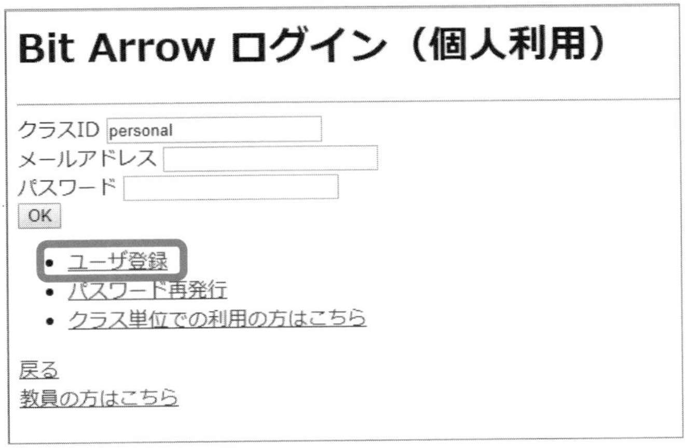

図1-10　個人ユーザのユーザ登録

表示されるフォームに自分のメールアドレスを入れて「OK」を押してください。

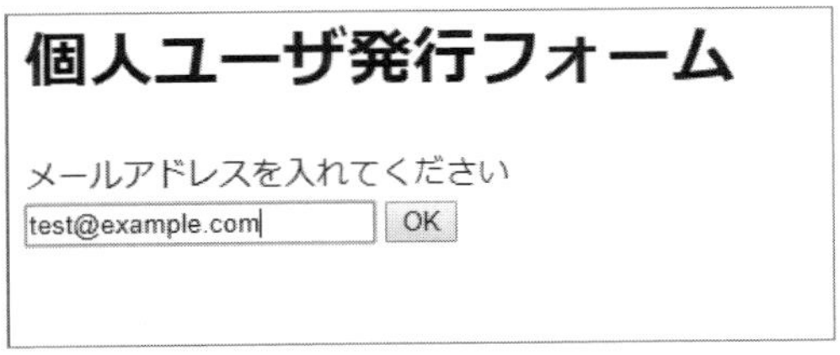

図1-11　個人ユーザ発行フォーム

しばらくすると、「BitArrowユーザ登録」という件名のメールが送信されているので、メールの本文にあるURLを開いてください。メールが受信トレイに届かない場合は迷惑メールフォルダーに移動してしまった可能性がありますので迷惑メールフォルダーなどを探してみてください。

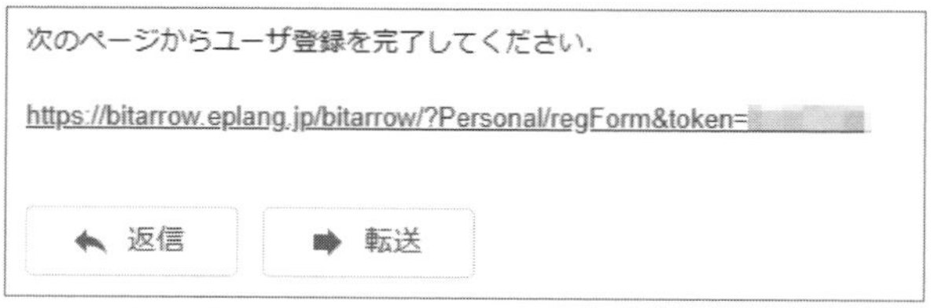

図1-12 BitArrowユーザー登録のメール例

すると、図1-13のようなページが表示されますので、好きなパスワードを入力してください。確認のため、同じパスワードを2度入力する必要があります。

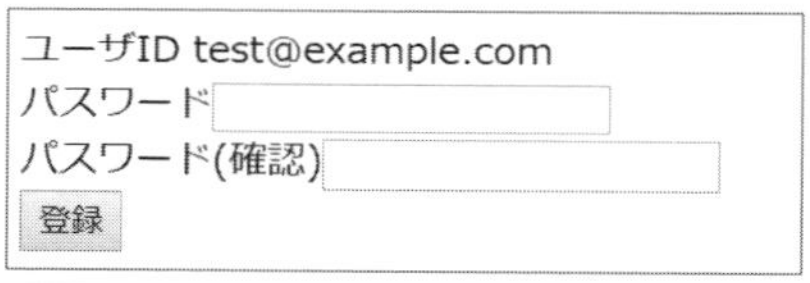

図1-13 個人ユーザパスワード登録

パスワードを登録すると、図1-14のような完了メッセージが表示されますので「ログイン」を選択します。するとログイン画面に戻ります。そのまま第4節に進んでください。

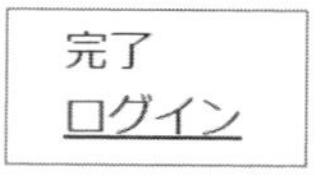

図1-14 個人ユーザ登録完了

第4節 Bit Arrowにログインしてみよう

前節で個人ユーザ登録をした方は、次の図1-15のログイン画面からログインしてみましょう。なお、ログイン画面の見出しに「（個人利用）」の表示がない場合、前節の図1-9を参考に個人利用のログイン画面に移動してください。

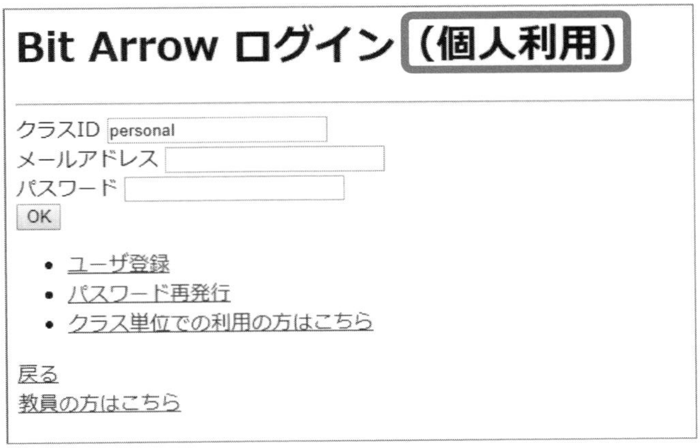

図1-15 個人ユーザのログイン画面

図1-15の「メールアドレス」欄に、登録に用いたメールアドレス、「パスワード」欄に登録したパスワードを入力して「OK」を押してください。図1-16の画面に移動すればログイン完了です。

図1-16 プロジェクト一覧

第5節 プロジェクトを作ってみよう

Bit Arrowでは、プログラムを「プロジェクト」という単位で管理しています。プロジェクトはファイルを格納するフォルダのようなもので、作成したプロジェクトの中にプログラムを作成していきます。

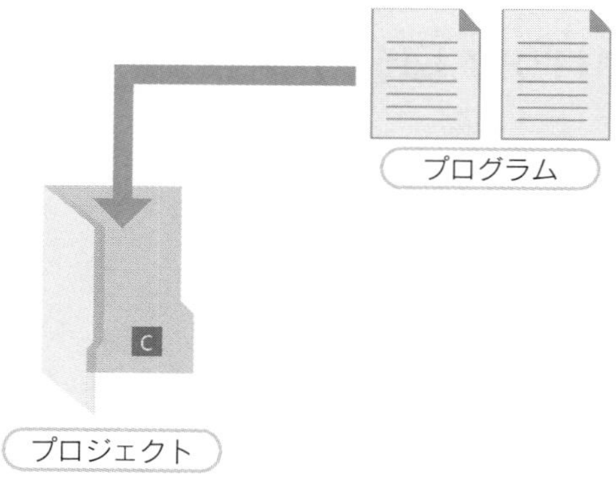

図1-17 プロジェクトの概念

プロジェクトを使うことで、例えば、授業の日付や教科書の単元ごとにプログラムを分けて管理することができます。

それでは新しく自分用のプロジェクトを作成してみましょう。Bit Arrowにログインし「新規プロジェクト」ボタンを押して、好きなプロジェクトの名前を入れましょう。**プロジェクトの名前に使える文字は半角英数字と_(アンダースコア)**だけです。なお、guestクラスのユーザの場合は、他の人とかぶらないように、イニシャル+作成日のように名前をつけましょう。例えば、佐藤太郎さんが2019/5/1にプロジェクトを作る場合はTS20190501のようにプロジェクト名を付けましょう。

次に「プログラミング言語」欄から「C」を選択します。Bit ArrowではC言語以外の言語も学習できますが、本書ではC言語のプログラミングのみを扱います。

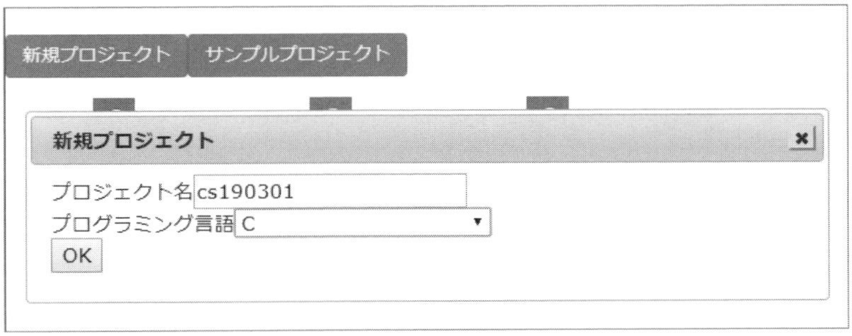

図1-18 プロジェクトの作成ダイアログボックス

「新規プロジェクト」ボタンの右側には「サンプルプロジェクト」のボタンがあります。本書では扱いませんが「サンプルプロジェクト」からプロジェクトを作成するといくつかのサンプルプログラムが自動で生成されます。

プロジェクトを作成すると、図1-19のような「編集画面」に移動します。編集画面の上部にはBit Arrowの機能にアクセスするためのメニューがあります。

図1-19 編集画面メニュー

上部の黒い部分がメニューです。それぞれ機能は次の通りです。

メニュー	機能
Bit Arrow	プロジェクト一覧画面（ログイン直後の画面）に戻ります。
ファイル	ファイルの作成などを行います。
実行	開いているプログラムを実行します。
保存	開いているプログラムを保存します。
設定	エディタの設定を行います。
ツール	各種ツールを呼び出します（本書では使いません）。
使用方法	Bit Arrow のトップページにある、各言語での使い方を開きます。

試しに左端の「Bit Arrow」を選択してもとのプロジェクト画面に戻ってみましょう。

図1-20 プロジェクト一覧画面

さきほど作成したプロジェクトが、新しく一覧に表示されていることが確認できます。それでは、もう一度作成したプロジェクトを選んで編集画面に戻ってください。

第6節 新しいファイルを作ってみよう

新しくプログラムファイルを作るには、プロジェクト編集画面のメニューから「ファイル」→「新規」を選びます。

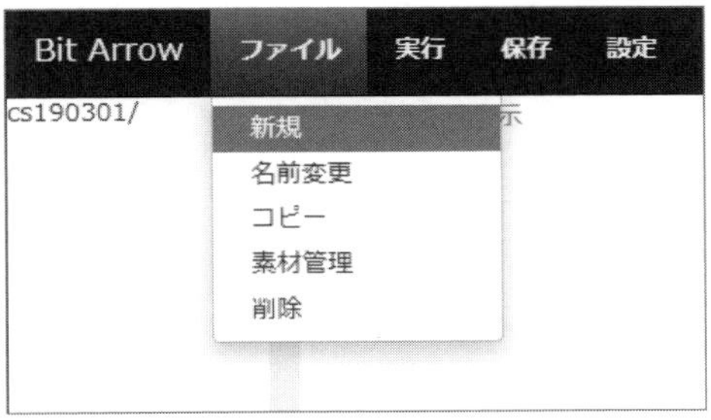

図1-21 ファイルの新規作成

ファイル名を入力するウィンドウが出ますので、ファイル名を入力してOKを押します。ここではHelloと入力してみます。ファイル名には半角の「英数字」と「_(アンダースコア)」と「-(ハイフン)」を利用することができます。またファイル名の先頭を数字にしてファイルを作成することはできませんので注意しましょう。

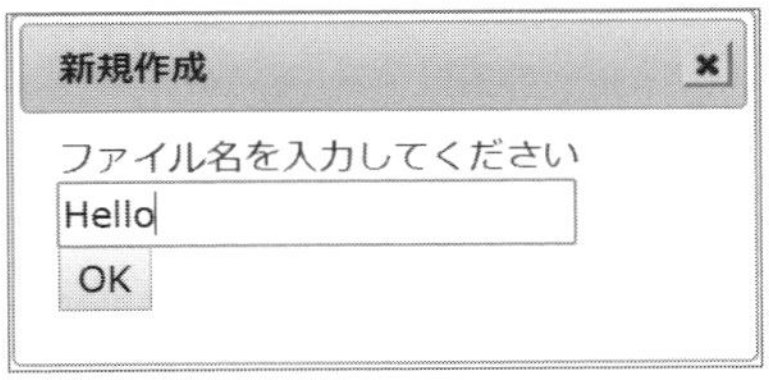

図1-22 ファイル名の入力

ファイルが作成されると、図1-23のようにプログラムファイルを編集する欄が現れます。ここにプログラムを記述していきます。

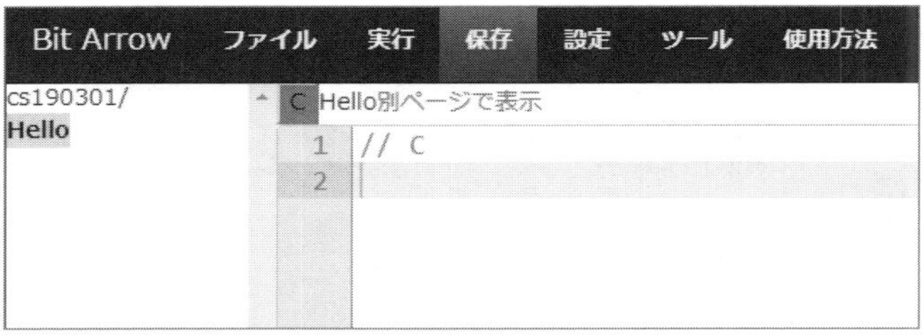

図1-23 新規作成されたプログラムファイル

COLUMN バックアップの方法

Bit Arrowはオンライン上で動作するソフトウェアです。そのためインターネットにアクセスできない環境では、Bit Arrow上で作成したプログラムを参照することができません。もしもの場合に備えてプログラムは自分のパソコンに保存しておくとよいでしょう。この作業をバックアップといいます。

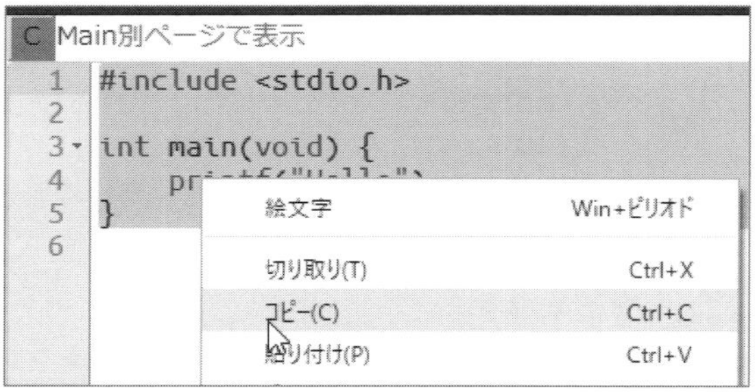

Bit Arrow上のプログラムをPCにバックアップするには、Bit Arrow上でバックアップ対象のプログラム開きます。その後、範囲指定して、右クリックの後、コピーを実行します。そしてメモ帳などのアプリケーションを開きプログラムを張り付けてから任意の場所、名前で保存します。

第7節 プログラムを記述してみよう

プログラムファイルを作成したら、英字入力モード(コラム：日本語入力と英数字入力)にして、次のようなプログラムを入力してみましょう。なお、記号等の入力のしかたがわからない場合、巻末付録を見てください。

プログラムを入力したら、メニューの「保存」を押してプログラムを保存しましょう。

プログラムリスト 1-1 Helloと出力する(初めてのプログラム)

```
//C
#include <stdio.h>
int main(void) {
    printf("Hello");
}
```

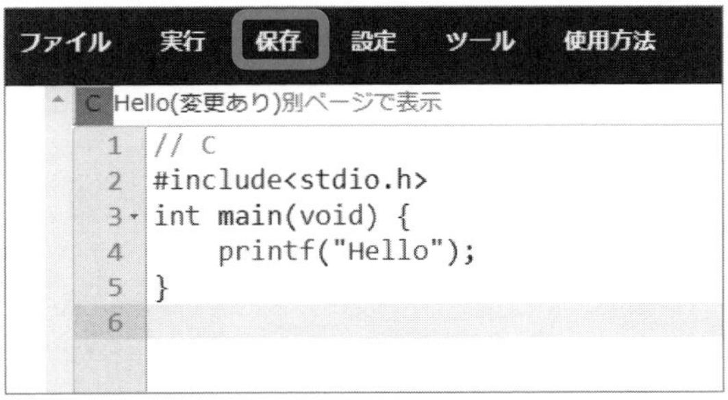

図1-24 プログラムの入力と保存

プログラムを保存すると、プログラム内の文字の位置が横にずれることがありますが、これはBit Arrowがプログラムを見やすくするために自動的に位置を調節するためです。

COLUMN

日本語入力と英数字入力

パソコンの入力には日本語入力モードと英数字入力モードの２つのモードがあります。日本語入力モードで入力した文字を全角文字といい英数字入力モードで入力した文字を半角文字といいます。現在の入力モードが全角入力モードか半角入力モードかを判断するにはWindowsの場合、画面右下のタスクトレイで確認することができます。

のように「あ」と表示されている場合は全角モードであることを示し

のように「A」と表示されている場合は半角モードであることを示しています。「あ」や「A」をクリックすることで全角モードと半角モードを切り替えることができます。またキーボード左上にある「半角/全角・漢字」キーを押すことでも切り替えることができます。

プログラムを記述するときは「A」の半角モードに切り替えて記述するようにしましょう。

第8節 作ったプログラムを実行してみよう

プログラムを保存したら、実行しましょう。メニューの「実行」を押してください。

図1-25 プログラムの実行

すると、図1-26のように「Hello」と表示されたダイアログ（ウィンドウ）が現れます。Bit Arrowではこの画面を「実行画面ダイアログ」と呼びます。

図1-26 実行画面ダイアログ

もし、図1-26のように表示されなかった場合、プログラムの内容に誤り（エラー）がある可能性があります。次の節を参考に、誤りを直しましょう。

実行画面ダイアログは移動したり、大きさを変更したりすることができます。移動する場合は「実行画面ダイアログ」と表示されているタイトルバーの上にマウスカーソルを乗せます。するとマウスカーソルの形状が十字の矢印になります。この状態でマウスのドラッグを行うと実行画面ダイアログを移動することができます。

図1-27 実行画面ダイアログの移動方法

実行画面ダイアログの大きさを変更するには、実行画面ダイアログの隅にマウスカーソルを持ってきます。するとマウスカーソルの形状が左右や斜めの矢印に代わります。この状態でマウスのドラッグを行うと実行画面ダイアログの大きさを変更することができます。

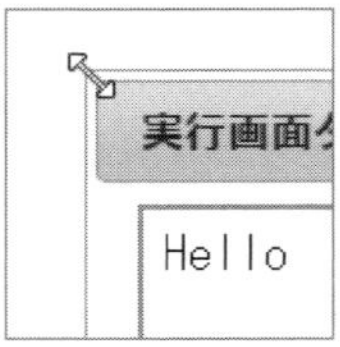

図1-28 実行画面ダイアログの大きさの変更

一度、大きさや位置を変更するとブラウザを閉じてBit Arrowを終了するまで、変更した位置と大きさをBit Arrowが覚えています。自分の見やすい位置と大きさに調整しましょう。また実行画面ダイアログを閉じるには右上の「×」ボタンか左下にある「閉じる」ボタンをクリックします。

第9節 エラーを起こしてメッセージを確認してみよう

プログラムに誤り(エラー)があると、プログラムが正しく実行されないことがあります。例えば、さきほどのプログラムリスト1-1において、最後から2番目の行に

```
(修正前)    printf("Hello");
```

とありますが、この行の最後の;(セミコロン)という記号を消して、

```
(修正後)    printf("Hello")
```

としてみてから、もう一度「実行」を押してみましょう。すると 図1-29 エラーメッセージのように「エラー」と書かれたウィンドウが表示されます。

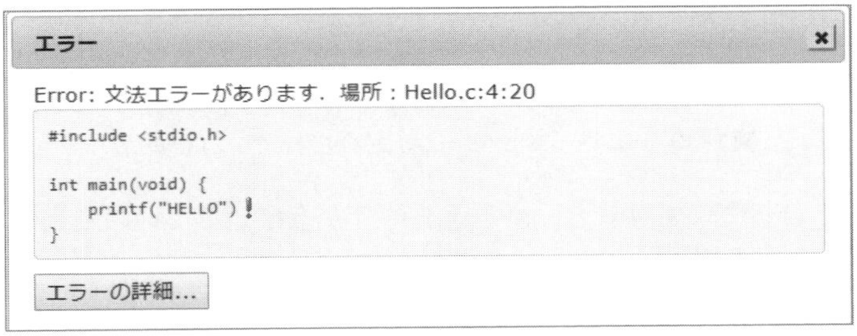

図1-29 エラーメッセージ(文法エラー)

これらのメッセージの意味を見ていきましょう。

- 「Error: 文法エラーがあります」: プログラムには「文法」と呼ばれる、プログラムを書くための規則が決められていています。「Error: 文法エラーがあります」と表示された場合は、その文法通りにプログラムが書けていない(この場合、「文の最後にセミコロンが必要」という規則が守られていない)ことを示します。なお、文法の詳細は次章以降詳しく学習していきます。

- 「場所：Hello.c:4:20」：作成したHelloというファイルの4行目の20文字目にエラーがあることを示しています。文字数にはスペース（空白）もカウントされています。
- 下に示されているプログラム中には赤い!記号が表示されています。これはエラーの起きた場所を示しています。この場所は、さきほどセミコロンを取り除いた場所です。

このエラーを直すには、もちろんさきほど取り除いたセミコロンを元通りに書き加えればよいわけです。直した後に再び実行して、正しくHelloを表示されることを確認しましょう。

もう一つ、エラーの例を試してみましょう。さきほどと同じ行を今度は

```
print("Hello");
```

のように、printfのfを消して実行してみましょう。すると、今度は「**print は定義されていません**」と表示されました。

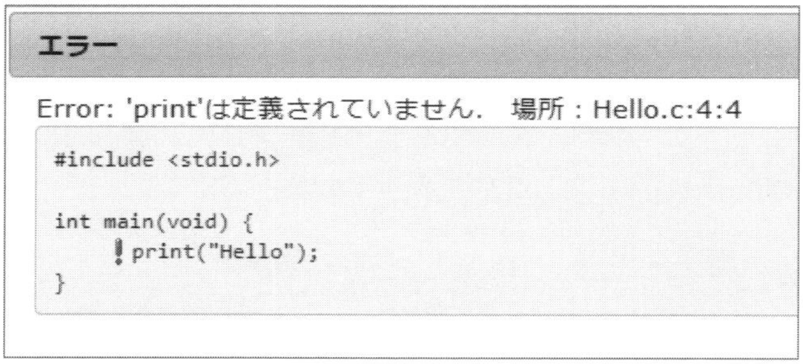

図1-30 エラーメッセージ（定義されていない命令）

これは「文法は合っているけれど、printという命令は知らないので実行できない」という意味です。このようにBit Arrowでは誤りがあるとできるだけ分かりやすいようにエラーメッセージを表示してくれます。エラーが出た場合は、エラーの内容や場所をよく確認してから修正してみましょう。

第10節 演習

演習 1-1

はじめからやってみよう

Bit Arrowを開いてプログラムを実行するところまでを復習しましょう。

（ア）一度GoogleChromeブラウザを終了しBit Arrowにログインしましょう。

①Guest利用の場合

②個人利用の場合

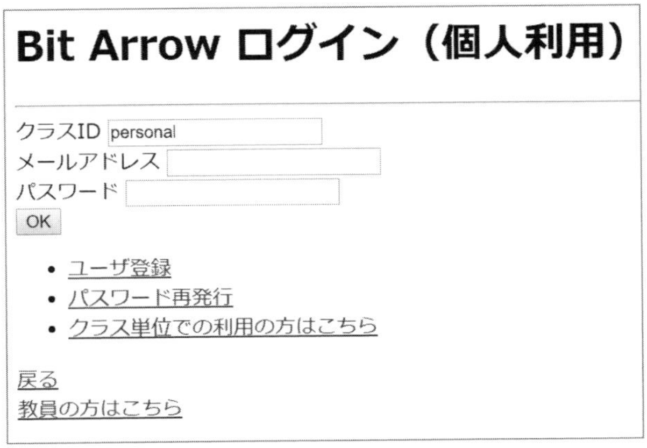

（イ）「イニシャル＋作成日＋連番」形式でC言語のプロジェクトを作成してみよう

①例えば「佐藤太郎」さんだったら、イニシャルはTS
②今日の日付が2019/ 4/17日だったら、年月日は20190417
③２つめのプロジェクト作成であったら、連番は02
なので、プロジェクト名は例えば「TS2019041702」としてプロジェクトを作成しましょう。
またプログラム言語は「C言語」を選択しましょう。

（ウ）ファイル名をMainとしてファイルを作成しましょう。

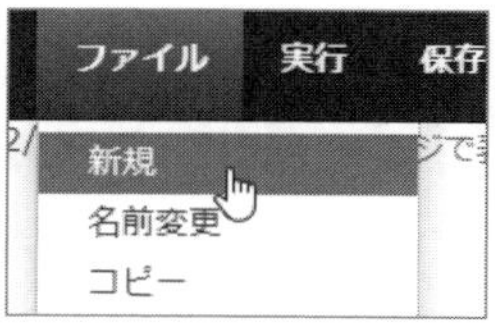

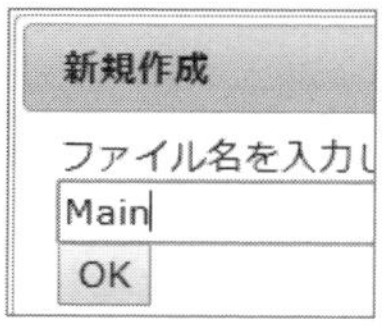

（エ）半角モードでプログラムを入力しましょう。

```
#include <stdio.h>

int main(void) {
    printf("Hello Hello");
}
```

（オ）実行してみよう。

第1部

第2章

プログラミングの基本（その1）

本章ではBit Arrowを利用してC言語の基本的な記述の方法を学びます。具体的には画面に数字や文字列を表示する方法（出力）や画面から入力した数値を利用する方法（入力）やそれらの値を格納し再利用する方法（変数）を学んでいきます。

第1節 プログラムの書き方を見てみよう(基本的な書き方について理解する)

第1章の最後にHelloなどの文字列を出力するプログラムとして次のようなプログラムを記述しました。

プログラムリスト 2-1 Helloと出力する

```
#include <stdio.h>

int main(void) {
    printf("Hello");
}
```

このプログラムを実行すると次のように表示されます。

▼実行結果

```
printf("Hello");
```

の部分がプログラムに行わせたい命令と呼ばれる部分です。printf《プリントエフ》()は出力しなさいという機能で"**(ダブルコーテーション)**で囲んだ文字列が出力されます。また命令は;**(セミコロン)**で終わります。Helloの部分を変更することで出力される文字列を変更することができます。

プログラムリスト 2-2 変更した文字列を出力する

```
#include <stdio.h>

```

```
int main(void) {
    printf("World");
}
```

図2-1 文字列の変更

このようにC言語のプログラムは

```
int main(void) {
}
```

と記述されたmain《メイン》の後の{（波括弧開く）から}（波括弧閉じる）までに記述した命令が実行されます。main()の範囲は{}（波括弧）で指定し、命令の終わりは;（セミコロン）で指定します。

main()の中は複数の命令を記述することができます。例えば次のように記述すると、HelloとWorldの文字列が表示されます。

プログラムリスト 2-3 複数の文字列を出力する

```
#include <stdio.h>

int main(void) {
    printf("Hello");
    printf("World");
}
```

図2-2 複数の文字列

第2節 さまざまな出力、改行や日本語を表示してみよう

第1項　改行

前節でprintf()を２行記述し、HelloとWorldを出力するプログラムを作成しました。

```
printf("Hello");
printf("World");
```

このときの実行結果はHelloWorldのようにHelloとWorldの文字列がくっついて（連結されて）出力されました。

▼実行結果（再掲）

図2-3 複数の文字列（再掲）

Helloの後で改行しWorldと出力するにはどのようにすればよいでしょうか。C言語では文字列を改行して表示するために「改行」を示す特別な文字をプログラム内に記述する必要があります。改行を示す文字は、次のように表現します。

```
\n
```

\nの\は（バックスラッシュ）という記号で、キーボードの「バックスペースキー」の左隣にある「¥（エンマーク）」の記号が印刷されているキーを押すと入力できます。環境によっては¥nと表示される場合もありますが、¥nでも\nでも同じ意味になります。Bit Arrowでは\nの形式で表示されます。

プログラムリスト 2-4 改行して出力する

```
#include <stdio.h>

int main(void) {
    printf("Hello\n");
    printf("World");
}
```

このプログラムを実行すると次のように表示されます。

実行画面ダイアログ

```
Hello
World
```

図2-4 改行コードを入れた実行例

第2項　コメント

C言語のプログラムではプログラムの説明などをプログラムの中に記述することができます。これはコメントと呼ばれプログラムの実行時には無視されます。コメントを記述する方法は次の２つの方法があります。

一行コメント

//のようにスラッシュを２つ記述するとそこから行末までがコメントとして扱われます。

```
//コメント
```

複数行コメント

/* */と記述すると、/*（スラッシュアスタリスク）で始まる部分から*/（アスタリスクスラッシュ）で終わるところまでの複数行がコメントとして扱われます。

```
/*
コメント1
コメント2
*/
```

Bit Arrowではコメントは緑色の文字列で表示されます。またコメントは日本語で記述することができます。プログラムの説明を記述したり、メモを記述したり積極的に活用しましょう。

プログラムリスト 2-5 コメントの活用する

```
#include <stdio.h>

/*
Hello World
と表示するプログラムです。
*/
int main(void) {
    printf("Hello\n");//Helloと出力し改行する
    printf("World");//Worldと出力する
}
```

第3項　日本語の表示

また`printf()`の"（ダブルコーテーション）で囲んだ中では日本語を利用することができます。

プログラムリスト 2-6 日本語を出力する

```
#include <stdio.h>

int main(void) {
    printf("こんにちは\n");
    printf("世界");
}
```

実行すると次のように表示されます。

図2-5 日本語を表示した例

日本語を利用する際は、”（ダブルコーテーション）や()（括弧）、;（セミコロン）などの記号を全角で入力してしまわないようにしましょう。例えば次のように記号を全角にするとプログラムがうまく実行できないので注意しましょう。記号を全角で入力してしまった場合は、間違いに気がつきにくいので注意しましょう。

```
printf(”こんにちは\n");//”ダブルコーテーションが全角
printf（こんにちは\n");//（括弧が全角
printf("こんにちは\n")；//；セミコロンが全角
```

記号を全角で入力してしまった場合は、次のようなエラーメッセージが表示されます。

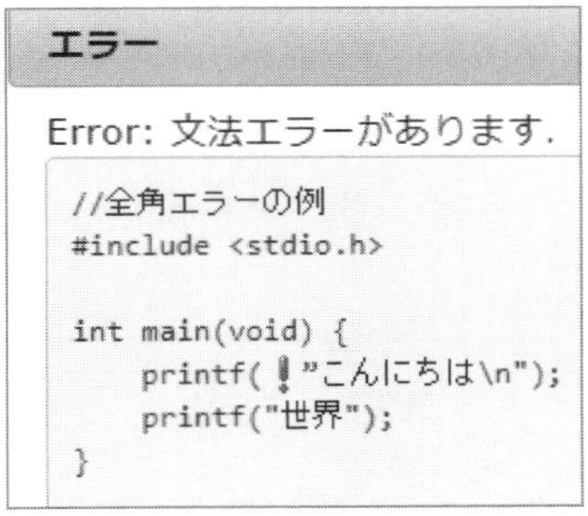

図2-6 全角の記号が入っている場合のエラーメッセージ

第3節 数値を表示してみよう

printf()を利用すると""（ダブルコーテーション）で囲まれた中の文字列を出力することができました。""の中に数値を記述すればその数値が文字列として出力されます。

プログラムリスト 2-7 数値を文字列として出力する

```
#include <stdio.h>

int main(void) {
    printf("1");
}
```

図2-7 1の出力

数値を文字列として出力した場合は、変更ができず計算などには不向きです。printf()には数値を置き換えて出力する機能があります。""の中に「%d」を記述すると""の後に,（カンマ）で区切って記述した値を置き換えて出力することができます。「%d」のdはdecimal（10進数）の意味で整数の値を置き換えることができます。「%d」のように値を置き換えて出力する記号を**フォーマット指定子《していし》**といいます（巻末参照）。

```
printf("%d", 値);
```

プログラムリスト 2-8 %dで値を置き換える

```
#include <stdio.h>

int main(void) {
    printf("%d", 1);
}
```

このプログラムを実行すると プログラムリスト 2-7 と同じように1が出力されます。1と値を記述したところでさまざまな計算を行うことができます。

第4節 計算を行ってみよう（算術演算子について理解する）

C言語で四則演算を行ってみましょう。次のように計算を行うことができます。

プログラムリスト2-9 足し算を行う

```
#include <stdio.h>

int main(void) {
    printf("2たす3は%dです\n", 2+3);
}
```

図2-8 足し算の実行結果

「%d」は複数記述することができます。記述した「%d」の数に合わせて値を ,（カンマ）で区切って記述していきます。

```
printf("文字列", 値, 値, …);
```

例えば次のように記述しても図2-8と同じようにきちんと結果が表示されます。

プログラムリスト2-10 複数の値を%dで置き換える

```
#include <stdio.h>

int main(void) {
    printf("%dたす%dは%dです\n", 2, 3, 2+3);
}
```

足し算の他に、-(マイナス)で引き算、*(アスタリスク)でかけ算、/(スラッシュ)でわり算を行うことができます。また%(パーセント)を利用すると割ったあまりを求めることができます。例えば、「2で割った余りが0ならば偶数である」「2で割った余りが1ならば奇数である」「5で割った余りが0ならば5の倍数である」といった判定を行うときに利用します。

プログラムリスト 2-11 さまざまな計算を行う

```
#include <stdio.h>

int main(void) {
    printf("2たす3は%dです\n", 2+3);
    printf("5ひく3は%dです\n", 5-3);
    printf("5かける3は%dです\n", 5*3);
    printf("15わる3は%dです\n", 15/3);
    printf("16わる3のあまりは%dです\n", 16%3);
}
```

▼さまざまな計算の実行結果

実行画面ダイアログ

```
2たす3は5です
5ひく3は2です
5かける3は15です
15わる3は5です
16わる3のあまりは1です
```

このようにC言語では四則演算を行うことができ、計算を行うときに利用する+や-などの記号のことを**算術演算子**《さんじゅつえんざんし》と呼んでいます(巻末付録参照)。

第5節 値をプログラムに覚えさせよう（変数について理解する）

ここまでのプログラムで簡単な計算が行えるようになりました。もう少し柔軟に計算を行うために、計算で使う値をプログラムに覚えさせてみましょう。プログラムに値を覚えさせるための器《うつわ》のことを**変数**《へんすう》といいます。そして用意した変数に値を覚えさせることを**代入**《だいにゅう》と言います。

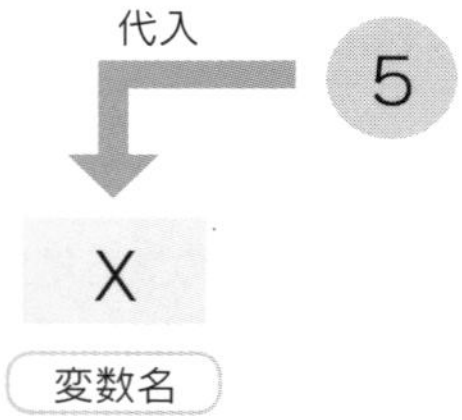

図2-9 変数の概念

変数には他の変数と区別するための名前をつけます。これを変数名といいます。変数名などプログラムを作成する際につける名前のことを**識別子**《しきべつし》といいます。識別子には半角の英数字および半角の_（アンダースコア）を利用することができます。また識別子は数字から始めることができません。さらに予約語と呼ばれるC言語で利用することがあらかじめ決められている言葉（巻末参照）は利用することができません。

整数の値を覚えさせる変数を作るには次のように記述します。

```
int 変数名;
```

例えば，整数の値を覚えさせるxという名前の変数を作る場合次のように記述します。

```
int x;
```

int（イント）はinteger（インテジャー：整数）の略で、「整数の値を覚えさせる変数x」という意味になります。このように変数を作ることを宣言《せんげん》[*1]といいます。intは整数という意味でした。このような変数にどのような値が入るかを示すものを変数の型《かた》と呼びます。変数の宣言を行った後は変数に値を覚えさせることができます。変数に値を覚えさせるには、

```
変数名 = 値;
```

と記述します。例えば先ほどの変数xに5を覚えさせるには、

```
x = 5;
```

と記述します。C言語では=（イコール）を利用して値を代入することができます。=のことを代入演算子《だいにゅうえんざんし》と呼びます。代入した変数は次のようにフォーマット指定子%dを利用して出力することができます。

プログラムリスト 2-12 変数を宣言し値を代入する

```c
#include <stdio.h>

int main(void) {
    int x;
    x = 5;
    printf("x=%d\n", x);
}
```

変数には計算した結果を代入することもできます。

プログラムリスト 2-13 計算結果を変数に代入する

```c
#include <stdio.h>

int main(void) {
    int x;
    x = 2+3;
    printf("x=%d\n", x);
}
```

＊1　本書では「変数の宣言」のことを「変数の定義」と呼ぶ場合もあります。

実行画面ダイアログ

```
x=5
```

図2-10 変数を利用した計算の実行結果

変数に値を代入せずに出力しようとするとどのようになるでしょうか。

プログラムリスト 2-14 変数を初期化しない場合の不定な値を確認する

```
#include <stdio.h>

int main(void) {
    int x;
    printf("x=%d\n", x);
}
```

このように記述した場合、次のように不定の値が出力されます。

実行画面ダイアログ

```
x=-559038737
```

図2-11 不定値の出力

プログラムの不具合やトラブルを避けるために、変数を宣言した後は値を代入するようにしましょう。また変数の宣言と共に値を代入することもできます。変数に値を初めて代入することを**初《しょ》期《き》化《か》**といいます。

プログラムリスト 2-15 変数の宣言と初期化を同時に行う

```
#include <stdio.h>

int main(void) {
    int x = 5;
    printf("x=%d\n", x);
}
```

複数の変数を宣言することもできます。

プログラムリスト 2-16 複数の変数を宣言する

```
#include <stdio.h>

int main(void) {
    int x;
    int y;
    x = 5;
    y = 10;
    printf("x=%d\n", x);
    printf("y=%d\n", y);
}
```

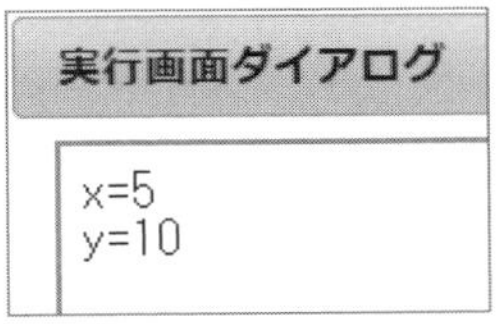

図2-12 複数の変数の宣言と出力

複数の変数を同時に宣言することもできます。複数の変数を同時に宣言するには，（カンマ）で区切って定義していきます。

プログラムリスト 2-17 複数の変数を同時に宣言する

```
#include <stdio.h>

int main(void) {
    int x, y;
    x = 5;
    y = 10;
    printf("x=%d\n", x);
    printf("y=%d\n", y);
}
```

また、複数の変数を宣言と同時に初期化することもできます。

プログラムリスト 2-18 複数の変数を宣言し初期化する

```
#include <stdio.h>

int main(void) {
    int x = 5, y = 10;
    printf("x=%d\n", x);
    printf("y=%d\n", y);
}
```

これらの実行結果は図2-13と同じです。

第6節 いろいろな値をプログラムに覚えさせよう（型について理解する）

3.1など小数点を含む数値（本書では以降「実数」と呼びます）を変数に代入するにはint（整数型）ではなくfloat（浮動小数点数型）を利用して次のように宣言します。

```
float x;
```

float型で宣言した変数には実数の値を代入することができます。

```
x = 3.1;
```

実数を格納した変数の値を出力するには%fを利用します。

プログラムリスト 2-19 実数の変数を利用する

```
#include <stdio.h>

int main(void) {
    float x;
    x = 3.1;
    printf("x=%f\n", x);
}
```

このプログラムを実行すると次のように出力されます。

実行画面ダイアログ

```
x=3.100000
```

図2-13 実数の代入と出力

C言語には他に「文字」を扱う型があります。「文字」とは半角の英数字記号の一文字のことで、文字（Character）を示すchar型を利用します。char型の変数に値を代入するときは「文字」を'A'のようにシングルコーテーションで囲みます。またcharの値を出力するときは%cを利用します。

プログラムリスト 2-20 文字型の変数を利用する

```
#include <stdio.h>

int main(void) {
    char x;
    x = 'A';
    printf("x=%c\n", x);
}
```

このプログラムを実行すると次のように表示されます。

図2-14 文字の出力

char型に代入できるものは文字だけです。'ABC'など複数の文字（文字列）は代入することができません。

プログラムリスト 2-21 文字型変数に文字列を代入しエラーとなる例

```
#include <stdio.h>

int main(void) {
    char c;
    c = 'ABC';
    printf("%c", c);
}
```

このプログラムを実行すると次のようなエラーが出力されます。

エラー

Error: 文法エラーがあります．　場所：Hello.c:5:7

```
#include <stdio.h>

int main(void) {
    char c;
    c = 'ABC';
    printf("%c", c);
}
```

図2-15 文字に文字列を代入しようとした場合のエラー

COLUMN

実数について

数学の世界では「実数」は数直線《すうちょくせん》上で表現できるすべての数をいいます。整数も実数ですし、0.123456789といった数値や、0.123123123… などの循環小数、√2やπなどの無理数も実数です。

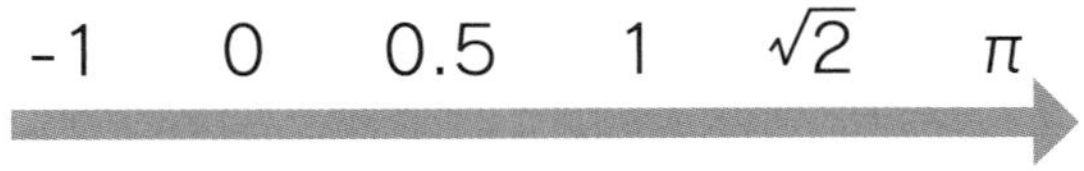

数学における実数では小数点以下の数値の桁は無限に存在することもありますが、プログラムの世界では小数点以下の数値の表現に限界があり、すべての実数を正確に表現できるとは限りません。小数点以下を含む数値を32bit（2進数の0が32個並んだもの）で表現する形式を`float`（浮動小数点数）、64bitで表現する形式を`double`（倍精度浮動小数点数）と呼びます。

本書では浮動小数点数と倍精度浮動小数点数をまとめて「実数」と呼び整数と区別しています。

COLUMN

割り算の結果について

C言語では計算を行う型によって計算結果が異なることがあります。特に注意したいのが割り算についてです。「16/3」と書いた場合，数学での答えは5.3333... ですが、C言語では整数同士を割った答えは常に整数になるので、小数点以下を切り捨てて5が答えなります。この場合、「16.0/3」のように、どちらかに小数点をつけることで数学と同様の答えになります。変数を使った計算でも同様に、int型の変数同士の計算結果は常に整数になり、少なくとも片方がfloat型などの実数型の場合は、小数点つきの結果を得ることができます。

第7節 いろいろな計算を行ってみましょう（代入演算子、インクリメントデクリメント）

変数に値を覚えさせる場合は

```
int x = 5;
```

のように記述しました。これを代入といい=（イコール）を代入演算子と呼びました。計算を行いながら代入することもできます。次のように+=を利用すると=の後の数字を足した結果を元の変数に代入することができます。

プログラムリスト 2-22 変数の値を上書きする

```
#include <stdio.h>

int main(void) {
    int x = 5;
    printf("x=%d\n", x);
    x += 2;
    printf("x=%d\n", x);
}
```

このプログラムを実行すると、はじめに代入した5が出力された後、変数xに代入されている5に2を足した結果が再度xに代入され、7が出力されます。このように変数には何度も値を代入することができます。新しく値を代入すると今まで格納されていた値は上書きされてしまいます。

図2-16 変数に格納されている数値の上書き

+=の他に、引いた結果を代入する-=やかけた結果を代入する*=、割った結果を代入する/=といったものがあります。これらを**複合代入演算子**《ふくごうだいにゅうえんざんし》と呼びます。

また、値を一つだけ増やす++（プラスプラス）という演算子もあります。値を一つだけ増やすことを**インクリメント**（Increment：増加）といい、次のように利用します。

プログラムリスト 2-23 変数の値をインクリメントする

```
#include <stdio.h>

int main(void) {
    int x = 5;
    printf("x=%d\n", x);
    x++;
    printf("x=%d\n", x);
}
```

このプログラムを実行するとはじめに代入した5が出力された後、x++によりxが覚えていた5の値が一つだけ増えて6が出力されます。

実行画面ダイアログ

```
x=5
x=6
```

図2-17 インクリメント実行結果

反対に値を一つ減らす場合は--（マイナスマイナス）を利用します。値を一つ減らすことを**デクリメント**（Decrement：減少）といいます。

プログラムリスト 2-24 変数の値をデクリメントする

```
#include <stdio.h>

int main(void) {
    int x = 5;
    printf("x=%d\n", x);
    x--;
    printf("x=%d\n", x);
}
```

図2-18 デクリメント実行結果

COLUMN インクリメントとデクリメントの記述位置

インクリメントやデクリメントは次のように記述位置を変更することができます。

本文中で説明したように++や--を変数の後ろに置く方法を後置と呼び、次のように++を変数の前に置く方方を前置と言います。

```
++x;
--x;
```

前置インクリメントを行った場合でも、次のように記述した場合、実行結果は変化ありません。

```
    int x = 5;
    ++x;
    printf("x=%d", x);
```

ところが他の処理とインクリメントやデクリメントを組み合わせた場合は注意が必要です。例えば出力と後置インクリメントを組み合わせた場合、

```
    int x = 5;
    printf("x=%d\n", x++);
    printf("x=%d", x);
```

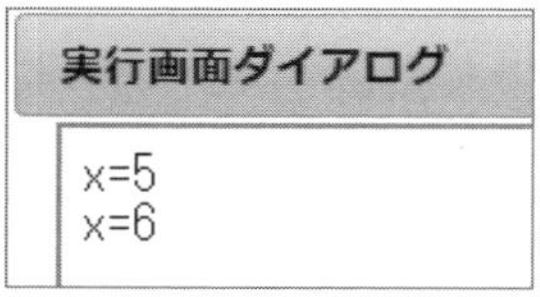

++を記述した最初のprintf()のところでは値がインクリメントされていないことが分かります。前置インクリメントにした場合は、

```
    int x = 5;
    printf("x=%d\n", ++x);
    printf("x=%d", x);
```

++を記述した最初のprintf()が実行される前の段階でインクリメントが実行されます。このよう

にインクリメントやデクリメントは前置か後置かでふるまいが異なる場合がありますので注意しましょう。

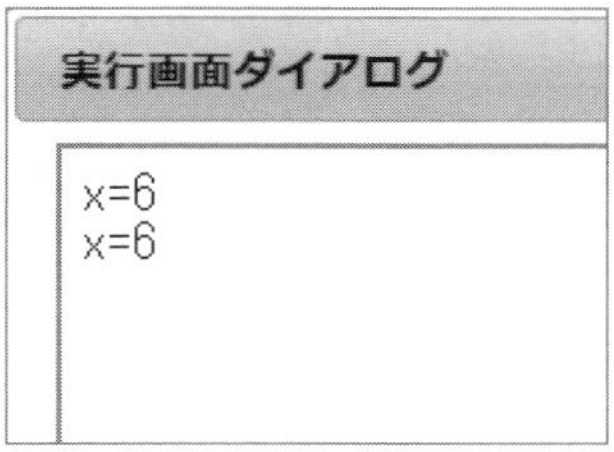

第8節 画面から値を入力してみよう（scanf について理解する）

次にプログラム実行時に画面から値を入力し、入力した値をプログラムに覚えさせる方法について見ていきましょう。画面からの入力を受け付けるためには次のようにscanf《スキャンエフ》()という機能を利用します。具体的なプログラムを見てみましょう。

プログラムリスト 2-25 画面から値を入力する

```
#include <stdio.h>

int main(void) {
    int x;
    scanf("%d", &x);
    printf("%dが入力されました", x);
}
```

scanf(に続いて"%d"と記述します。これは「整数で値を受け取ります」という意味で、続いて,（カンマ）で区切り、&x（アンドx）と記述します。&の意味の詳細は「第3部第1章 プログラムの基本（その2）」を参考にしてください。このように記述することで変数xに画面から入力された値を覚えさせることができます。このプログラムを実行すると次のように入力欄が表示され、

図2-19 入力欄

半角で整数を入力し、

図2-20 入力後

Enter(エンター)キーを押すと、値がプログラムに伝わり、入力された値が表示されます。

図2-21 scanf実行結果

ただし、半角の整数以外の値を入力すると0が表示されます。

図2-22 整数以外の値を入力した場合

第9節 簡単な計算機を作ってみよう

それではscanf()と演算子を使って簡単な計算機を作ってみましょう。まず次のように2つの整数の値を入力できるようにプログラムを記述しましょう。

プログラムリスト 2-26 2つの値を画面から入力する

```
#include <stdio.h>

int main(void) {
    int a, b;
    printf("整数aを入力：");
    scanf("%d", &a);
    printf("整数bを入力：");
    scanf("%d", &b);
    printf("%dと%dが入力されました\n", a, b);
}
```

変数は

```
int a, b;
```

のように，(カンマ) で区切って複数宣言することができます。また複数の値や変数の値を出力したい場合は、

```
printf("%dと%dが入力されました\n", a, b);
```

のように出力したい部分に%dを複数記述し、出力したい順番にa, bのように変数や値を記述すると%dの位置に値が出力されます。実行すると次のように出力されます。

図2-23 初期の表示

半角で数字、例えば5を入力しエンターキーを押すと、変数aに値が代入され、次のように変数bへの値を入力する画面になります。

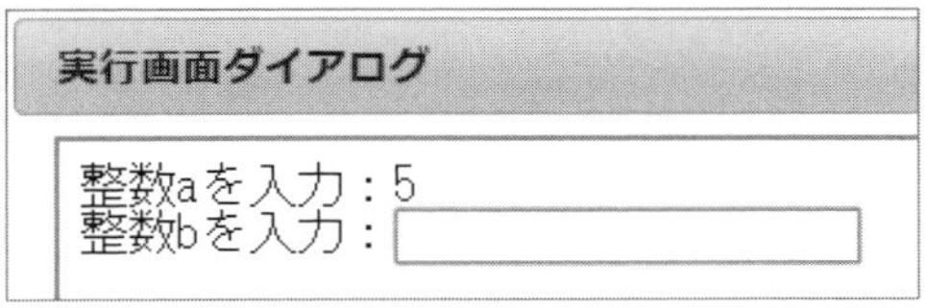

図2-24 5と入力しエンターキーを押した場合

ここで例えば2を入力しエンターキーを押すと次のように表示されます。

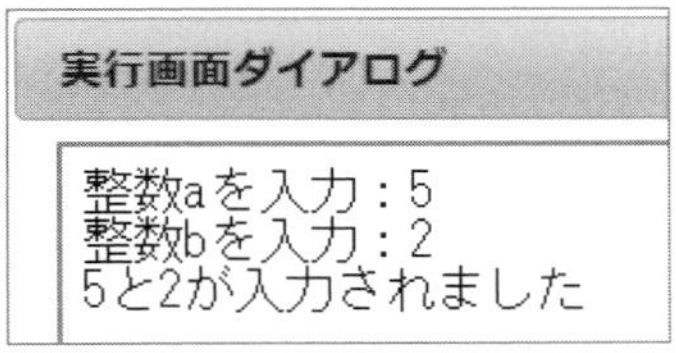

図2-25 2変数の入力と出力

変数aとbに値を覚えさせることができるようになったので、変数の値を利用して計算を行ってみましょう。次のようにプログラムを修正します。

プログラムリスト 2-27 画面から入力を受け付け計算を行う

```
#include <stdio.h>

int main(void) {
    int a, b;
    printf("整数aを入力：");
    scanf("%d", &a);
    printf("整数bを入力：");
    scanf("%d", &b);
    printf("%dと%dが入力されました\n", a, b);
    printf("%dたす%dは%d\n", a, b, a+b);
    printf("%dひく%dは%d\n", a, b, a-b);
```

```
    printf("%dかける%dは%d\n", a, b, a*b);
    printf("%dわる%dは%.2f\n", a, b, a/b);
}
```

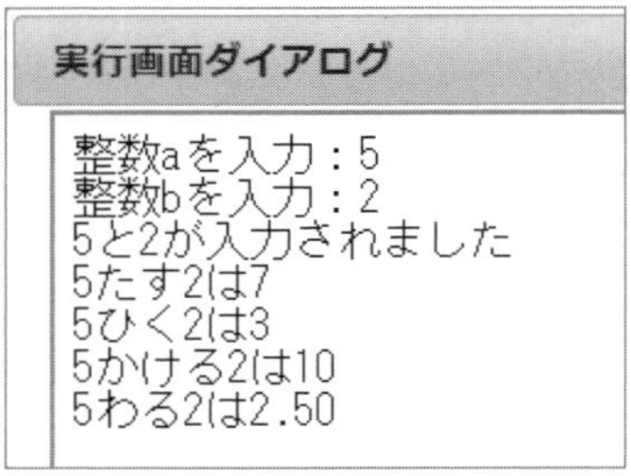

図2-26 四則演算を行うプログラムの実行結果

なお、割り算の結果は小数点を含めて表示されるように、さらに小数点以下2桁で表示させるために`%.2f`という形式を用いています。フォーマット指定子については巻末を参照してください。

第10節 文法のまとめ

第1項　画面への出力

文字列の出力

```
printf("出力したい文字列");
```

整数の出力

```
printf("%d", 整数);
```

実数の出力

```
printf("%f", 実数);
```

改行の出力

```
printf("Hello\nWorld");
```

第2項　画面からの入力

```
scanf("%d", int型の変数)
```

第3項　コメントの書き方

```
//単一行コメント
/*
複数行コメント
*/
```

第4項　変数

変数の宣言

```
型名 変数名;
```

▼ 複数の変数の宣言

```
型名 変数名, 変数名;
```

▼ 値の代入

```
変数名 = 値;
```

▼ 変数の初期化

```
型名 変数名 = 値;
```

第5項　算術演算子

演算子	構文	説明
+	x+y	x と y を足す
-	x-y	x から y を引く
*	x*y	x に y をかける
/	x/y	x を y で割る
%	x%y	x を y で割った余りを求める

第6項　代入演算子

演算子	構文	説明
=	x = y	x に y を代入する
+=	x += y	x に x+y を代入する
-=	x -= y	x に x-y を代入する
*=	x *= y	x に x*y を代入する
/=	x /= y	x に x/y を代入する
%=	x %= y	x に x%y を代入する

第7項　インクリメントとデクリメント

演算子	構文	説明
++	i++ または ++i	i に 1 を加える
--	i-- または --i	i から 1 を引く

第11節 演習

演習 2-1

英字と日本語で自分の名前を出力してみよう

実行画面ダイアログ

```
Sato Taro佐藤 太郎
```

演習 2-2

英字の名前を日本語の名前を改行して出力してみよう（ヒント：\nで改行する）

実行画面ダイアログ

```
Sato Taro
佐藤 太郎
```

演習 2-3

日本語の名前を//を利用してコメントアウトして表示しないようにしてみよう

実行画面ダイアログ

```
Sato Taro
```

演習 2-4

変数の利用と計算を行ってみよう

（ア） %dを利用して半角数字の2を出力してみよう

実行画面ダイアログ

```
2
```

（イ） 2を4回掛けた値を出力してみよう

（ウ） 2を4回掛けた値をint型の変数aに格納してみよう

（エ） int型の変数bに（ウ）で作成した変数aを格納してみよう

（オ） int型の変数cに変数aと変数bを掛けた結果を代入してみよう

（カ） 変数cを出力してみよう

（キ） scanf()を利用し2つの数値を画面から入力し足した結果を表示してみよう

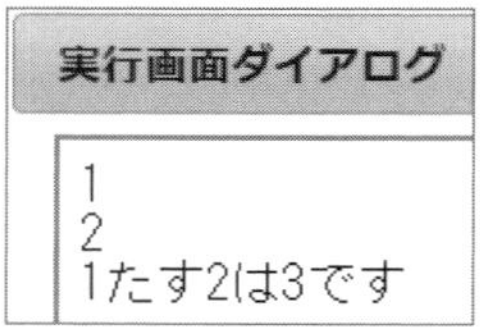

第1部

第3章

図形の描画 ～制御構造～

Bit ArrowではC言語で簡単に図形を描画することができます。本章ではBit Arrowを使って図形を描画する方法について学んでいきます。その中で「繰り返し文」や「条件分岐」といったプログラムの流れを制御する仕組みである制御構造についても学びます。

第1節 図形を表示してみよう

Bit Arrowでは簡単に図形を描画することができます。図形描画のための基本の形を見てみましょう。

プログラムリスト3-1 図形描画の基本の形で格子を描画する

```
#include<stdio.h>
#include<x.h>

int main(void) {
    drawGrid();
}
```

このプログラムを実行すると、次のような実行結果が表示されます。

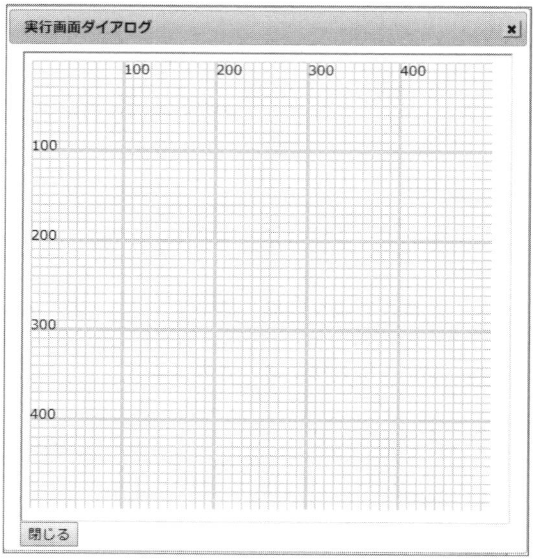

図3-1 基本の形の実行結果

BittArrowで図形を描画するには、Bit Arrow専用に用意されたグラフィック描画のライブラリx.hが必要です。x.hを読み込むための次の記述が必要になります。

```
#include<x.h>
```

x.hを読み込むと図形描画関係のさまざまな機能を利用することができます。例えば先の例ではdrawGrid()《ドローグリッド》という機能を利用しています[*1]。これからさまざまなBit Arrowの機能を利用してC言語の学習をしていきます。x.hで利用できる機能の一覧は巻末にまとめてあるので参照してください。drawGrid()の書式は次の通りです。

```
drawGrid();
```

drawGrid()では「描く(draw：ドロー)」「格子(Grid：グリッド)」という意味で格子を描くことができます。実行画面ダイアログの左上が横位置・縦位置ともに(0,0)の位置になります。この位置を原点といいます。横位置は右に行くと数字が増えていき、縦位置は下に行くと数字が増えていきます。一般的に横方向をx、縦方向をyで表現します。

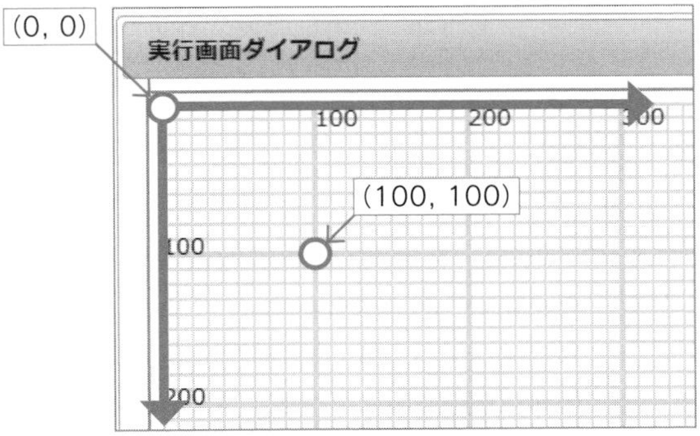

図3-2 座標

次に、Bit ArrowのfillRect()《フィルレクト》という機能を使うことで四角形を描くことができます。四角形を描画するfillRect()という機能は次のように利用します。

プログラムリスト 3-2 四角形を描画する

```
#include<stdio.h>
#include<x.h>
```

＊1　x.hを読み込むことで利用できるグラフィック関係の機能はBit Arrow独自に用意されたものであり、一般的なC言語で使える機能とは異なります。

```

int main(void) {
    drawGrid();
    fillRect(30, 30, 100, 100);
}
```

このプログラムを実行すると次のように四角形が表示されます。

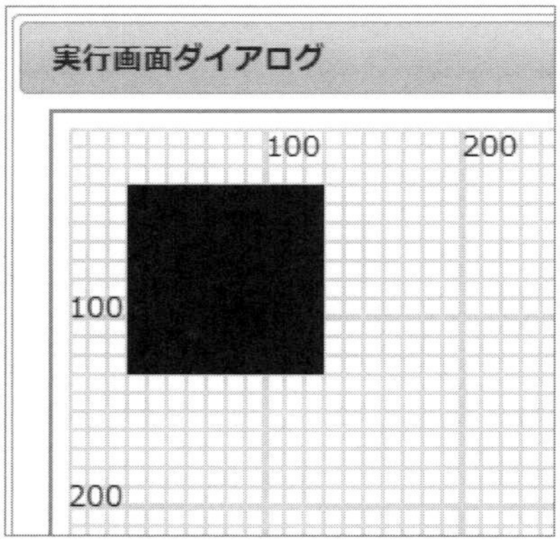

図3-3 四角形の表示

```
fillRect(30,30, 100, 100);
```

fillRect()は「塗りつぶした(fill：フィル)」「四角形(Rect：レクト)」という意味です。()括弧の中の数字は次のような意味になります。

```
fillRect(30, 30, 100, 100);
```

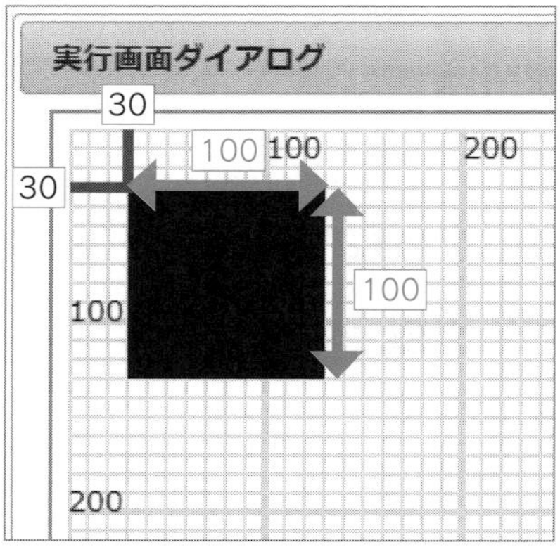

図3-4 fillRect()の数字の意味

最初の30は四角形の左上の横位置で、次の30は四角形の左上の縦位置になります。次の100は四角形の幅でさらに次の100は四角形の高さになります。まとめると四角形を描くためには次の情報が必要になります。

```
fillRect(横位置，縦位置，幅，高さ);
```

これら四角形を描くためなど機能を利用するときに必要な情報のことを**引数**《ひきすう》といいます。

COLUMN 座標について（横位置と縦位置について）

プログラムの世界で2次元の平面を表現する場合、横方向をx、縦方向をyで表現します。このときx=0, y=0の位置を原点と呼び、原点となる座標の考え方が言語やライブラリによって異なっています。一般的に数学などでは左下を原点に取ります。

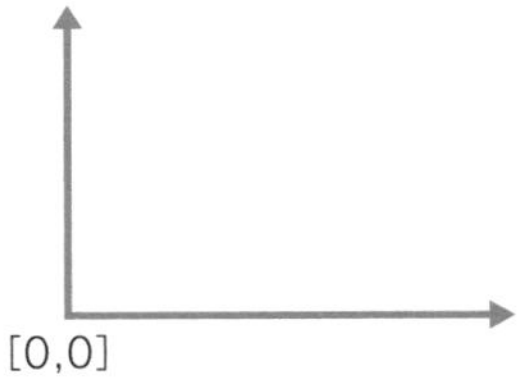

プログラムの世界では本書で利用しているBit Arrowと同じように左上を原点に取る場合が多いようです。

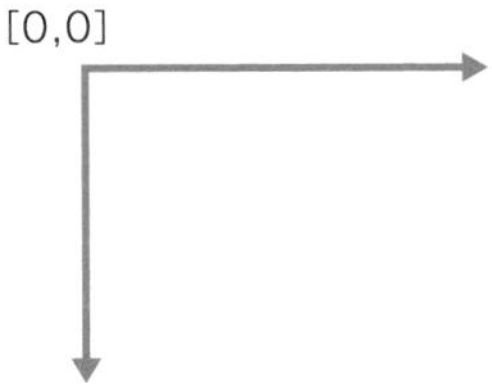

中心を原点とするものもあります。

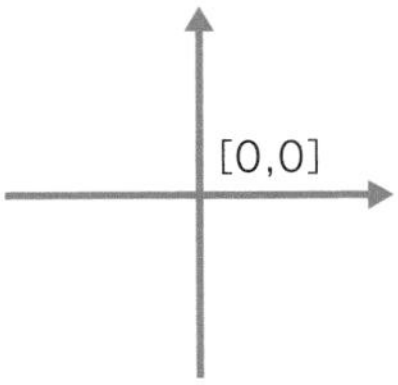

2次元のプログラミングを行う場合は、原点の確認が重要になります。

Bit Arrowで図形を描画するときの単位はピクセル（Pixel）という単位です。ピクセルはデジタル画像の最小単位です。

Bit Arrowで`drawGrid()`を実行すると500×500の格子が描かれますが、これは500 pixel × 500 pixelという意味になります。

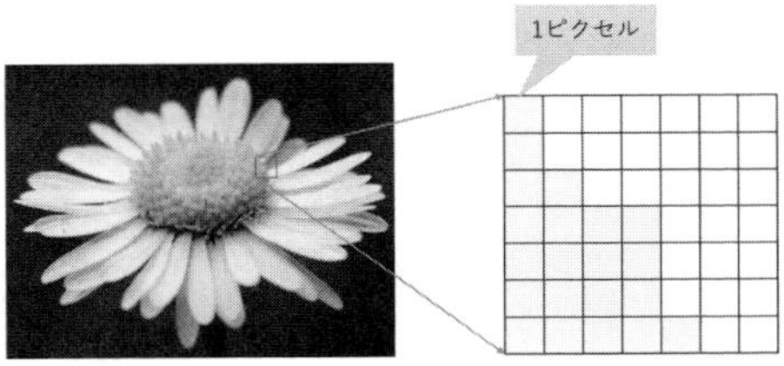

第2節 色を付けてみよう

fillRect()を使って四角形を描くときに何も指定しなければ黒色の四角形が描かれます。図形の色を変更する場合はsetColor《セットカラー》()という機能を利用します。setColor()で色を設定するために必要な情報（引数）は、

```
setColor(赤の色の強さ, 緑の色の強さ, 青の色の強さ);
```

の３つの情報です。これらの情報は0-255の整数で指定します。赤は英語でRed、緑はGreen、青はBlueですので、この３つの色の頭文字をとってRGBといいます。例えば次のようにすると赤い四角形を描くことができます。

プログラムリスト 3-3 描画の色を変更する

```
#include<stdio.h>
#include<x.h>

int main(void) {
    drawGrid();
    setColor(200,0,0);
    fillRect(30, 30, 100, 100);
}
```

このプログラムを実行すると次のように赤い四角形が表示されます。

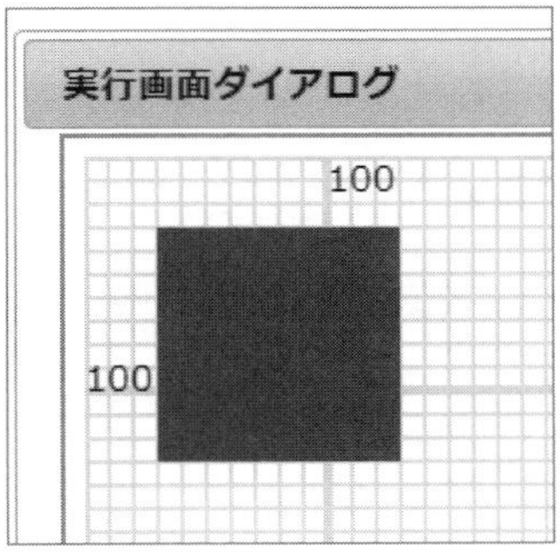

図3-5 赤い四角形

緑の四角形を描く場合はsetColor()を利用して

```
setColor(0,255,0);
```

としますし、青い四角形を描く場合は同じくsetColor()を利用して

```
setColor(0,0,255);
```

とします。複数の色を組み合わせることで赤・緑・青以外の中間の色を表現することもできます。例えば黄色の四角形を描く場合はsetColor()を利用して次のように赤の色の強さと緑の色の強さを指定します。

```
setColor(255,255,0);
```

第3節 いろいろな図形や文字列や数値を描いてみよう

四角形以外に楕円を描くこともできます。楕円を描く場合は`fillOval`《フィルオーバル》`()`を利用します。`fillOval()`は「塗りつぶした（fill：フィル）」「楕円（Oval：オーバル）」という意味です。四角形を描くときに利用した`fillRect()`と同じように4つの引数を指定します。

プログラムリスト 3-4 楕円を描画する

```
#include<stdio.h>
#include<x.h>

int main(void) {
    drawGrid();
    fillOval(20, 30, 50, 100);
}
```

すると次のように楕円が表示されます。

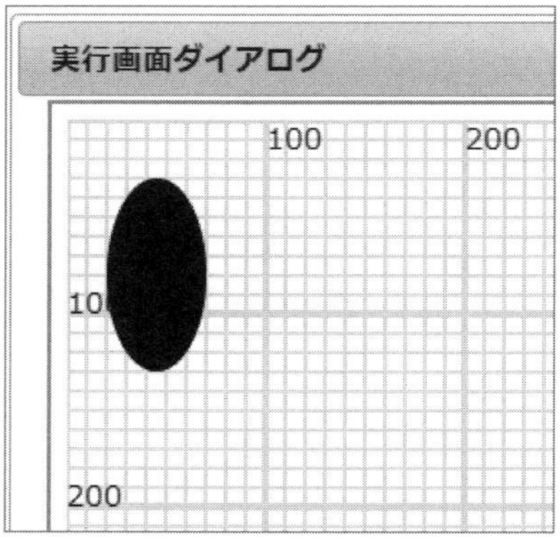

図3-6 楕円の表示

`fillOval(20, 30, 50, 100)`の各引数の意味は次の通りです。

```
fillOval(20, 30, 50, 100);
```

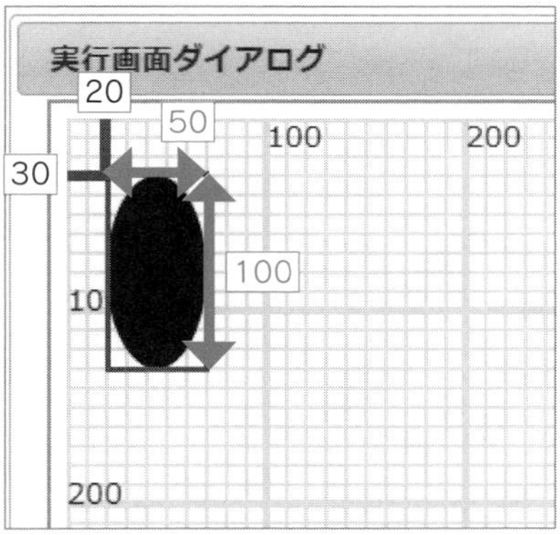

図3-7 引数の対応

楕円がすっぽり入る四角形を考えたときに四角形の左上の横位置が20、縦位置が30、幅が50、高さが100になります。幅と高さを同じ数字にすれば円を描くことができます。

```
    fillOval(20, 30, 100, 100);
```

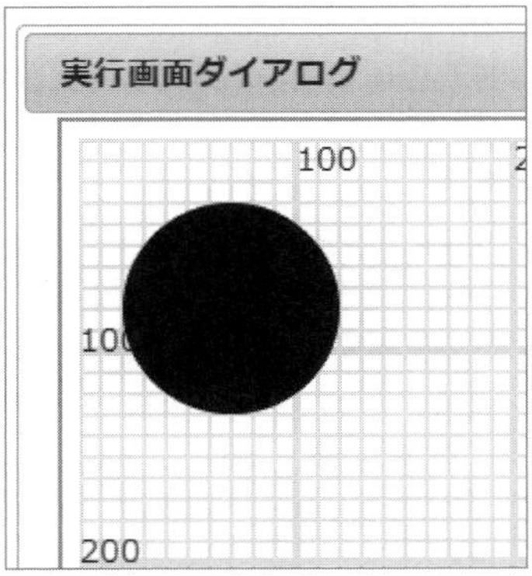

図3-8 円の表示

またdrawString《ドローストリング》()を利用して文字列を描画することができます。drawString()は「描く(draw)」「文字列(String：ストリング)」をという意味です。次のように利用します。

プログラムリスト 3-5 文字列を描画する

```
#include<stdio.h>
#include<x.h>

int main(void) {
    drawGrid();
    drawString("Hello", 20, 30);
}
```

このプログラムを実行すると次のように表示されます。

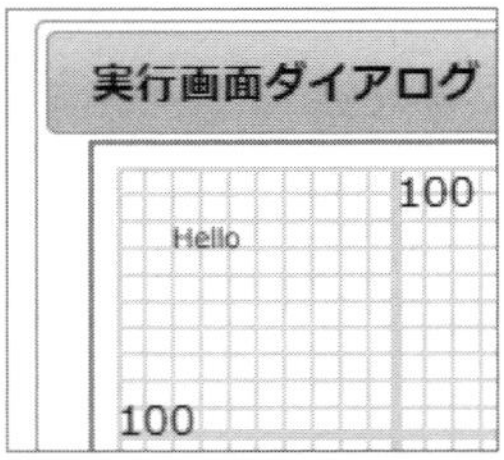

図3-9 文字列の表示

drawString()では描画したい文字列を""(ダブルコーテーション)で囲って指定した後に、指定した文字列がすっぽり入る四角形を考えたときの左下の横位置と縦位置を指定します。幅と高さは描画する文字列がすべて表示されるように自動的に決定されます。drawString()で描画される文字列の大きさを変更するには、setTextSize《セットテキストサイズ》()という機能を利用します。setTextSize()の引数は描画する文字の大きさで整数で指定します。

```
setTextSize(整数);
```

setTextSize()を利用して次のように文字列の大きさを指定することができます。

プログラムリスト 3-6 文字列のサイズを変更する

```
#include<stdio.h>
#include<x.h>

int main(void) {
    drawGrid();
    setTextSize(30);
    drawString("Hello", 20, 30);
```

```
}
```

実行すると次のように表示されます。

図3-10　文字列の大きさの変更

また数値を描く機能であるdrawNumber《ドローナンバー》()を利用すると実行画面ダイアログに数値を描くことができます。drawNumber()はdrawString()と同じく次のように利用します。

プログラムリスト 3-7　数値を描画する

```
#include<stdio.h>
#include<x.h>

int main(void) {
    drawGrid();
    setTextSize(30);
    drawString("Hello", 20, 30);
    drawNumber(555, 20, 70);
}
```

このプログラムを実行すると次のように数値が描画されます。

図3-11　数値の描画

第4節 演習

演習 3-1

次のような図形を描いてみましょう

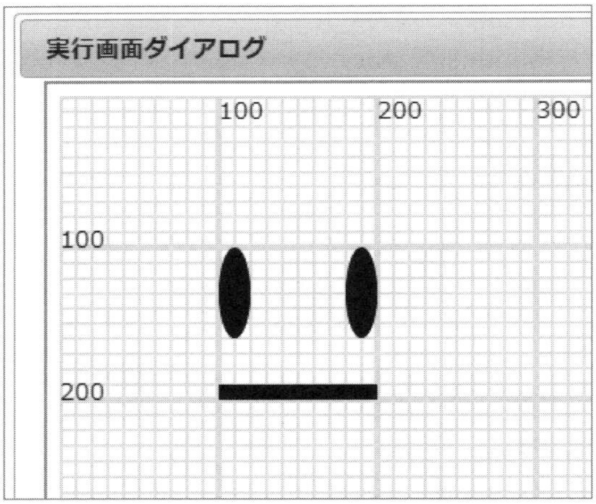

演習 3-2

同じ図形を３つ描いてみましょう

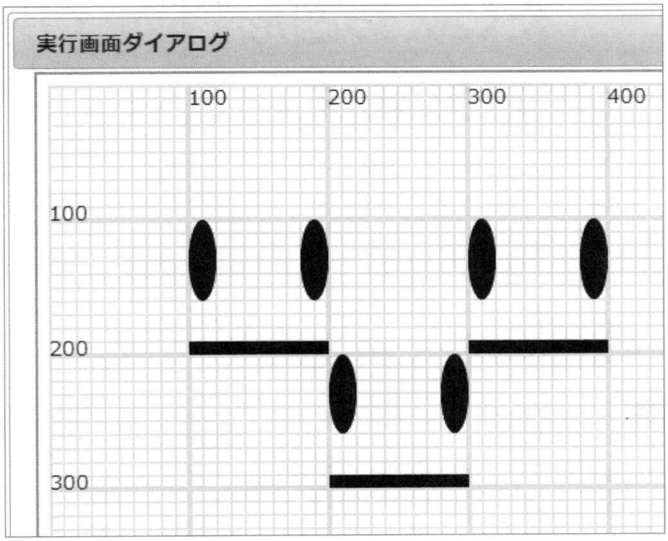

演習 3-3

さらに文字を描画してみましょう

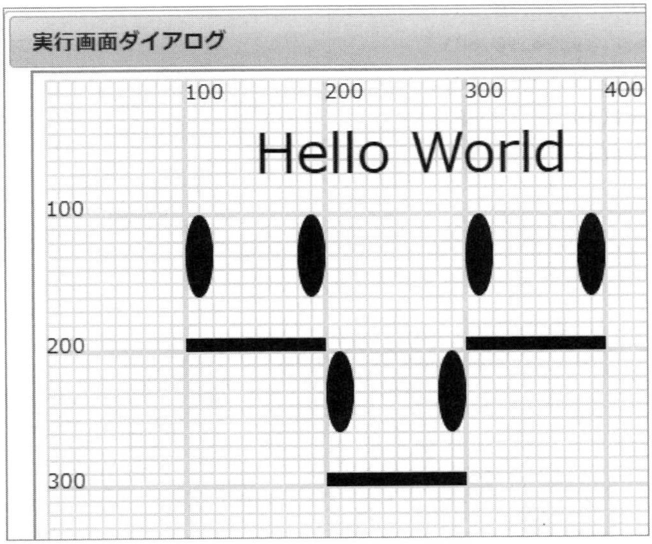

第5節 たくさんの図形を描いてみよう（繰り返し文）

ここまで四角形や楕円など図形の描き方や文字列の描き方を学んできました。ここからはたくさんの図形を効率よく描くための方法を考えていきましょう。次のプログラムは濃い緑色の四角形を横に並べて5個描くものです。

プログラムリスト 3-8 複数の四角形を描画する

```
#include<stdio.h>
#include<x.h>

int main(void) {
    drawGrid();
    setColor(0,128,0);
    fillRect(10,10,10,50);
    fillRect(30,10,10,50);
    fillRect(50,10,10,50);
    fillRect(70,10,10,50);
    fillRect(90,10,10,50);
}
```

このプログラムを実行すると次のように表示されます。

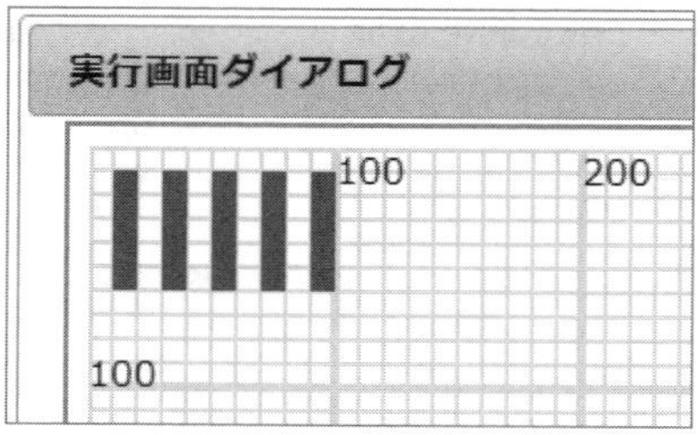

図3-12 複数の四角形の表示

四角形を描く`fillRect()`の引数のうち最初の引数(第一引数)の整数に注目してみましょう。

```
fillRect(10,10,10,50);
fillRect(30,10,10,50);
fillRect(50,10,10,50);
fillRect(70,10,10,50);
fillRect(90,10,10,50);
```

図3-13 横位置の変化

すると10→30→50→70→90と横位置が変化し、他の数字は変化していないことが分かります。第一引数は描画する四角形の横位置です。この横位置の変化量に注目するとはじめ10であったものが、30、50、70、90と20ずつ値が増えていることが分かります。そこで横位置の変化量を変数xを使って表現してみましょう。

プログラムリスト 3-9 変数を利用して四角形を複数描く

```
#include<stdio.h>
#include<x.h>

int main(void) {
    drawGrid();
    setColor(0,128,0);
    int x = 10;
    fillRect(x,10,10,50);
    x += 20;
    fillRect(x,10,10,50);
    x += 20;
    fillRect(x,10,10,50);
    x += 20;
    fillRect(x,10,10,50);
    x += 20;
    fillRect(x,10,10,50);
}
```

はじめに`int`型(整数型)の`x`を定義し初めの横位置である初期値10を代入した後は、

```
fillRect(x,10,10,50);
```

で四角形を描き、xの値を横位置の変化量である20増やして

```
x += 20;
```

としています。横位置を変更し四角形を同じように描くことで、どんどんと同じ記述で四角形を横に描いていくことができます。

このような同じ処理は繰り返し文という文法を使ってまとめることができます。例えばwhile《ホワイル》()文という繰り返し文を使うと先のプログラムは次のように記述することができます。

プログラムリスト 3-10 while()文で四角形を複数描く

```
#include<stdio.h>
#include<x.h>

int main(void) {
    drawGrid();
    setColor(0,128,0);
    int x = 10;
    while(x<=90) {
        fillRect(x,10,10,50);
        x += 20;
    }
}
```

while()文の文法は次の通りです。

```
while(条件) {
    繰り返したい処理;
}
```

while()文を利用すること()内に記述した条件が正しい間、{}(波括弧)で囲った中に記述した処理や命令を繰り返し実行することができます。{}で処理をひとまとめにしたものを**ブロック**と呼びます。

繰り返し文であるwhile()文の動作を理解するために、繰り返しの処理の流れを図形で表現してみましょう。プログラムの処理を図形で表現する手法を**フローチャート(流れ図)**といいます。本書のフローチャートでは、例えば「グリッドを表示する」や「色を緑色にする」といった処理は次のように四角形を使って描きます。

図3-14　処理の記号

また、ひし型の記号を使って条件を記述し、条件に合致した場合（Yes/はい）と条件に合致しなかった場合（No/いいえ）の処理を矢印で結び、次のように記述します。

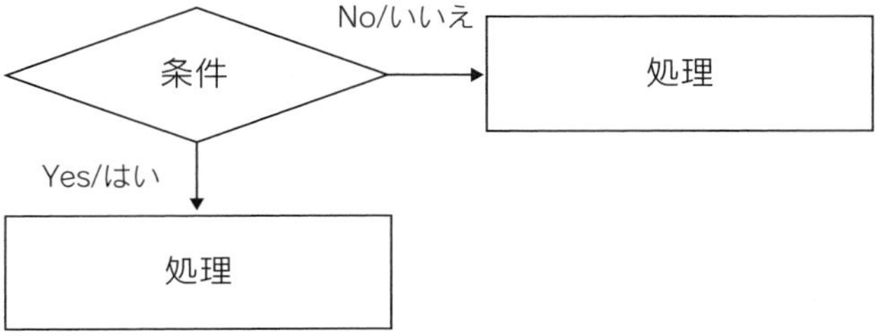

図3-15　条件分岐の記号

これらを用いて、`while`文の動作を記述すると次のようになります。

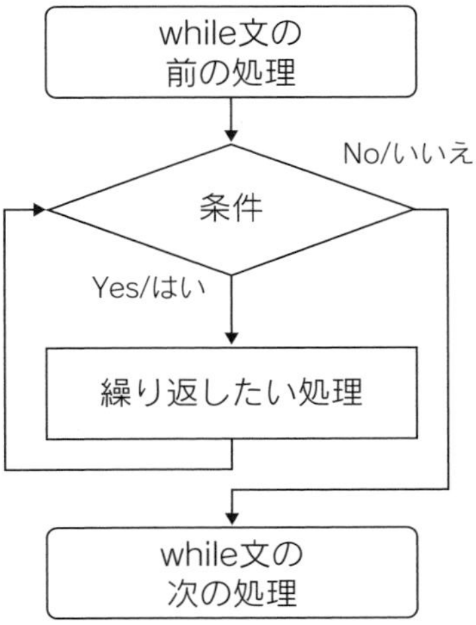

図3-16　while文の動作（フローチャート）

フローチャートを用いてプログラムリスト3-10の動作を記述すると、次のようになります。

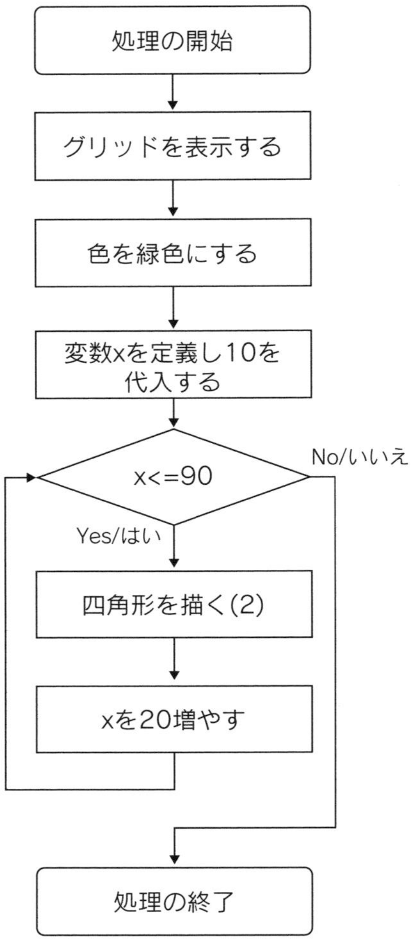

図3-17 プログラムリスト3-10の動作(フローチャート)

プログラムリスト3-10では条件のところにx <=90と入力しています。これは「変数xの値が90以下であることが正しい間、処理を繰り返す」という意味になります。5つの四角形を描いたときの最後のfillRect()の横位置が90であったことを思い出しましょう。

```
fillRect(90,10,10,50);
```

x <=90の数字を大きくするともっとたくさんの四角形を描くことができそうです。思い切ってx <= 200としてみましょう。「<=(以下)」のように値の大きさを判定し正しいか正しくないか求める演算子を**比《ひ》較《かく》演《えん》算《ざん》子《し》**と呼びます。そのほかの比較演算子については章末の文法まとめを参考にしてください。

プログラムリスト 3-11 条件を変えて繰り返し四角形を描く

```
#include<stdio.h>
#include<x.h>

int main(void) {
    drawGrid();
    setColor(0,128,0);
    int x = 10;
    while(x<=200) {
        fillRect(x,10,10,50);
        x += 20;
    }
}
```

すると次のようにたくさんの四角形を描くことができます。さてここで何本の四角形が描かれたかすぐに分かりますか？ while()文は「条件を満たす間」処理を繰り返すということは得意ですが、「何回繰り返す」といった回数を指定して繰り返すことは得意ではありません。

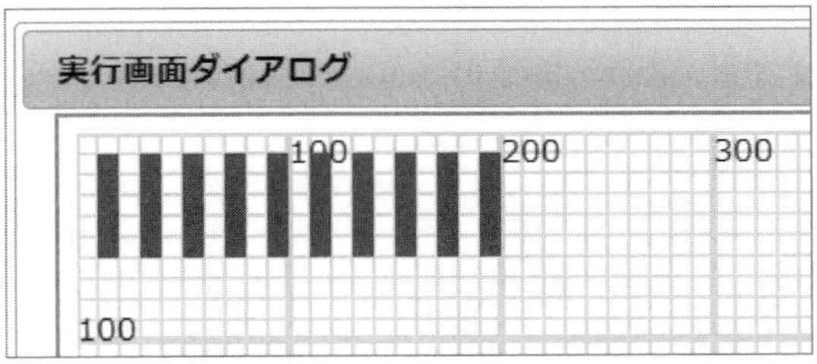

図3-18 たくさんの四角形

回数を指定して繰り返す場合は**for()**《フォー》**文**を利用します。for()文の文法は次の通りです。

```
int i;
for(i = 0; i < 繰り返す回数; i++) {
    繰り返したい処理;
}
```

forの()内の意味は「変数iの値が0から、繰り返す回数までiの値を1つずつ増やしながら処理を繰り返す」という意味です。変数iは繰り返す回数を制御する変数でカウンター変数と呼びます。カウンター変数は習慣的にiを使い、iが使えないときはj, kと使っていきます。

for文の動作をフローチャートで書くと次のようになります（フローチャートではスペースの都合上「繰り返す回数」は単に「回数」と表記）。「iを1増やす処理」は「繰り返したい処理」の後で実行される点に注意しましょう。

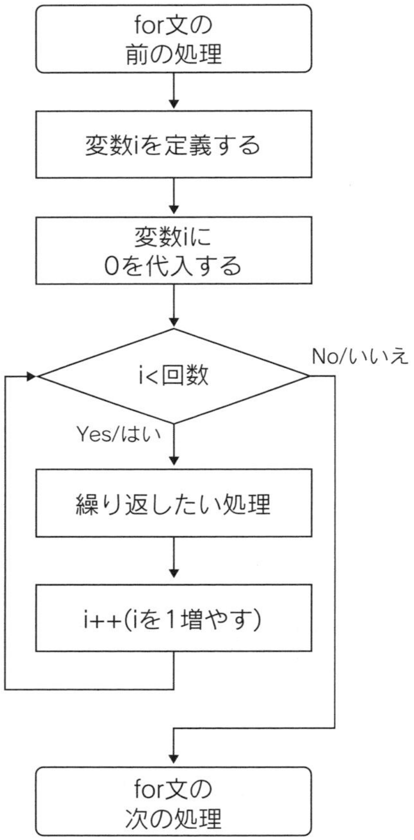

図3-19 for文の動作（フローチャート）

例えば8個の四角形を描く場合は次のように記述します。

プログラムリスト 3-12 for()文で8個の四角形を描く

```
#include<stdio.h>
#include<x.h>

int main(void) {
    drawGrid();
    setColor(0,128,0);
```

```
    int i;
    int x = 10;
    for(i = 0; i < 8; i++) {
        fillRect(x,10,10,50);
        x += 20;
    }
}
```


このプログラムを実行すると次のように(0から数えて7まで) 8個の四角形が描かれます。

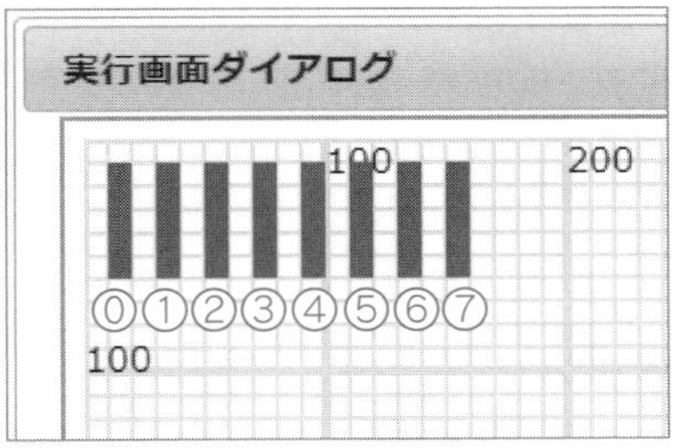

図3-20　回数を指定した繰り返し

for()文を利用した繰り返し文も図形だけでなくprintf()などと組み合わせて使うことができます。

プログラムリスト 3-13　for()文とprintf()の組み合わせ

```
#include <stdio.h>

int main(void) {
    int i;
    for(i = 0; i < 8; i++) {
        printf("i=%d ", i);
    }
}
```

このiは繰り返しの回数を示す変数であることからカウンタ変数と呼び、for(i=0; i<8; i++)は8回処理を繰り返すという意味になります。このプログラムを実行すると次のように出力されます。

実行画面ダイアログ

```
i=0 i=1 i=2 i=3 i=4 i=5 i=6 i=7
```

図3-21 カウンタ変数の表示

また繰り返し文の中に繰り返し文を入れることができます。繰り返し文の中に繰り返し文を入れる場合はカウンタ変数をiの次はjなどと変更する必要があります。また、繰り返しの中の{...}部分は、繰り返しの外と区別しやすくするように字下げ(インデント)を行うのが一般的です。繰り返しの内側にある繰り返しは、外側より字下げを多く行います。BitArrowではこのインデントをつける作業を自動的に行います。

プログラムリスト3-14 カウンタ変数の出力

```
#include <stdio.h>

int main(void) {
    int i, j;
    for(i = 0; i < 8; i++) {
        printf("i=%d : ", i);
        for(j = 0; j < 5; j++) {
            printf("j=%d ", j);
        }
        printf("\n");
    }
}
```

このようにすると、iの値が0のときにjの処理を0～4回繰り返し、iの値が1のときにjの処理を0～4回繰り返し、という処理をiの値が7になるまで行っていきます。プログラムを実行すると次のように表示されます。

実行画面ダイアログ

```
i=0 : j=0 j=1 j=2 j=3 j=4
i=1 : j=0 j=1 j=2 j=3 j=4
i=2 : j=0 j=1 j=2 j=3 j=4
i=3 : j=0 j=1 j=2 j=3 j=4
i=4 : j=0 j=1 j=2 j=3 j=4
i=5 : j=0 j=1 j=2 j=3 j=4
i=6 : j=0 j=1 j=2 j=3 j=4
i=7 : j=0 j=1 j=2 j=3 j=4
```

図3-22 2つのカウンタ変数の表示

この入れ子の繰り返し文を活用してかけ算九九を行うこともできます。次のプログラムをかけ算九九を出力するプログラムです。

プログラムリスト 3-15 九九を出力するプログラム

```
#include <stdio.h>

int main(void) {
    int i, j;
    for(i=0; i<9; i++) {
        for(j=0; j<9; j++) {
            printf("%d ", (i+1)*(j+1));
        }
        printf("\n");
    }
}
```

実行すると次のように出力されます。

図3-23 かけ算九九を表示するプログラム

C言語の場合、命令の終わりは;(セミコロン)であり、何かの範囲(ブロック)を作るときは{}(波括弧で囲む)というルールでした。while()文やfor()文も繰り返す範囲を{}(波括弧)を利用して指定します。例えば次のようにwhile()の後に;(セミコロン)を記述してしまうと、{}(波括弧)で指定した繰り返したい処理に進まず繰り返しが終了しなくなってしまうので注意が必要です。

```
while(条件) ; {
    繰り返す処理;
}
```

例えば次のようなプログラムはうまく動かない例です。

プログラムリスト3-16 うまく動かない繰り返し文

```
#include<stdio.h>
#include<x.h>

int main(void) {
    int x = 0;
    while(x < 200) ; {//注意！！うまくいかない例！！
        fillRect(x,10,10,50);
        x+=20;
    }
}
```

このプログラムではwhile(x < 200) ;と記述されているため【ここから】;【ここまで】」の【ここから】に記述した処理が繰り返し実行されているためx+=20のところに処理が進まず、ずっとx<200となってしまい繰り返しの処理が終了しません。5秒以上このような状況が続く場合、Bit Arrowでは次のようなダイアログボックスを表示します。

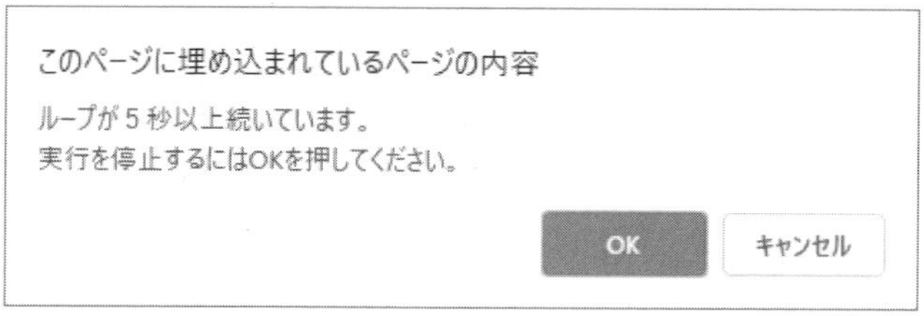

図3-24 無限ループ時のダイアログボックス

このような書き方をするとプログラムがうまく動かなくなりますので十分注意しましょう。

COLUMN

for文の動作

for文の各記述の意味と動作の流れは次の通りです。

```
for (初期設定; 条件 ; 次の一歩  ) {
      動作
}
```

Step1：初期設定を実行
Step2：条件が成り立っていればStep3に、そうでなければfor文が終了する
Step3：動作を実行
Step4：次の一歩を実行し、Step2に戻る

第6節 一部だけ違う図形を描いてみよう(条件分岐)

while()文やfor()文を利用して同じ処理を繰り返して実行することができました。同じ処理を繰り返して実行している間、あるときだけ異なる処理をしたい場合はどうすればいいでしょうか。「あるとき」がどのようなときかプログラムで表現する必要がありそうです。このような「あるとき」を表現する文法を**条《じょう》件《けん》分《ぶん》岐《き》**といいます。

以前作成したfor()文で８つの四角形を描くプログラムを改造して「あるとき」だけ異なる処理を行ってみましょう。8つの四角形を描くプログラムは次の通りです。

プログラムリスト 3-17 ８つの四角形を描画する

```
#include<stdio.h>
#include<x.h>

int main(void) {
    drawGrid();
    int i;
    int x = 10;
    for(i = 0; i < 8; i++) {
        setColor(0,128,0);
        fillRect(x,10,10,50);
        x += 20;
    }
}
```

８つの四角形の内、４番目の四角形の色を赤くするにはどのようにすればいいでしょうか。「４つめの四角形の場合は」は「もしも４つめの四角形の場合は」ということで「もしも」を示すif《イフ》というキーワードを利用します。ifを利用した条件分岐を**if文**といいます。４番目の四角形のみ赤くするプログラムは次の通りです。

プログラムリスト 3-18 ４番目の四角形場合は赤くする

```
#include<stdio.h>
#include<x.h>

int main(void) {
    drawGrid();
    int i;
    int x = 10;
    for(i = 0; i < 8; i++) {
        setColor(0,128,0);
        if (i == 3) {
            setColor(128,0,0);
        }
        fillRect(x,10,10,50);
        x += 20;
    }
}
```

このプログラムを実行すると次のように表示されます。

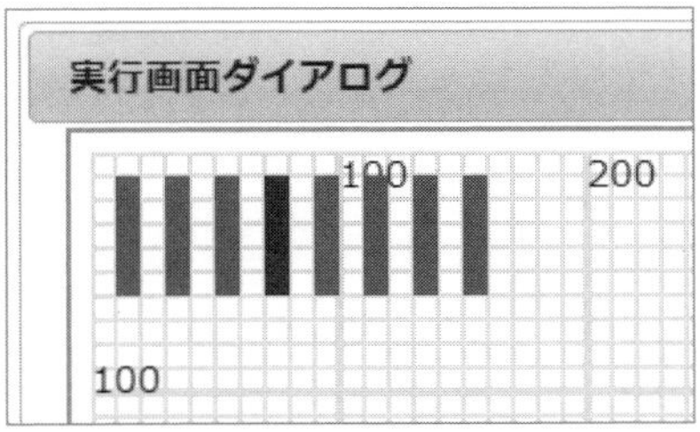

図3-25 ４番目の四角形の場合は赤くするプログラムの実行結果

```
if(i == 3) {
    処理;
}
```

i==3の部分は繰り返しの回数を示すiの値が3と等しい場合はという意味になります。=《イコール》=《イコール》という演算子を利用して右辺と左辺の値が等しいかどうか調べることができます。iの値は0→1→2→3と変化してきますのでiが3と等しいということは４番目の四角形を描くときという意味になります。この４番目の四角形を描くときだけ、setColor()機能を利用して色を赤くしています。プログラムリスト3-18に記述した`if`文をフローチャートにすると次のようになります。

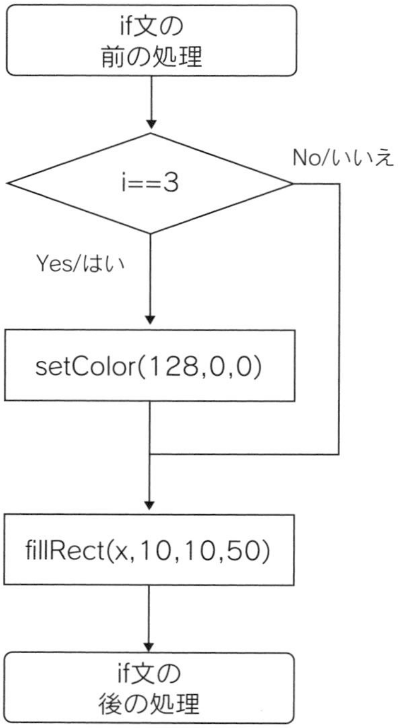

図3-26 プログラムリスト3-18のフローチャート（if文部分のみ）

次は色ではなく四角形の描画位置を変更してみましょう。if文を利用して色を変更していたところを`fillRect()`で縦位置を変えた四角形を描いてみましょう。

プログラムリスト 3-19 if()文で縦位置を変更した四角形の描画

```
#include<stdio.h>
#include<x.h>

int main(void) {
    drawGrid();
    int i;
    int x = 10;
    for(i = 0; i < 8; i++) {
        setColor(0,128,0);
        if (i == 3) {
```

```
            fillRect(x,30,10,50);
        }
        fillRect(x,10,10,50);
        x += 20;
    }
}
```


このプログラムを実行すると次のように表示されます。

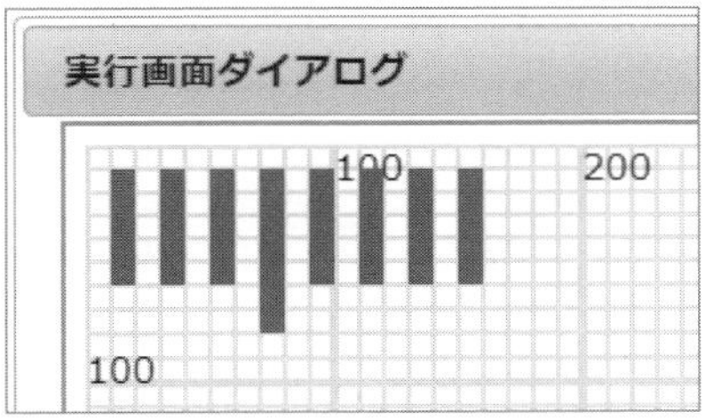

図3-27 if() 文による縦位置の変更

どうやら４番目の四角形は縦位置を変えて描画された後に、他の四角形と同じ位置にも四角形が描画されてしまったようです。このプログラムをフローチャートは次の通りです。

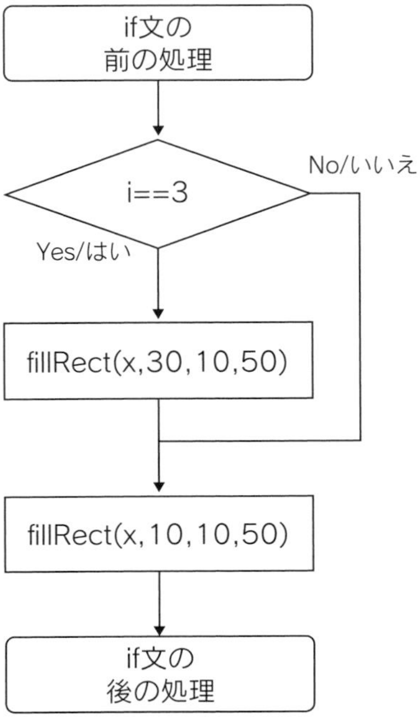

図3-28 四角形が２回描画される場合があるif文

このようにif文だけだと条件に一致したときに処理が実行されて、そのまま次の処理も実行されてしまいます。条件に一致しない場合に処理を実行するには次のようにif(条件に合致した場合)に続いてelse《エルス》(合致しない場合)というブロックを作ります。

```
if(i == 3) {
    処理A;
} else {
    処理B;
}
```

if文に続いてelseを含むブロックを使うことで4番目の四角形のみ違う位置に描くことができます。else部を利用したプログラムは次の通りです。

プログラムリスト 3-20 else部を利用する

```
#include<stdio.h>
#include<x.h>

int main(void) {
    drawGrid();
    setColor(0,128,0);
    int i;
    int x = 10;
    for(i = 0; i < 8; i++) {
        if(i == 3) {
            fillRect(x,30,10,50);
        } else {
            fillRect(x,10,10,50);
        }
        x += 20;
    }
}
```

このプログラムを実行すると次のように表示されます。

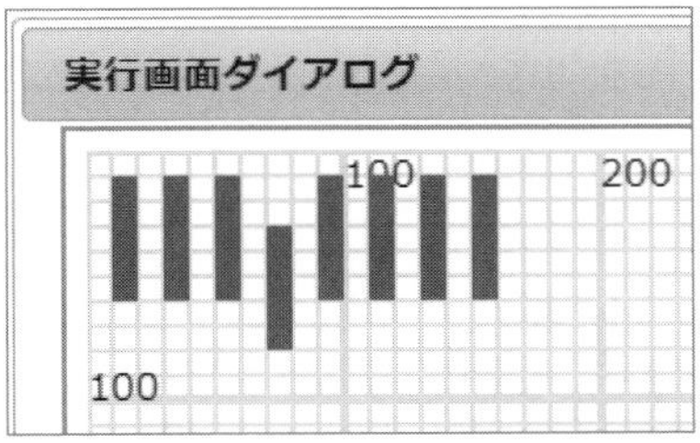

図3-29　条件分岐の実行例

プログラムリスト3-20に現れたif文の動作をフローチャートで表すと次のようになります。

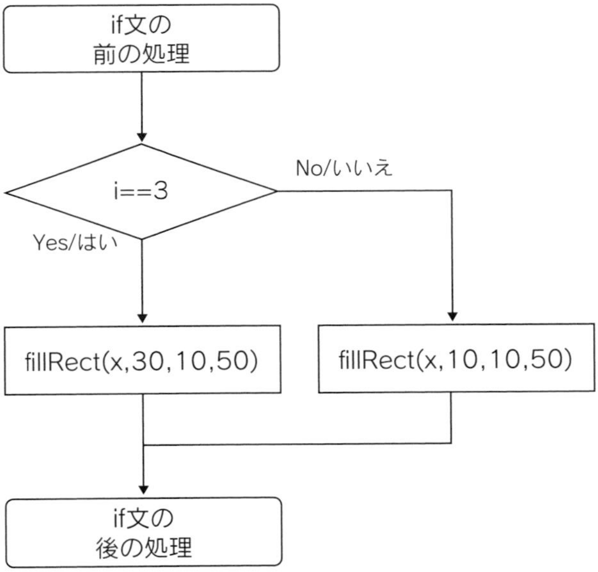

図3-30　プログラムリスト3-20のフローチャート（if文部分のみ）

またif文は複数の条件を指定することができます。例えば先の例と同じように4番目の四角形は少し下に描画し、5番目の四角形は少し上に描画するには次のようにプログラムを記述します。

プログラムリスト 3-21 条件分岐の条件を追加する

```
#include<stdio.h>
#include<x.h>

int main(void) {
    drawGrid();
```

```
    setColor(0,128,0);
    int i;
    int x = 10;
    for(i = 0; i < 8; i++) {
        if(i == 3) {
            fillRect(x,30,10,50);
        } else if(i==4) {
            fillRect(x,0,10,50);
        } else {
            fillRect(x,10,10,50);
        }
        x += 20;
    }
}
```

このプログラムを実行すると次のように表示されます。

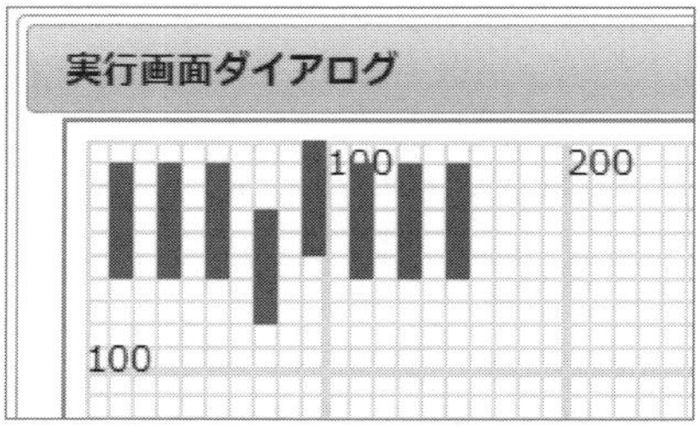

図3-31 複数の条件を指定した場合

`else if`(条件)部を使うことで「そうでなくもしも～だったら」というプログラムを記述することができます。プログラムリスト3-21のif文をフローチャートで表すと次のようになります。

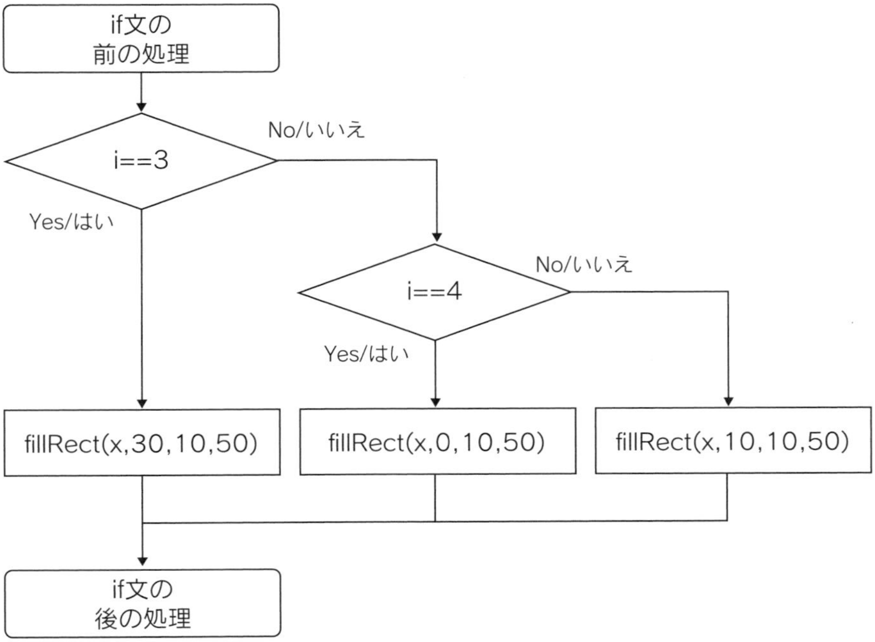

図3-32 プログラムリスト3-21のフローチャート（if文部分のみ）

上記の例ではiが3場合とiが4の場合で別々の位置に四角形を描きましたが、iが3の場合とiが4の場合で同じ位置に四角形を描く場合はどのようにすればいいでしょうか。先ほどのプログラムを次のように修正すれば良さそうです。

```
if(i == 3) {
    fillRect(x,30,10,50);
} else if(i==4) {
    fillRect(x,30,10,50);
} else {
    fillRect(x,10,10,50);
}
```

このようにプログラムを変更する次のように表示されます。

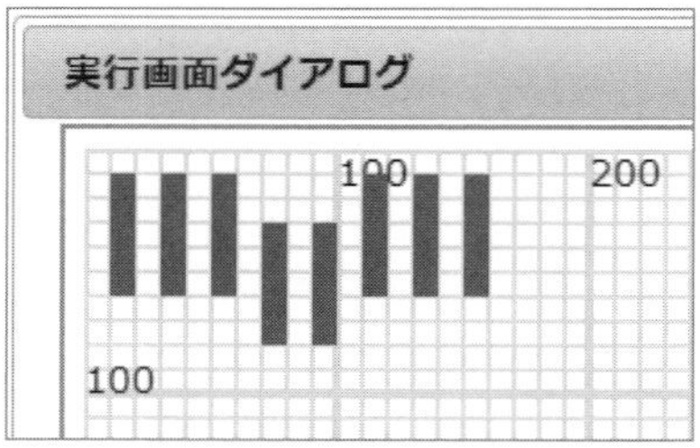

図3-33 複数の同じ条件を指定した場合

しかし、同じ位置に四角形を描く部分のプログラムを2回記述することになり効率が悪そうです。

```
fillRect(x,30,10,50);
```

`fillRect(x,30,10,50);`の処理の重複を避けるには「iが3の場合 **または** iが4の場合」と記述すれば良さそうです。C言語の場合「または」は||《オア》と記述します。|はShiftキーを押しながら「Back Spaceキー」の一つ左にあるキーを押すと入力することができます（巻末参照）。||を使うことで次のように記述するとプログラムをまとめることができます。

プログラムリスト 3-22 4番目と5番目の四角形の描画位置を変更する

```
#include<stdio.h>
#include<x.h>

int main(void) {
    drawGrid();
    setColor(0,128,0);
    int i;
    int x = 10;
    for(i = 0; i < 8; i++) {
        if(i == 3 || i == 4) {
            fillRect(x,30,10,50);
        } else {
            fillRect(x,10,10,50);
        }
        x += 20;
    }
}
```

さらにiの値が3の場合、4の場合、5の場合、6の場合に位置を変えて四角形を描くにはどうすればよいでしょうか。先の例を発展させて次のように記述すれば良さそうです。

```
if(i == 3 || i == 4 || i == 5 || i ==6) {
    fillRect(x,30,10,50);
} else {
    fillRect(x,10,10,50);
}
```

このプログラムを実行すると次のように表示されます。

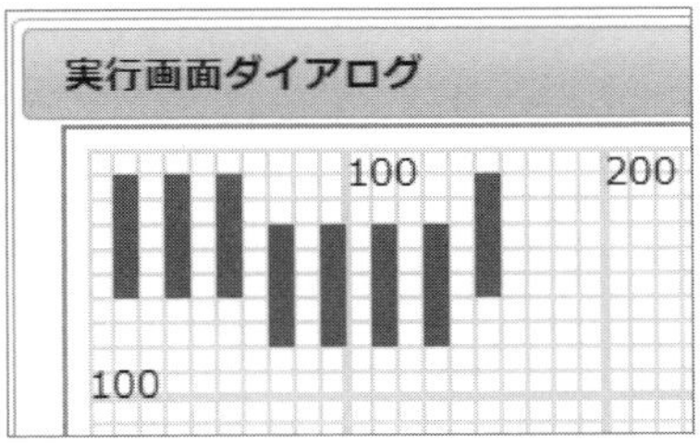

図3-34 複数の条件

しかしこの記述方法だと条件が増えるたびに横に記述がどんどんと伸びて行ってしまいます。「iの値が3の場合または4の場合または5の場合または6の場合」は「iの値が3以上 **かつ** 6以下」とも記述することができそうです。C言語では「かつ」を **&&**《アンド》で表現し次のようにプログラミングすることができます。

プログラムリスト 3-23 4番目から6番目までの四角形の位置を変更する

```
#include<stdio.h>
#include<x.h>

int main(void) {
    drawGrid();
    setColor(0,128,0);
    int i;
    int x = 10;
    for(i = 0; i < 8; i++) {
        if(i >= 3 && i <= 6) {
            fillRect(x,30,10,50);
        } else {
```

```
                fillRect(x,10,10,50);
            }
            x += 20;
        }
}
```

||（オア）や&&（アンド）のことを**論《ろん》理《り》演算《えんざん》子《し》**といい複数の条件を組み合わせて判定を行いたいときに利用します。

COLUMN ||（オア）&&（アンド）と|（オア）と&（アンド）の違い

論理演算子の「または」を示す||（オア）と「かつ」を示す&&は|や&を2つ書く場合の他に|と&のように1つで記述する場合があります。|や&をビット演算子といい次のような動作の違いがあります。

例えば||と|では評価の仕方に違いがあります。

```
#include <stdio.h>

int main(void) {
    int a = 10;
    int b = 5;
    if(a == 10 || b++ == 5) {
        printf("aとbは%dと%dです", a, b);
    }
}
```

この例では「aとbは10と5です」と出力されます。今、aの値が10なので「a の値が10またはbの値が5」という評価のif分は、a==10の時点で正しいという判定になり、b++ == 5は判定に利用されません。|の場合は

```
#include <stdio.h>

int main(void) {
    int a = 10;
    int b = 5;
    if(a == 10 | b++ == 5) {
        printf("aとbは%dと%dです", a, b);
```

```
    }
}
```

を実行すると「aとbは10と6です」と出力されます。この場合は「b++ == 5」も判定に使われます。その際、b++が実行されbの値が5から6に変化したのです。

このように特殊な処理をする場合は、||と|や&&と&で振る舞いが異なりますので注意しましょう。

COLUMN while()文のfor()文書き換え

例えばwhile()文を利用して0から4まで出力するプログラムは次の通りです。

```
#include<stdio.h>
#include<x.h>

int main(void) {
    int i;
    i = 0;
    while(i<5) {
        printf("%d\n", i);
        i++;
    }
}
```

このプログラムは太文字の部分に注目してfor()文に置き換えることができます。

```
#include<stdio.h>
#include<x.h>

int main(void) {
    int i;
    for(i=0; i<5; i++) {
        printf("%d\n", i);
    }
}
```

どちらの繰り返し文でも同じ結果を得ることができます。while()文は条件を指定して繰り返すことが得意で、for文は回数を指定して繰り返すことが得意と覚えておきましょう。

第7節 図形を縦と横に並べてみよう

ここまで図形を横に並べて描いてきました。横に並べて図形を描くには

```
fillRect(x, 30, 10, 50)
```

のように横位置を示す第1引数xの値が変化すればよかったわけです。縦に図形を描くには、第2引数である30の値が変化すれば良さそうです。縦の位置を示す変数yを利用して次のようなプログラムを実行すると縦に四角形を描画することができます。

また、30は四角形の幅、50は四角形の高さでしたから、縦に並べるために横長の四角形として幅を50、高さを10に設定してみましょう。

プログラムリスト 3-24 横長の四角形を縦に並べる

```
#include <stdio.h>
#include <x.h>

int main(void) {
    drawGrid();
    setColor(0,128,0);
    int y = 10;
    while(y<200) {
        fillRect(10,y, 50, 10);
        y+=20;
    }
}
```

このwhile文をfor文に置き換えると、次のようになります。

プログラムリスト 3-25 for文への置き換え

```
#include <stdio.h>
#include <x.h>

int main(void) {
    drawGrid();
    setColor(0,128,0);
    int i;
    int y = 10;
    for(i = 0; i < 10; i++) {
        fillRect(10,y, 50, 10);
        y+=20;
    }
}
```

ともにプログラムを実行すると次のように表示されます。

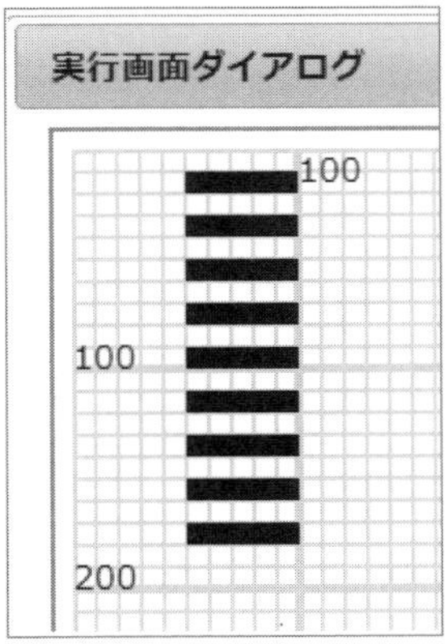

図3-35 横長の四角形を並べたプログラム

長方形ではなく正方形を描くには幅と高さを同じ値にすればいいのでfillRect(x, y, 10, 10)のようになります。

これを利用して正方形を横に並べて描くには次のように記述します。

プログラムリスト 3-26 正方形を並べる

```
#include <stdio.h>
#include <x.h>

```

```
int main(void) {
    drawGrid();
    setColor(0,128,0);
    int i;
    int x = 10;
    for(i = 0; i < 10; i++) {
        fillRect(x,10, 10, 10);
        x+=20;
    }
}
```

このプログラムを実行すると次のように表示されます。

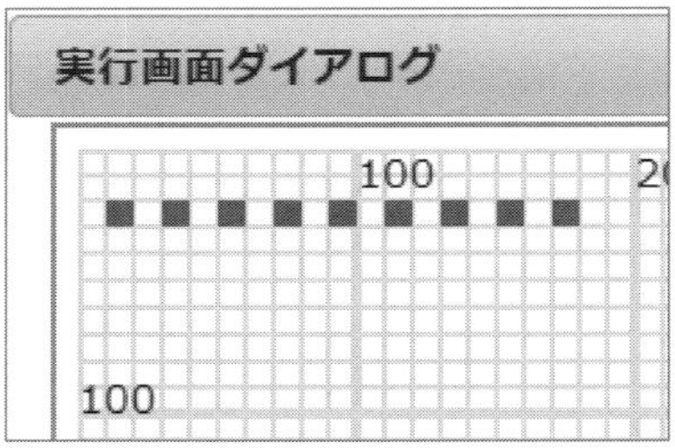

図3-36 正方形を横に並べた場合

一方、四角形を縦に並べて表示するには、次のようにプログラムを記述します。

プログラムリスト 3-27 正方形を縦に並べる

```
#include <stdio.h>
#include <x.h>

int main(void) {
    drawGrid();
    setColor(0,128,0);
    int i;
    int y = 10;
    for(i = 0; i < 10; i++) {
        fillRect(10, y, 10, 10);
        y+=20;
    }
}
```

このプログラムを実行すると次のように表示されます。

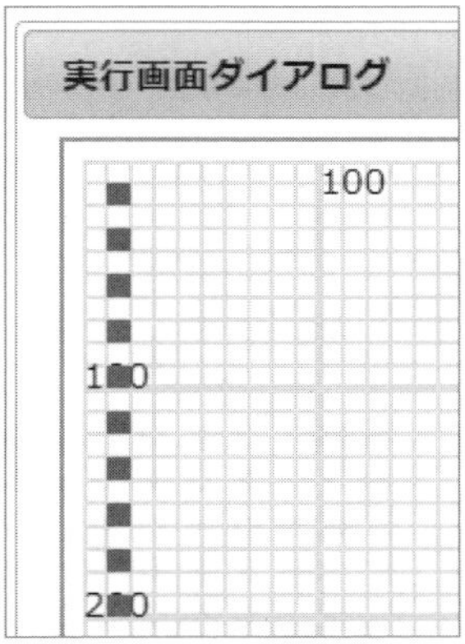

図3-37 正方形を縦に並べた場合

横に並べるプログラムと縦に並べるプログラムを組み合わせると縦と横に四角形を並べることができます。このとき繰り返し文を入れ子にします。繰り返し文を入れ子にしたときは外側の繰り返し文のカウンタ変数がi、内側の繰り返し文のカウンタ変数がjになることに注意しましょう。

次のプログラムは四角形を縦と横に並べるものです。内側の繰り返し文が終了した後に、次の横位置に移動する前に縦の位置を元のy=10に戻していることに注意しましょう。

プログラムリスト 3-28 正方形を縦と横に並べる

```
#include <stdio.h>
#include <x.h>

int main(void) {
    drawGrid();
    setColor(0,128,0);
    int i,j;
    int x = 5;
    int y = 10;
    for(i = 0; i < 10; i++) {
        for(j = 0; j < 10; j++) {
            fillRect(x, y, 10, 10);
            y+=20;
        }
        x += 20;
```

```
        y = 10;
    }
}
```

このプログラムを実行すると次のように縦と横に四角形が表示されます。

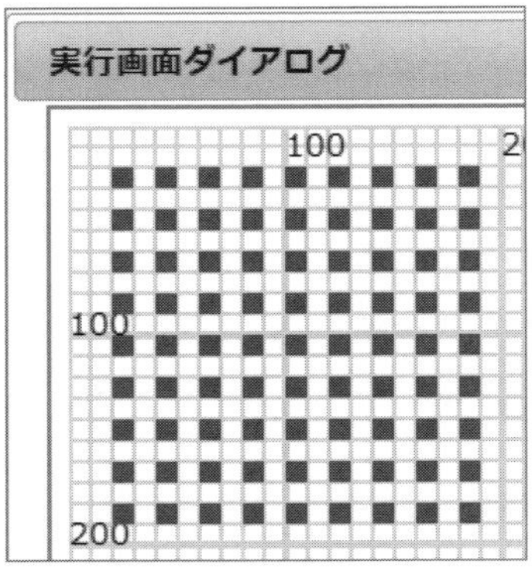

図3-38 四角形を縦と横に並べた場合

この例では外側の繰り返し文が横に四角形を描く動きで、内側の四角形が縦に四角形が描くための動きになります。

例えば外側の四角形を描く繰り返し文を

```
for(i = 0; i < 3; i++)
```

と10から3に変更すれば、3列分の四角形が描かれますし、内側の繰り返し文を

```
for(j = 0; j < 2; j++)
```

と10から2と変更すれば、2行分の四角形を描くことができます。

図3-39 3列2行の場合

第8節 文法のまとめ

第1項 Bit Arrowの描画機能(その1)

格子線（グリッド）の表示

```
drawGrid();
```

四角形の描画

```
fillRect(横位置，縦位置，幅，高さ);
```

楕円の描画

```
fillOvall(横位置，縦位置，幅，高さ);
```

色の指定

```
setColor(赤，緑，青);
```

文字列の描画

```
drawString("文字列"，横位置，縦位置);
```

文字サイズの変更

```
setTextSize(文字サイズ);
```

第2項　繰り返し文

while()文

```
while(条件) {
    繰り返す処理;
}
```

for文

```
for(初期値; 条件; 継続処理) {
    繰り返す処理;
}
```

第3項　条件分岐

if文

```
if (条件) {
    条件に合致したときの処理;
}
```

if-else文

```
if (条件) {
    条件に合致したときの処理;
} else {
    条件に合致しなかったときの処理;
}
```

if-else if-else文

```
if (条件) {
    条件に合致したときの処理;
} else if(条件) {
    別の条件に合致したときの処理;
} else {
    条件に合致しなかったときの処理;
```

第9節 演習

演習 3-4

1） 位置と大きさ・色を変えて緑色の四角形を９個描こう

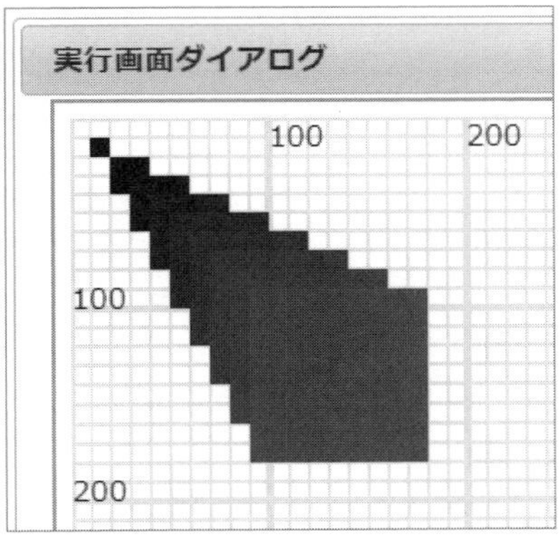

2） キーボードから２つの整数値を入力し、順に変数rとcに入れる、四角形を縦にr個，横にc個並べて描こう（※ rはrow（行）、cはcolumn（列）の略）

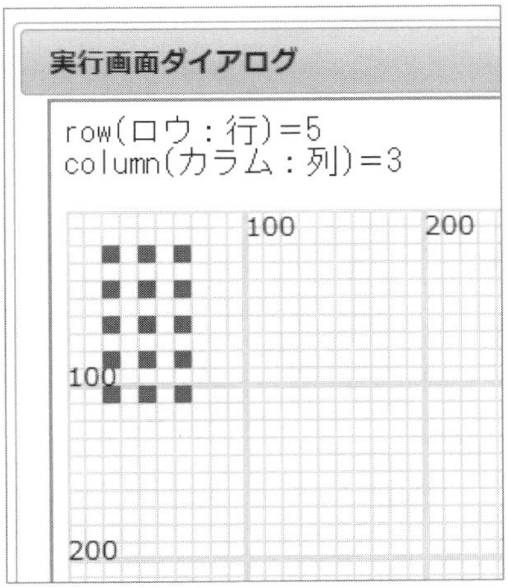

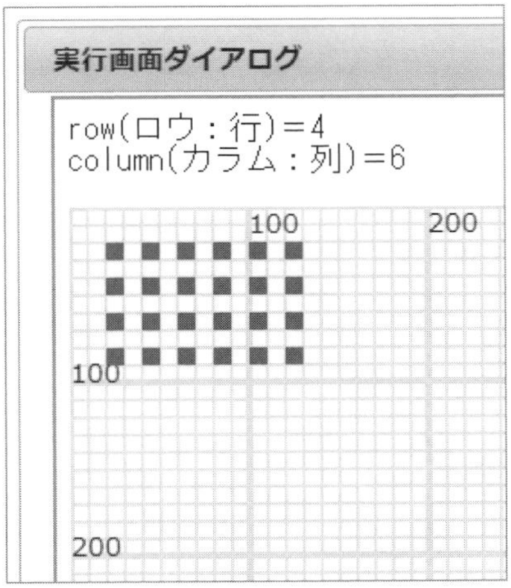

3） 赤色の四角形と緑色の四角形を交互に描いていましょう

ヒント：
赤色にする：setColor(128,0,0);
緑色にする：setColor(0,128,0);

交互には繰り返しの回数が2で割りきれるかどうかで、次のように判定します。

```
if((i+j)%2 == 0) {

} else {

}
```

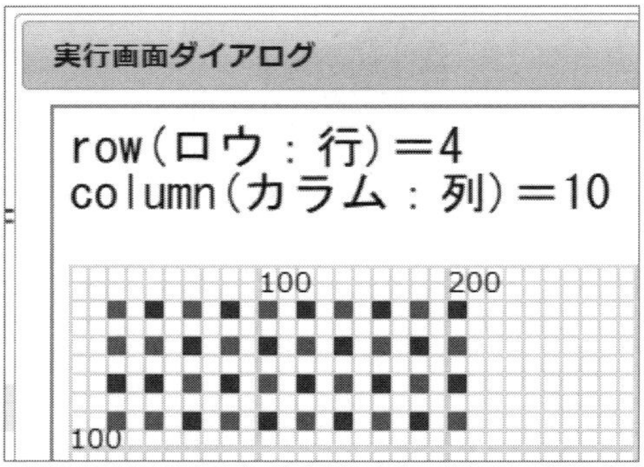

第1部

第4章

独自の図形描画 ～関数とランダムな数値～

本章ではBit Arrowの線を描く機能を利用して三角形を描いていきます。また処理をまとめる関数を用い効率よく三角形を描く方法について学んでいきます。

第1節 ペンで図形を描いてみよう（図形の描き方を理解する）

Bit Arrowでは四角形を描くfillRect()や楕円を描くfillOval()以外に線を描く機能も用意されています。Bit Arrowで線を描くには次のようにsetPen《セットペン》()とmovePen《ムーブペン》()を利用します。

プログラムリスト 4-1 線を描く

```
#include <stdio.h>
#include <x.h>

int main(void) {
    drawGrid();
    setPen(200, 100);
    movePen(100, 100);
}
```

setPen()では仮想的な鉛筆の初期の位置を指定します。例えば先のサンプルでは横位置が200のところ、縦位置が100のところに鉛筆の先を置くイメージになります。そこからmovePen()を利用して鉛筆を動かしていきます。先の例ではmovePen(100,100)としています。これは横位置を右に100、縦位置を下に100の位置に鉛筆を動かせという意味になります。最終的に横位置は200+100=300、縦位置は100+100=200の位置と初期位置を結んだ線が描かれることになります。実行結果は次の通りです。

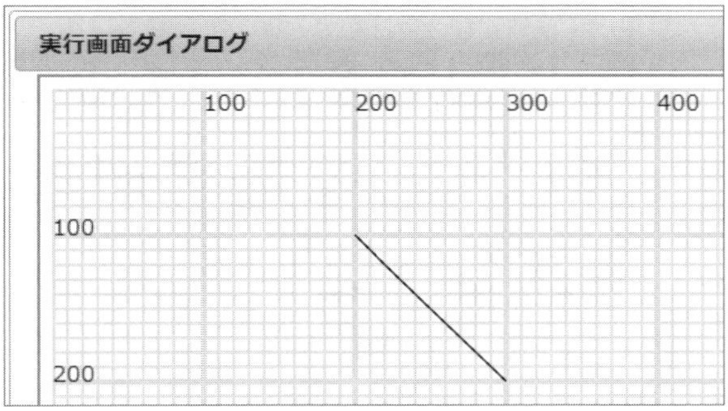

図4-1 線の描画

movePen()を連続して使うことで、三角形など図形を描くことができます。

プログラムリスト 4-2 三角形を描く

```
#include <stdio.h>
#include <x.h>

int main(void) {
    drawGrid();
    setPen(200, 100);
    movePen(100, 100);
    movePen(-200, 0);
    movePen(100, -100);
}
```

このプログラムを実行すると次のように三角形を描画されます。

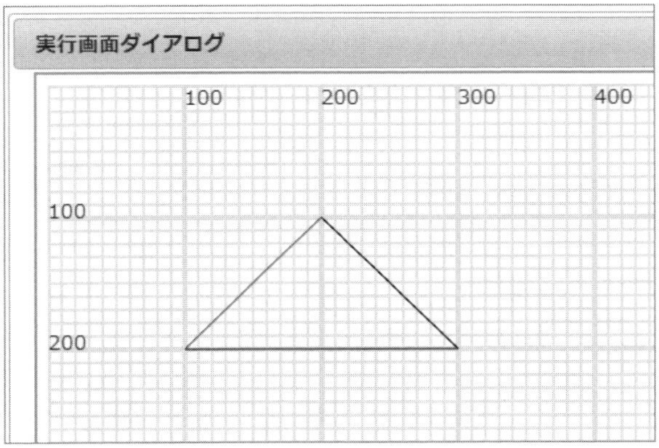

図4-2 三角形の描画

第2節 同じ図形を描いてみよう（似たような処理があることを理解する）

次に三角形を2つ描いてみましょう。三角形を2つ描くには位置を変えて同様の処理を記述すれば良さそうです。

プログラムリスト 4-3 2つの三角形を描く

```
#include <stdio.h>
#include <x.h>

int main(void) {
    drawGrid();
    setPen(200, 100);
    movePen(100, 100);
    movePen(-200, 0);
    movePen(100, -100);
    setPen(300, 200);
    movePen(100, 100);
    movePen(-200, 0);
    movePen(100, -100);
}
```

すると次のように2つの三角形が描画されます。

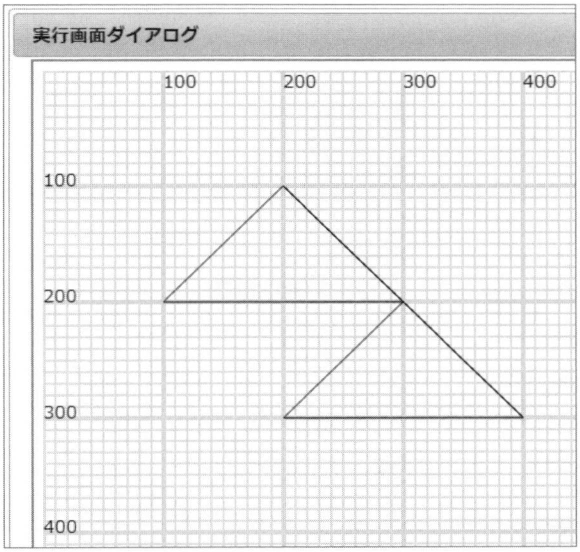

図4-3 2つの三角形の描画

このとき、はじめの三角形と2番目の三角形ではsetPen()での初期の位置が異なるだけで三角形を描く処理は全く同じです。

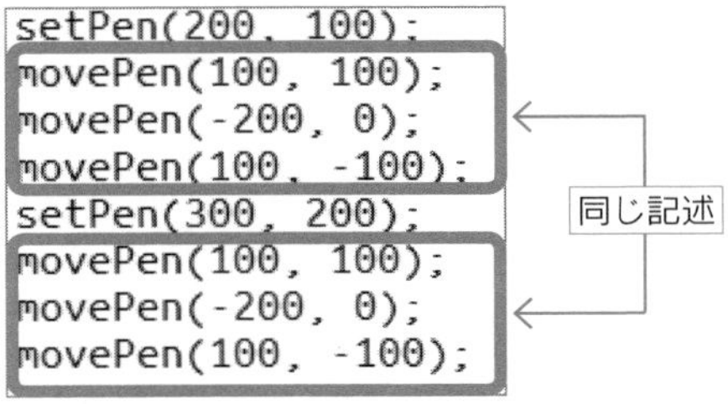

図4-4 三角形を描く処理

C言語ではこのような同じ処理をまとめることができます。処理をまとめて名前をつけたものを**関数**《かんすう》といいます。関数は次のような書式で作ります。関数が処理する内容を決めることを関数の**定義**と呼びます。

```
void 関数名(void) {
   //処理
}
```

先の三角形を描画する処理をsankakuという名前の関数にまとめてみましょう。

```
void sankaku(void) {
  movePen(100, 100);
  movePen(-200, 0);
  movePen(100, -100);
}
```

sankakuの前に記述されたvoidやsankakuの後に記述されたvoidは「ボイド」と読みます。voidは「ない」といった意味ですが、詳細は後に説明するとして、これから作成する関数はsankakuと名前をつけて{}(波括弧《なみかっこ》)で囲った範囲にまとめたい処理を記述していきます。作成したsankaku関数は、main()の中でsankaku()と記述してこの呼び出すことができるようになります。プログラム全体は次の通りです。本書では特に説明がない場合、関数はint main(void)よりも上に記述します。

プログラムリスト 4-4 関数を定義し呼び出す

```
#include <stdio.h>
#include <x.h>

void sankaku(void) {
  movePen(100, 100);
  movePen(-200, 0);
  movePen(100, -100);
}
int main(void) {
  drawGrid();
  setPen(200, 100);
  sankaku();
  setPen(300, 200);
  sankaku();
}
```

setPen()で三角形を描く位置を変更し、sankaku()関数を呼び出すと三角形を描くことができるようになりました。関数にすることのメリットは、次の通りです。

1) 何度も同じ処理を記述しなくても作成した関数名で処理を呼び出すことができる。
2) movePen()だけだと実行するまでどのような図形が描かれるか分からないが、sankaku()であれば三角形が描かれそうだと予想がつく。

重複する処理が出てきた場合は関数を作成して効率化できないか考えてみましょう。また関数を作成する際はその処理にふさわしい名前をつけるようにしましょう。

COLUMN　関数の定義位置とプロトタイプ宣言

本書では自分で定義する関数はすべてmain()関数の上側に記述しています。例えば次のようにmain()関数の下に関数を定義した場合

```
#include <stdio.h>
#include <x.h>

int main (void) {
    drawGrid();
    setPen(200, 100);
    sankaku();
}

void sankaku(void) {
    movePen(100, 100);
    movePen(-200, 0);
    movePen(100, -100);
}
```

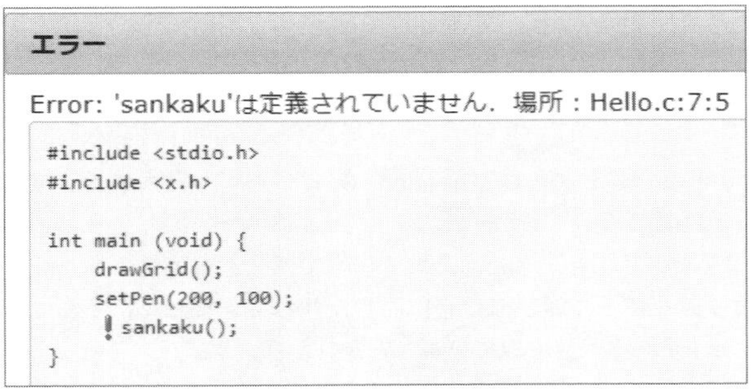

といったエラーになります。C言語はプログラムを解釈するときに、上から順番に処理を行っていきます。main()関数の中にsankaku()関数の呼び出しを見つけとき、それまでにsankaku()関数の定義がなかった場合、エラーになってしまいます。

main()関数の定義より後ろにsankaku()関数の定義を行うには、main()関数の上部にsankaku()関数の定義を記述します。これを**プロトタイプ宣言**といいます。プロトタイプ宣言は関数の中身である{}で囲まれた処理部分は省略し関数の定義のみを記述します。

```c
#include <stdio.h>
#include <x.h>

void sankaku(void);

int main (void) {
    drawGrid();
    setPen(200, 100);
    sankaku();
}

void sankaku(void) {
    movePen(100, 100);
    movePen(-200, 0);
    movePen(100, -100);
}
```

COLUMN main()も関数

main()関数はint main(void){}と記述することからint型の値が戻り値として必要になります。正式には次のように記述します。

```c
int main(void) {
    return 0;
}
```

ここで0はプログラムが正常終了したことを示します。このreturn 0;は省略可能で本書では説明を簡素化するために省略しています。

ここまでsankaku()関数を作成し処理をまとめてきました。そして引数で関数を実行するときの情報を与えたり、関数を実行した結果を戻り値を使って呼び出し元に戻したりしてきました。今まで処理を記述してきたmain()をよく見るとsankaku()関数と似ていることが分かります。

```c
int main(void) {
    //処理
}
int sankaku(int x, in y) {
    //処理
}
```

main()もまた関数の一種なのです。C言語にとってmain()は特別な関数でプログラム実行時にはint main(void)を探し、見つかった場合はその中の処理を実行するように作られています。

第3節 好きな位置と大きさで図形を描いてみよう(引数を理解する)

sankaku()関数を利用して三角形を簡単に描くことができるようになりました。しかしさまざまな位置に三角形を描くにはsetPen()で三角形を描く開始位置を指定する必要があります。setPen()で三角形を描く開始位置もsankaku()関数で指定することはできないでしょうか。例えばsankaku()関数の中にsetPen()を次のように入れてみましょう。

```
void sankaku(void) {
    setPen(200, 100);
    movePen(100, 100);
    movePen(-200, 0);
    movePen(100, -100);
}
```

このままだとsankaku()関数を呼び出した場合、setPen(200,100)が毎回実行されてしまい、同じ位置に三角形が描かれてしまいます。sankaku()関数を呼び出すときにどこから三角形を描くのかを指定することができないといけないようです。第3章で学んだように、関数を呼び出すときに情報を与えることができます。これを引数《ひきすう》といいます。関数を定義するときに次のように引数を設定することができます。

```
void 関数名(引数の型 引数名, 引数の型 引数名 … ) {
    処理;
}
```

sankaku()関数に引数を加える場合、次のように記述します。

```
void sankaku(int x, int y) {
    setPen(x, y);
    movePen(100, 100);
    movePen(-200, 0);
    movePen(100, -100);
}
```

このように記述しsankaku()関数を呼び出すときに、sankaku(200,100)とすると、sankaku()関数の内部ではx=200、y=100になって実行されます。したがって、setPen(x,y);の部分では、setPen(100,200)が実行されます。また、sankaku(300,200)とするとsetPen(300,200)が実行されます。結果として、sankaku(x,y)関数を利用すると(x,y)の位置に三角形が描かれるようになるのです。引数は関数名の後ろの()の中に「型 関数内で利用する変数名」の形で記述します。引数は,(カンマ)で区切って複数定義することが可能です。引数を加えた形に変更したプログラムは次の通りです。main()の中の記述が簡潔になったことが分かります。

プログラムリスト 4-5 引数を利用した関数で三角形を描画する

```
#include <stdio.h>
#include <x.h>

void sankaku(int x, int y) {
    setPen(x, y);
    movePen(100, 100);
    movePen(-200, 0);
    movePen(100, -100);
}

int main(void) {
    drawGrid();
    sankaku(200,100);
    sankaku(300,200);
}
```

これで位置を変えて三角形を描くことができるようになりました。次に大きさも変更できるようにしてみましょう。引数に関数で描く三角形の倍率を示すzoomをfloat型(実数)で設定し、movePen()を利用して線を描くときの長さをzoomを使って変更できるようにしましょう。

プログラムリスト 4-6 三角形の大きさを変更できる関数を定義する

```
#include <stdio.h>
#include <x.h>

void sankaku(int x, int y, float zoom) {
    setPen(x, y);
    movePen(100*zoom, 100*zoom);
    movePen(-200*zoom, 0*zoom);
    movePen(100*zoom, -100*zoom);
}

int main(void) {
    drawGrid();
    int num;
    sankaku(200,100, 1.5);
    sankaku(300,200, 0.5);
}
```

このプログラムを実行すると次のように1.5倍と0.5倍に大きさを変更した三角形を描くことができます。

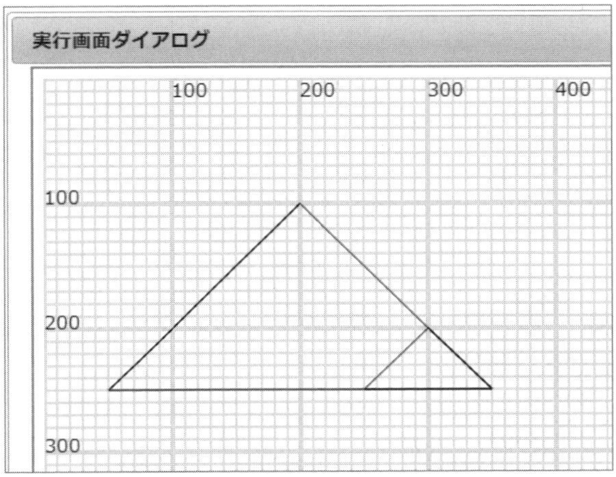

図4-5 大きさを変更した三角形の描画

第4節 三角形の面積を求める（戻り値を理解する）

引数を設定することでsankaku()関数を実行したときに任意の位置に任意の大きさで三角形を描くことができるようになりました。このとき描いた三角形の面積を求めるにはどのようにすればいいでしょうか。三角形の面積は(底辺×高さ)/2で求めることができます。頂点から右下に線を描いている部分は

```
movePen(100*zoom, 100*zoom);
```

の部分です。このときの縦の大きさが高さですから、100*zoomが高さになります。そして右下の点から左に線を描いている部分に注目しましょう。

```
movePen(-200*zoom, 0*zoom);
```

の部分は右から左に長さ-200*zoomの線を描いています。-200*zoomの-（マイナス）は右から左という方向を示していますので、横方向に線を描く長さは200*zoomとなります。この長さが底辺の長さになります。従って面積を求めるプログラムは次のようになります。

プログラムリスト 4-7 面積を求める

```
#include <stdio.h>
#include <x.h>

void sankaku(int x, int y, float zoom) {
    float teihen, takasa;
    takasa = 100*zoom;
    teihen = 200*zoom;
    setPen(x, y);
    movePen(100*zoom, 100*zoom);
    movePen(-200*zoom, 0*zoom);
```

```
    movePen(100*zoom, -100*zoom);
    printf("三角形の面積は%f\n", (teihen*takasa)/2);
}

int main(void) {
    drawGrid();
    int num;
    sankaku(200,100, 1.5);
    sankaku(300,200, 0.5);
}
```


このプログラムを実行すると次のように表示されます。Bit Arrowでは幅や高さはピクセルという単位（参照：第3章コラム）で表現されるため、面積の計算結果もピクセル単位になります。

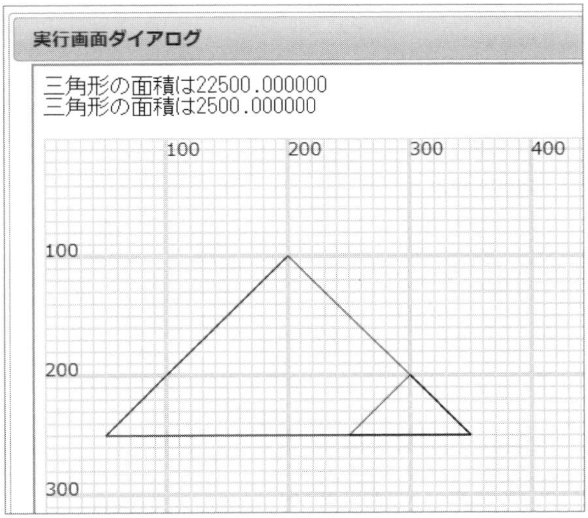

図4-6 三角形とともに面積も表示

この例では2つの三角形の面積をそれぞれ求めましたが、描いた2つの三角形の面積の合計を求めることはできません。三角形の面積の合計を求めるには、sankaku()関数を呼び出しているmain()関数で、それぞれの三角形の面積が分からないといけないようです。そこでsankaku()関数を呼び出しているmain()関数の中にsankaku()関数から三角形の面積の値を戻してみます。関数より戻る値のことを**戻《もど》り値《ち》**といい**return（リターン）**を利用して値を戻すことができます。関数から値を戻すときは、どのような値が戻るか（戻り値の型）を関数名の前に記述する決まりになっています。

```
戻り値の型 関数名(引数) {
   // 処理…
   return 戻り値;
}
```

ここでは計算した面積をfloat型で戻したいので次のようにプログラムを記述します。

プログラムリスト 4-8 戻り値を利用して三角形の面積の合計を求める

```
#include <stdio.h>
#include <x.h>

float sankaku(int x, int y, float zoom) {
    float teihen, takasa;
    takasa = 100*zoom;
    teihen = 200*zoom;
    setPen(x, y);
    movePen(100*zoom, 100*zoom);
    movePen(-200*zoom, 0*zoom);
    movePen(100*zoom, -100*zoom);
    return (teihen*takasa)/2;
}

int main(void) {
    float menseki1, menseki2, goukei;
    drawGrid();
    int num;
    menseki1 = sankaku(200,100, 1.5);
    printf("面積1は%f\n", menseki1);
    menseki2 = sankaku(300,200, 0.5);
    printf("面積2は%f\n", menseki2);
    goukei = menseki1 + menseki2;
    printf("面積の合計は%f", goukei);
}
```

実行すると次のように大きな三角形と小さな三角形の面積（ピクセル単位）の合計が表示されます。

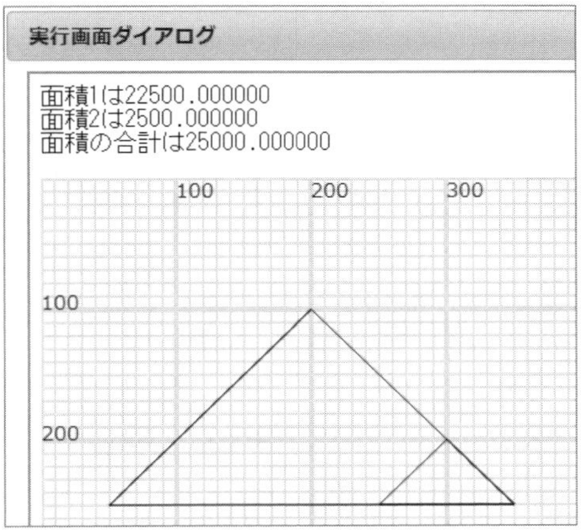

図4-7 三角形の面積の合計

なお、今まで

```
void sankaku(void)
```

と記述してきたvoid《ボイド》とは「ない」という意味で「戻り値や引数がない」ということを明示しています。

COLUMN 関数の途中にreturn を書いた場合の動作について

次のプログラムは、x<0のときに「負の値です」と表示して、「0以上です」を表示することなくmain関数が終了し、プログラム自体も終了します。

```
int main(void) {
    int x;
    printf("x=?");
    scanf("%d",&x);
    if (x<0) {
        printf("負の値です");
        return 0;
    }
    printf("0以上です");
    return 0;
}
```

関数の途中でreturn文があると、それ以降の処理をせずに関数を終了させる働きがあります。

第5節 他の人が作成した関数

関数を使って処理をまとめることでmain()の中での処理が簡潔に記述することができるようになりました。sankaku()関数は自分で作りましたが、他の誰かがいろいろな関数を作ってくれたらもっと便利にプログラミングできそうです。実は今までも他の人が作った関数を利用していたのです。本書の一番はじめに作ったプログラムは次の通りです。

プログラムリスト 4-9 Helloと出力する

```
#include <stdio.h>

int main (void) {
    printf("Hello");
}
```

このプログラムを実行すると次のように出力されます。

図4-8 Helloの出力

ここで利用したprintf()は他の人が作成した関数なのです。他の人が作成した関数を利用するためには、他の人がどのような関数を作成したのかプログラムから分かる必要があります。それらの関数の使い方を読み込むのが

```
#include <stdio.h>
```

の部分になります。#include《インクルード》は「含める」といった意味です。stdio.hのstdioは

STanDard Input Output headerの略で「標準入出力」と呼ばれます。stdio.hの.hはヘッダーファイルという意味で、標準入出力の関数を宣言したファイルであることを示しています。このように標準入出力の機能を読み込むことで、画面に出力(Output)する機能であるprintf()や入力(Input)を受け付ける機能であるscanf()の関数を利用することができるようになるのです。

はじめからC言語に用意されている関数を標準関数といい、入出力を担当するstdio.h以外に文字列の処理と担当するstring.hやランダムな値を生成するためのstdlib.hや数学関係の機能を提供するmath.hなどがあります(巻末参照)。ここまでstdio.hなどを読み込むことで利用可能となるprintf()関数やscanf()関数を「機能」と呼んできました。今後は、これら標準関数で利用できる機能もprintf()関数などと呼ぶことにします。

またBit Arrowではグラフィックの機能を提供するためのx.hを特別に用意しています。これらを組み合わせることで自分独自のプログラムを作成することができるのです。

第6節 ランダムな値を取得してみよう

stdlib.hを読み込むことでランダムな値を取得するrand()関数を利用することができるようになります。次のプログラムはランダムな値を出力するサンプルです。

プログラムリスト 4-10 ランダムな値を出力する

```
#include <stdio.h>
#include <stdlib.h>

int main(void) {
    int num;
    num = rand();
    printf("%d", num);
}
```

このプログラムを実行すると例えば次のように表示されます。表示される値はランダム値なので毎回異なります。

図4-9 ランダムな数値の表示

このとき、

```
#include <stdlib.h>
```

の記述を忘れてしまうと、次のようなエラーメッセージが表示されますので注意しましょう。

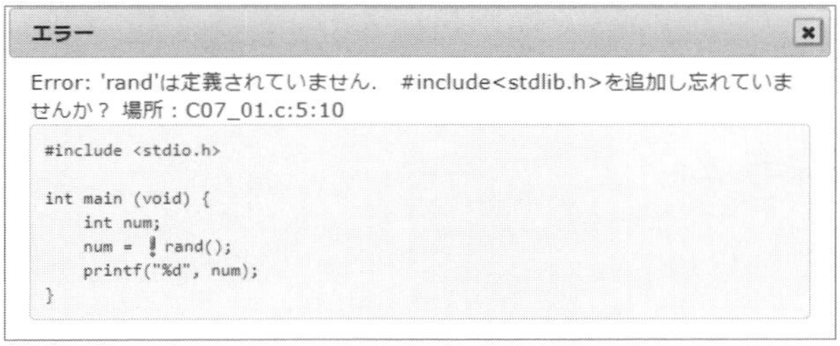

図4-10 stdlib.hの読み込みを忘れた場合

先のプログラムでは0～RAND_MAXまでの間のランダムな数字が表示されます。RAND_MAXは定数として定義されていて、次のように表示することが可能です。

プログラムリスト 4-11 ランダムな値の最大値を出力する

```
#include <stdio.h>
#include <stdlib.h>

int main(void) {
    printf("%d", RAND_MAX);
}
```

このプログラムを実行すると次のように表示されます。

図4-11 ランダムな値の最大値

このようにrand()を利用すると0～2147483647（int型の最大値）の間の値を取得することができます。プログラムでは余り大きい数字は扱いにくいので、割った余りを求める余剰（%）の算術演算子を利用すると0から指定した数値の間のランダムな値を取得することができるので便利です。例えば余剰を利用して次のように2で割った余りを求めることで偶数か奇数かを判定することができます。

プログラムリスト 4-12 偶数か奇数か判定する

```
#include <stdio.h>
#include <stdlib.h>
```

```

int main(void) {
    int num;
    num = rand() % 2;
    printf("%d", num);
}
```

rand() % 2とすることで2で割った余りを取得することができます。偶数だった場合は2で割り切れるので0、奇数だった場合は割り切れないので1となります。このプログラムを実行すると次のように0か1が出力されます。

図4-12 0か1かの出力

%2の部分を変更することで0から(n-1)の間のランダムな値を取得できます。例えば0から9までのランダムな値を取得したい場合は、次のようにプログラムを記述します。

プログラムリスト4-13 0-9までのランダムな値を取得する

```
#include <stdio.h>
#include <stdlib.h>

int main(void) {
    int num;
    num = rand() % 10;
    printf("%d", num);
}
```

このプログラムを実行すると次のように0-9までのランダムな値が表示されます。

図4-13 0-9までのランダムな値

また、ある範囲のランダムな数値を取得したい場合は次のような関数をすると便利です。

プログラムリスト 4-14 ある範囲のランダムな数値を取得する

```
#include <stdio.h>
#include <stdlib.h>

int between(int a,int b) {
    int r=rand()%(b-a)+a;
    return r;
}
int main(void) {
    int num;
    num = between(100,150);
    printf("%d", num);
}
```

例えば

```
num = between(100,150);
```

とした場合、between()関数の内部ではaが100でbが150なのでb-aが50になります。rand()%50を実行することで、0から49の間のランダムな値を取得することできます。求めたい数値はaからbの間のランダムな数値、すなわち100から150の間のランダムな数値なので0から49のランダムな数値にaの100を足すと、結果として100から150のランダムな数値を得ることができます。

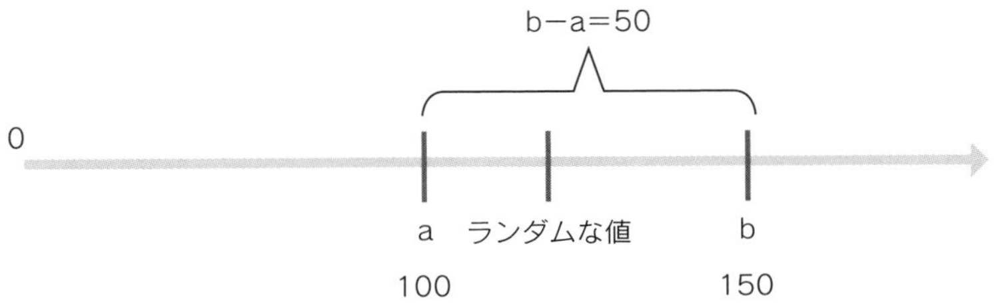

図4-14 ランダムな範囲の数値の作り方

第7節 ランダムな位置に図形を描いてみよう

ランダムな値を利用して図形を描いてみましょう。

プログラムリスト 4-15 ランダムな位置に四角形を描画する

```
#include <stdio.h>
#include <stdlib.h>
#include <x.h>

int main(void) {
    drawGrid();
    setColor(0,128,0);
    fillRect(rand()%400,rand()%400, 20,20);
}
```

実行すると次のようにランダムな位置に四角形が描かれます。

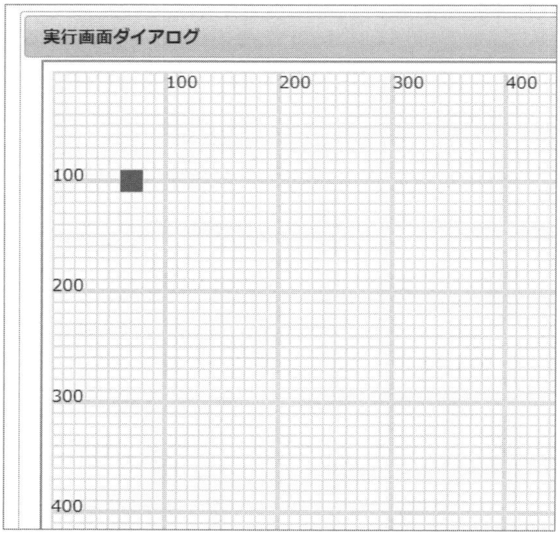

図4-15 ランダムな位置に四角形を描く

繰り返し文を利用してランダムな位置にたくさんの四角形を描くことができます。

プログラムリスト 4-16 たくさんの四角形をランダムな位置に描く

```
#include <stdio.h>
#include <stdlib.h>
#include <x.h>

int main(void) {
    drawGrid();
    setColor(0,128,0);
    int i;
    for(i=0; i<10; i++) {
        fillRect(rand()%400,rand()%400, 20,20);
    }
}
```

次のように10個の四角形がランダムな位置に描かれます。

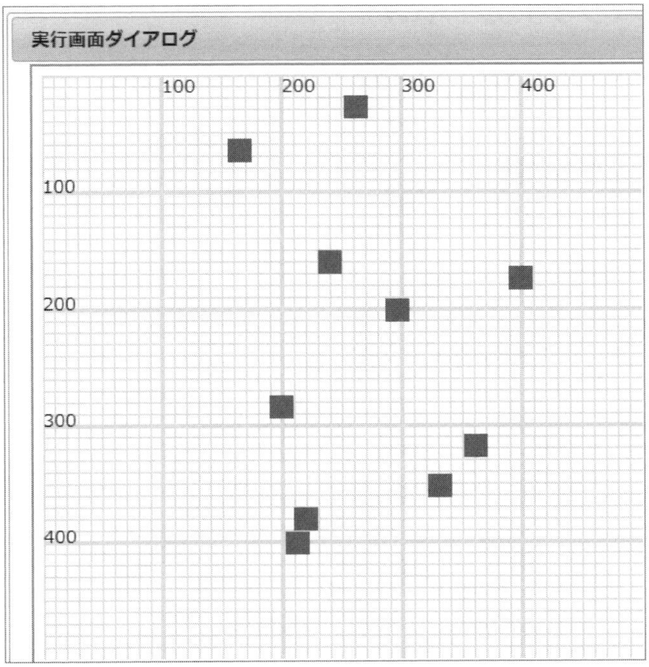

図4-16 ランダムな位置に10個の四角形を描く

第8節 文法のまとめ

第1項　Bit Arrowの描画機能

ペンをセットする

```
setPen(横位置,縦位置);
```

ペンを動かす

```
movePen(横位置,縦位置);
```

第2項　ライブラリの読み込み

```
#inckude <ヘッダーファイル名>
```

第3項　ランダムな値

ランダムな値を取得するためのライブラリ

```
#include <stdlib.h>
```

0-RAND_MAXまでのランダムな値の取得

```
rand();
```

第9節 演習

演習 4-1

1） 次のような正方形を描く関数を定義し、main()から呼び出しましょう。

```
#include <stdio.h>
#include <x.h>

void seihoukei(int x,int y,float zoom) {
    【ここに正方形を描く処理を入れましょう】


}

int main(void) {
    drawGrid();
    seihoukei(10,10,1);
}
```

（ア）左上の点を(x,y)とする正方形を描く。

（イ）zoom = 1 のとき、1辺の長さが100になるようにする。

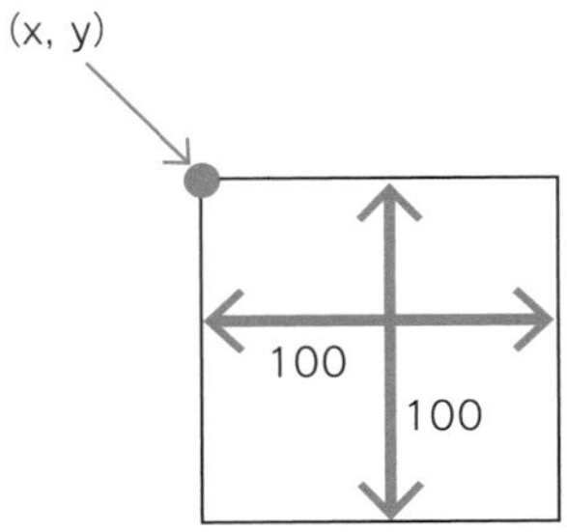

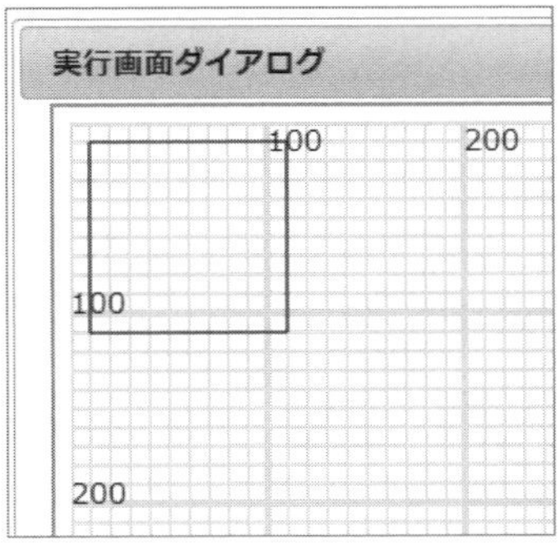

2) 関数seihoukei()を使って次のような図形を描きましょう。

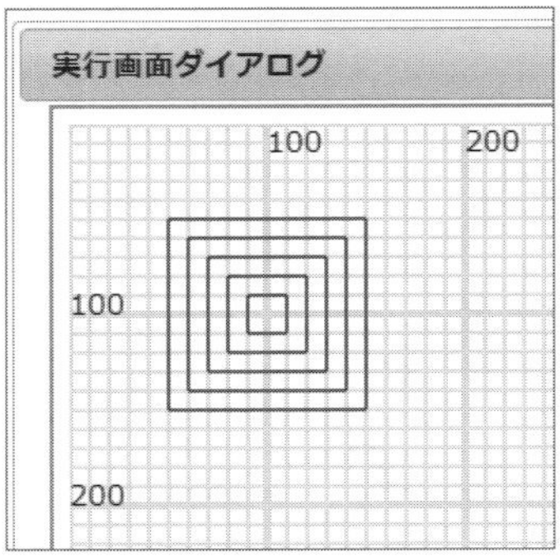

3) 次のような家の形を描く関数を定義し、main()から呼び出しましょう。

```
#include <x.h>
void sankaku(int x, int y, float zoom) {
    setPen(x, y);
    movePen(100*zoom , 100*zoom);
    movePen(-200*zoom, 0);
    movePen(100*zoom, -100*zoom);
}
void seihoukei(int x, int y, float zoom) {
    setPen(x, y);
    movePen(100*zoom , 0);
    movePen(0, 100*zoom);
    movePen(-100*zoom, 0);
    movePen(0, -100*zoom);
}
void house(int x, int y) {
   【sankaku()関数とseihoukei()関数を利用して家の絵を描く処理を入れましょう】


}
int main(void) {
    drawGrid();
    house(100,100);
}
```

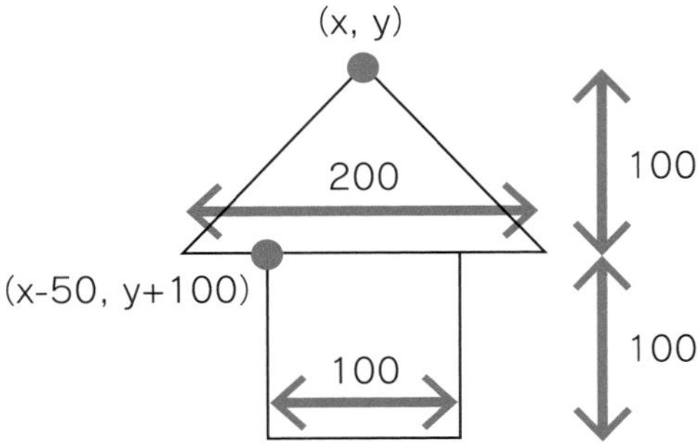

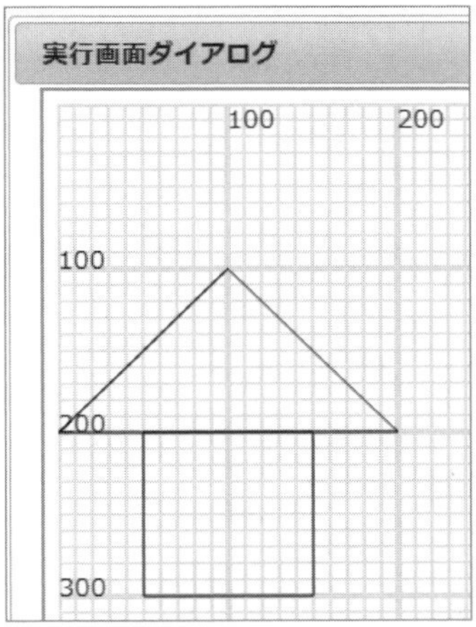

4) 次のように3つの家の図形を描いてみましょう。

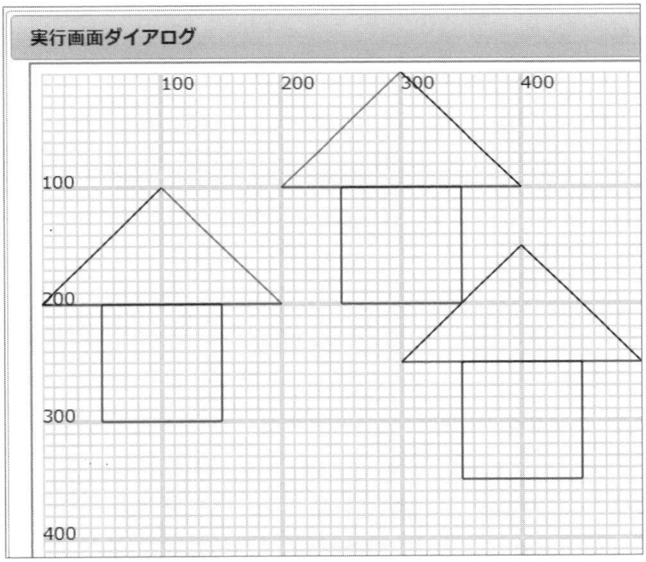

第5章

図形を動かす（アニメーション）

本章では図形描画を利用してアニメーションを行う方法について学んできます。

第1節 図形を動かしてみよう

第3章では繰り返し文を使ってたくさんの四角形を描きました。第3章で作成したプログラムは次の通りです。

プログラムリスト 5-1 繰り返し文を利用して複数の四角形を描く

```
#include<stdio.h>
#include<x.h>

int main(void) {
    drawGrid();
    setColor(0,128,0);
    int x = 10;
    while(x<=200) {
        fillRect(x,10,10,50);
        x += 20;
    }
}
```

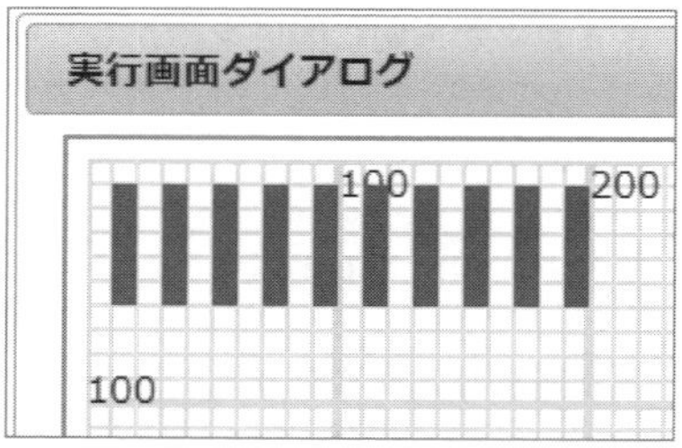

図5-1 繰り返しの実行結果

このプログラムを実行すると瞬時に複数の四角形が表示されます。このとき描画処理を少し止めることができます。処理を少し止めるには`sleep()`というBit Arrowの機能を利用します。

プログラムリスト 5-2 描画を少し止める

```
#include<stdio.h>
#include<x.h>

int main(void) {
    drawGrid();
    setColor(0,128,0);
    int x = 10;
    while(x<=200) {
        fillRect(x,10,10,50);
        x += 20;
        sleep(1);
    }
}
```

sleep(1)とすることで1秒処理を止めることができます。すると次のように四角形が1秒ごとに描かれます。

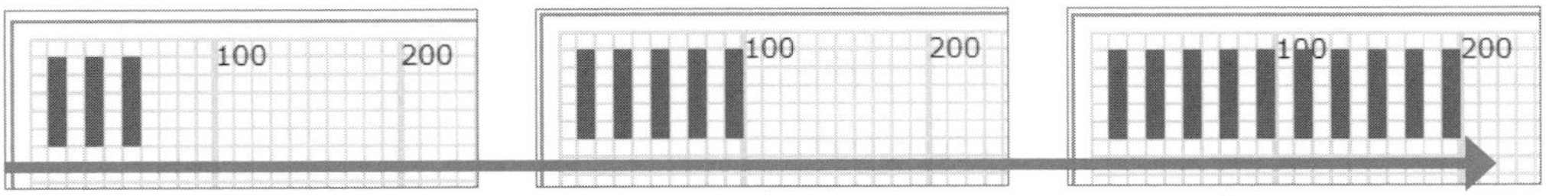

図5-2 処理を止めて繰り返しのようすを見えるようにした結果

このとき、前に描いた四角形を消してから四角形を描画すれば、あたかも四角形が移動しているように見えそうです。前に描いた四角形を消すにはclear()というBit Arrowの機能を利用します。

プログラムリスト 5-3 前に描いた四角形を消す

```
#include<stdio.h>
#include<x.h>

int main(void) {
    drawGrid();
    setColor(0,128,0);
    int x = 10;
    while(x<=200) {
        clear();
```

```
        fillRect(x,10,10,50);
        x += 20;
        sleep(1);
    }
}
```

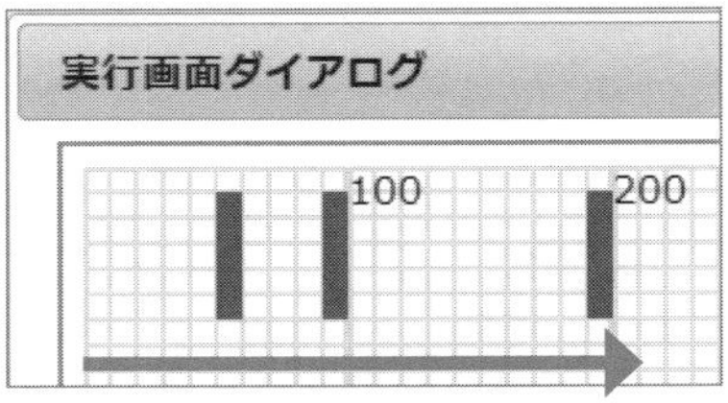

図5-3 アニメーション

このようにBit Arrowでは繰り返し文の中でsleep()とclear()を使うことで図形をアニメーションさせることができます。しかしこのままだとなめらかなアニメーションになりません。そこでなめらかなアニメーションにするために横の移動量をセットしているx+=20や処理を1秒止めているsleep(1)の1の部分を変更してみましょう。試しにここではx+=20をx+=5に変更し、sleep(1)をsleep(0.1)と変更ししてみましょう。実行すると四角形がなめらかに移動していく様子が分かります。

プログラムリスト5-4 四角形をなめらかに動かす

```
#include<stdio.h>
#include<x.h>

int main(void) {
    drawGrid();
    setColor(0,128,0);
    int x = 10;
    while(x<=200) {
        clear();
        fillRect(x,10,10,50);
        x += 5;
        sleep(0.1);
    }
}
```

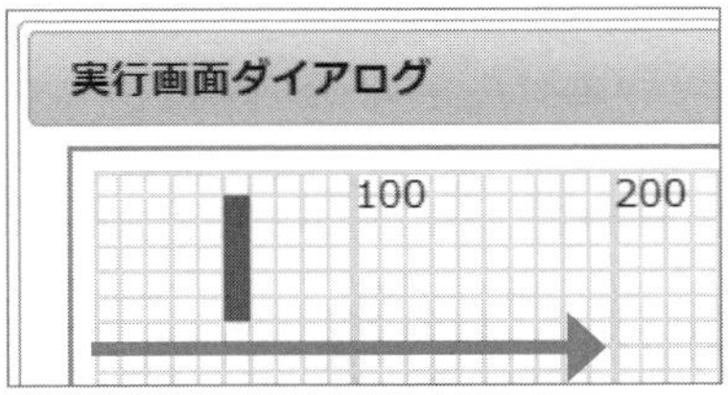

図5-4 なめらかなアニメーション

sleep()は()の中に自分で処理を止める時間(秒)を記述する必要があります。sleep()の他にBit Arrowではアニメーション用のupdate()という機能も用意されています。update()を利用した場合は自動的に約0.01秒処理を止めることができます。

プログラムリスト 5-5 アニメーション用のupdate()を利用する

```
#include<stdio.h>
#include<x.h>

int main(void) {
    drawGrid();
    setColor(0,128,0);
    int x = 10;
    while(x<=200) {
        clear();
        fillRect(x,10,10,50);
        x += 5;
        update();
    }
}
```

第2節 さまざまな方向に図形を動かしてみよう

前節ではx+=5と横の移動量を増やしました。横の移動量が増えると左から右に四角形が動いていきます。左から右に四角形を動かした後、右から左に四角形を動かすにはどのようにすればよいでしょうか。右から左に移動するということは、横の移動量がマイナスになるということですから、

```
x -= 5;
```

とすればよさそうです。最初の繰り返し文でxの値を5ずつ増やしていきます。xの値が200より大きくなると最小の繰り返し文が終了し、次の繰り返し文に処理が進みます。次の繰り返し文ではxの値を5ずつ減らしていきます。xの値が0より小さくなると繰り返し文が終了します。最初の繰り返し文ではxの値が増えていくので四角形は右に動き、次の繰り返し文ではxの値が減っていくので四角形は左に動いていきます。

プログラムリスト 5-6 右に移動してから左に戻る

```
#include<stdio.h>
#include<x.h>

int main(void) {
    drawGrid();
    setColor(0,128,0);
    int x = 10;
    while(x<=200) {
        clear();
        fillRect(x,10,10,50);
        x += 5;
        update();
    }
    while(x>0) {
```

```
        clear();
        fillRect(x,10,10,50);
        x -= 5;
        update();
    }
}
```

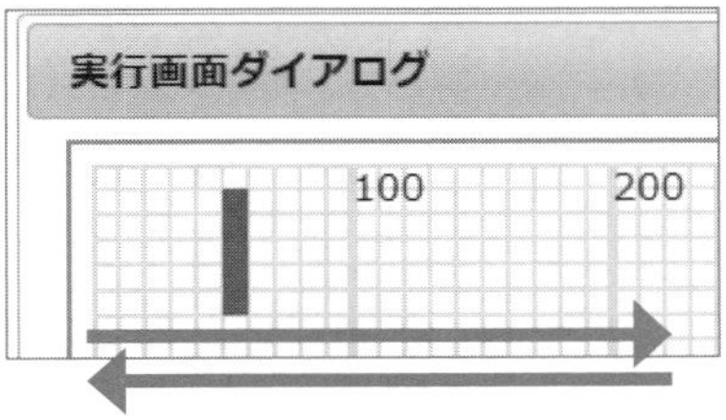

図5-5 左から右に移動し左に戻る

例えば、x-=5のところをx+=5のままにしてしまった場合は、5の値がいつまでたっても0より小さくなりませんから、繰り返し文を終了することができません。

```
while(x>0) {
    clear();
    fillRect(x,10,10,50);
    x += 5;
    update();
}
```

このような状態でプログラムを実行するとプログラムが終了できなくなります。この状態を無限ループといいます。無限ループになってしまった場合は、実行画面ダイアログの右上にある「×」ボタンか左下にある「閉じる」ボタンを押してプログラムを終了するようにしましょう。

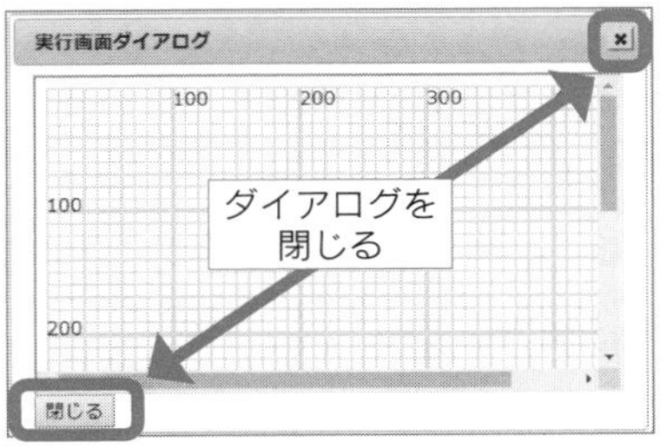

図5-6 実行画面ダイアログの閉じ方

第3節 図形を動かし続けよう

無限ループをうまく利用することで「ずっと」の動作を再現することができます。「左から右に動いて右から左に戻る」の動作を「ずっと」繰り返すには、「左から右に動いて右から左に戻る」の2つのwhile()文を「ずっと」のwhile()文で次のように囲めばいいのです。「ずっと」のwhile()文を明示的に作成する場合は、while(1){}のように()の中に1を入れます。ここでの1は「正しい」という意味で、「繰り返しが正しい」という意味から「ずっと」になります。

プログラムリスト 5-7 四角形を動かし続ける

```
#include<stdio.h>
#include<x.h>

int main(void) {
    drawGrid();
    setColor(0,128,0);
    int x = 10;
    while(1) {
        while(x<=200) {
            clear();
            fillRect(x,10,10,50);
            x += 5;
            update();
        }
        while(x>0) {
            clear();
            fillRect(x,10,10,50);
            x -= 5;
            update();
        }
```

```
        }
}
```

このようにwhile()文の中にwhile()文を記述するなど、{}(波括弧)で囲まれた構造の中に{}で囲まれた構造を記述することを入れ子《いれこ》もしくは**ネスト**といいます。このようなときは左余白プログラムの構造を示している点に注意しましょう。Bit Arrowはプログラムを保存したときなどに自動で構造を判断し左余白(インデント)を修正してくれますが、まれに{}の対応が取れていないような場合は、正しく修正されない時もあるので、その場合は自分で修正する必要があります。

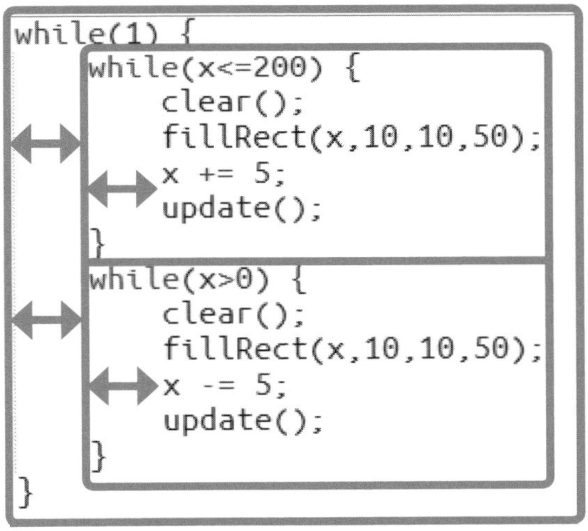

図5-7 入れ子構造の左余白

Bit Arrowでは「保存」を明示的に行うと左余白を自動で修正します。もしも左余白がずれてしまった場合は、メニューの「保存」ボタンを押してみましょう。

図5-8 保存ボタン

これで左右に四角形を動かし続けることができるようになりました。上下にも四角形を動かせるようにするにはどのようにすればいいでしょうか。四角形の縦位置を変更すれば四角形を上下に動かすことができそうです。次のプログラムは四角形を上下に動かすプログラムです。

プログラムリスト 5-8 上下に四角形を動かす

```
#include<stdio.h>
#include<x.h>

int main(void) {
    drawGrid();
    setColor(0,128,0);
    int y = 10;
    while(1) {
        while(y<=200) {
            clear();
            fillRect(10,y,10,50);
            y += 5;
            update();
        }
        while(y>0) {
            clear();
            fillRect(10,y,10,50);
            y -= 5;
            update();
        }
    }
}
```

横位置を示すxの代わりに縦位置を示すyを定義しました。

```
int y = 10;
```

そして左右に動かしたときと同様にwhile()文を利用して縦位置のyを変更しながらアニメーションを行います。実行すると次のように縦に四角形が移動します。

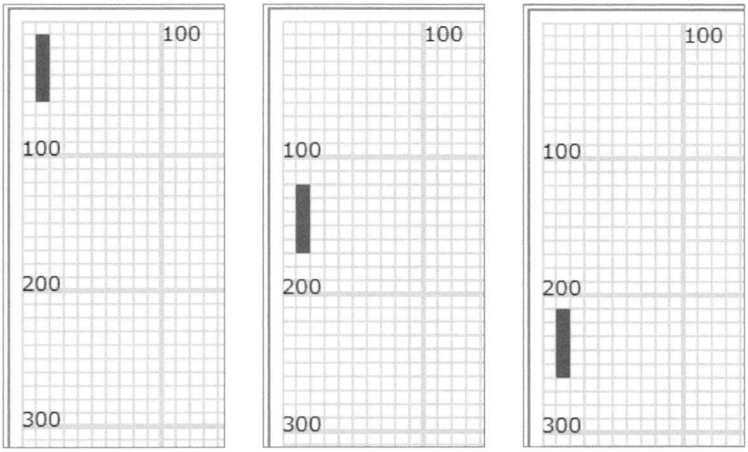

図5-9 上下のアニメーション

横位置のxと縦位置のyを組み合わせることで上下左右にアニメーションを行うことができます。次のプログラムは四角形を上下左右に動かすプログラムです。

プログラムリスト 5-9 上下左右に四角形を動かす

```
#include<stdio.h>
#include<x.h>

int main(void) {
    drawGrid();
    setColor(0,128,0);
    int x = 10, y = 10;//(1)
    while(1) {
        while(x<=200) {
            clear();
            fillRect(x,y,10,50);//(2)
            x += 5;
            update();
        }
        while(y<=200) {//(3)
            clear();
            fillRect(x,y,10,50);
            y += 5;
            update();
```

```
        }
        while(x>0) {
            clear();
            fillRect(x,y,10,50);
            x -= 5;
            update();
        }
        while(y>0) {//(4)
            clear();
            fillRect(x,y,10,50);
            y -= 5;
            update();
        }
    }
}
```

このプログラムを実行すると次のように右→下→左→上に四角形が動いていきます。

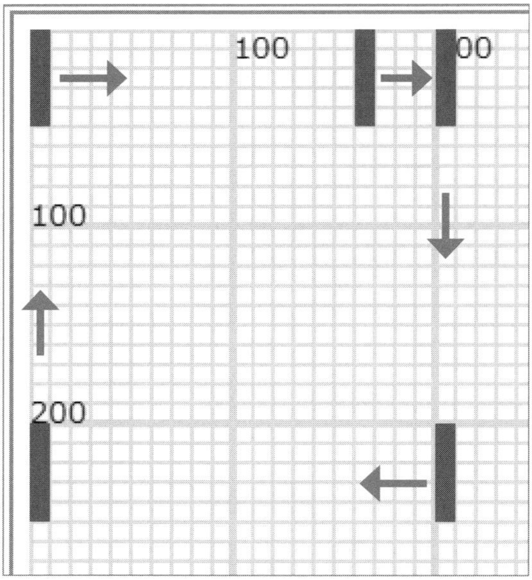

図5-10 一周するアニメーション

第4節 効率よく動かしてみよう

前節では四角形を左右に動かすプログラムや上下に動かすプログラムを作成しました。四角形を動かすときは横位置をx、縦位置をyという変数で表現し、その横位置や縦位置を変更しながらアニメーションを行うことで四角形を動かすことができました。

今後ゲームキャラクターの動きなど複雑な動きを実現するために、動かす方向と大きさ（移動量、または速度ともいいます）を、定義し、移動量を利用して四角形を動かしてみましょう。移動量のプラスマイナスを変更することで簡単に動きの向きを変えたり、移動する速さを変更したりすることができます。

次のプログラムは横方向の移動量をvxとして定義した場合のアニメーションです。

プログラムリスト 5-10 横方向の移動量（vx）で四角形を動かす

```
#include<stdio.h>
#include<x.h>

int main(void) {
    drawGrid();
    setColor(0,128,0);
    int x = 10;
    int vx = 1;
    while(x<=200) {
        clear();
        fillRect(x,10,10,50);
        x += vx;
        update();
    }
}
```

このプログラムを実行すると四角形が右に動いていきます。

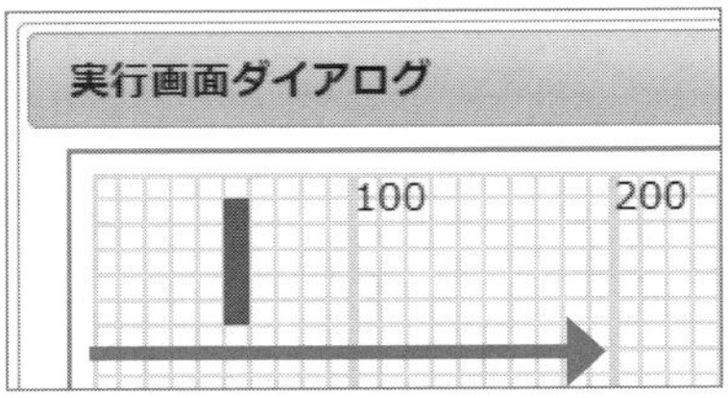

図5-11 右に動く四角形

横方向の移動量として定義したvxの値を増やすようにすると四角形が加速して移動します。

プログラムリスト 5-11 加速して右に移動する

```
#include<stdio.h>
#include<x.h>

int main(void) {
    drawGrid();
    setColor(0,128,0);
    int x = 10;
    int vx = 1;
    while(x<=200) {
        clear();
        fillRect(x,10,10,50);
        x += vx;
        vx++;
        update();
    }
}
```

移動量という考えを導入することで簡単に四角形の振る舞いを変えられるようになりました。次に横の移動量を用いた形で右に動き続けるプログラムに修正してみましょう。確認がしやすいように横の移動量は増加させずそのままとします。動かし続けるためには前節にも出てきた無限ループ**while(1){}**を利用します。

プログラムリスト 5-12 右にずっと移動する

```
#include<stdio.h>
#include<x.h>

```

```
int main(void) {
    drawGrid();
    setColor(0,128,0);
    int x = 10;
    int vx = 1;
    while(1) {
        clear();
        fillRect(x,10,10,50);
        x += vx;
        update();
    }
}
```


このままだと、四角形は右にずっと移動し画面から出てしまいます。そこで横位置xの値が200より大きくなったときに、横の移動量であるvxを逆向きを示す-1に変更してみましょう。

プログラムリスト 5-13 右に移動して戻る

```
#include<stdio.h>
#include<x.h>

int main(void) {
    drawGrid();
    setColor(0,128,0);
    int x = 10;
    int vx = 1;
    while(1) {
        clear();
        fillRect(x,10,10,50);
        if(x>200) {
            vx = -1;
        }
        x += vx;
        update();
    }
}
```

このプログラムを実行すると四角形は右に移動し、その後左に移動し画面から消えていきます。

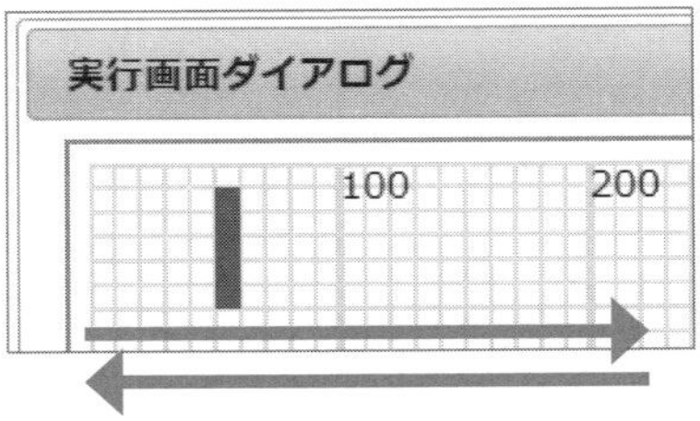

図5-12 右に移動してから左に戻る

再度、右に移動するために横位置xの値が0より小さくなった場合にはvxを1に戻しましょう。

プログラムリスト 5-14 四角形を左右に動き続けるようにする

```
#include<stdio.h>
#include<x.h>

int main(void) {
    drawGrid();
    setColor(0,128,0);
    int x = 10;
    int vx = 1;
    while(1) {
        clear();
        fillRect(x,10,10,50);
        if(x>200) {
            vx = -1;
        }
        if(x<0) {
            vx = 1;
        }
        x += vx;
        update();
    }
}
```

このプログラムを実行すると四角形が左右に動き続けるようになります。

第5節 さまざまな方向に動かしてみよう

横の位置xや横の移動量vxだけでなく、縦の位置yと縦の移動量vyを定義することで縦方向に動かすこともできます。次のようにxやyとvxやvyを記述すると、端までいって跳ね返るようなアニメーションを表現することができます。

プログラムリスト 5-15 画面を四角形が巡回する

```
#include<stdio.h>
#include<x.h>

int main(void) {
    drawGrid();
    setColor(0,128,0);
    int x = 100, y = 10;
    int vx = 1, vy = 1;
    while(1) {
        clear();
        fillRect(x,y,10,50);
        if(x>500) {
            vx = -1;
        }
        if(x<0) {
            vx = 1;
        }
        if(y>500) {
            vy = -2;
        }
        if(y<0) {
            vy = 2;
        }
```

```
        x += vx;
        y += vy;
        update();
    }
}
```

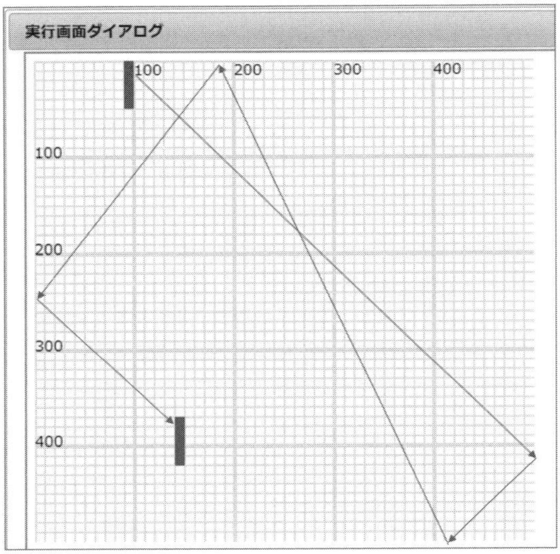

図5-13 画面を巡回する四角形

本書でのゲームやアニメーションの基本形はプログラムリスト5-15の形式になります。

1. 無限ループでずっとアニメーションさせる
2. 移動量を変数で表現する（横の移動量vxと縦の移動量vy）
3. 位置を変数で表現する（横の位置xと縦の位置y）
4. 条件に応じて移動量を変更しアニメーションを制御する

このとき1のずっとアニメーションさせるための無限ループのことを特別に**メインループ**と呼びます。

第6節 文法のまとめ

第1項 Bit Arrowの描画機能(その3)

画面をクリアする

```
clear();
```

描画を指定秒数止める

```
sleep(秒);
```

描画を少し止める

```
update();
```

第2項 アニメーションの基本

```
繰り返し文 {
    clear();
    描画処理;
    update();
}
```

第7節 演習

演習 5-1

1） 次のように四角形が動くアニメーションを作成しましょう。

1. 四角形が右下に動く
2. 四角形が左に動く
3. 四角形が右上に動く
4. 四角形が左に動く
5. おわり

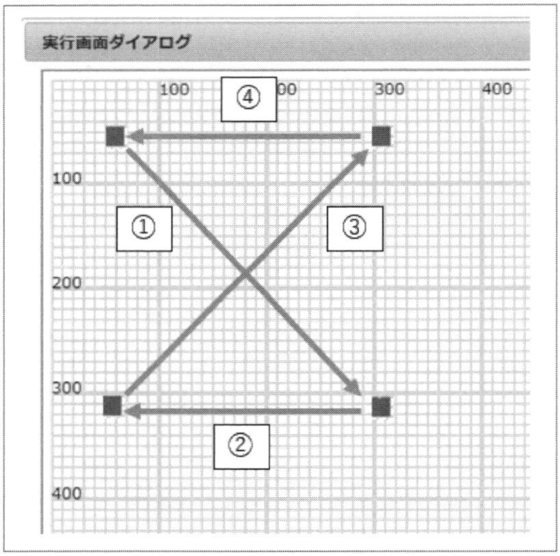

2） 1）の動きをずっと繰り返すアニメーションを作成しましょう。

1. 四角形が右下に動く
2. 四角形が左に動く
3. 四角形が右上に動く
4. 四角形が左に動く
5. 1-4の動きをずっと行う

3) 四角形が左から右に加速して移動するアニメーションを作成してみましょう。

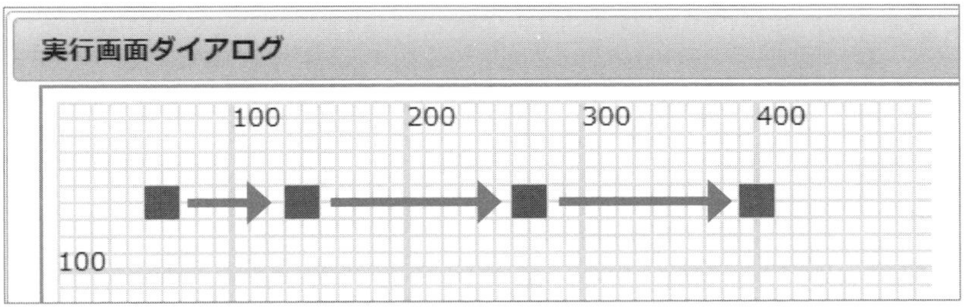

4) 左から右に四角形が動くとき、四角形の大きさがだんだんと大きくなるようなアニメーションを作成してみましょう。

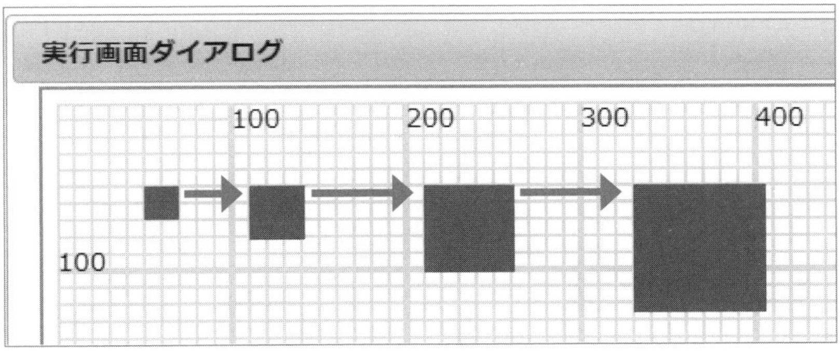

5) 左から右に四角形が動くとき、四角形の色がだんだんと変わるようなアニメーションを作成してみましょう。

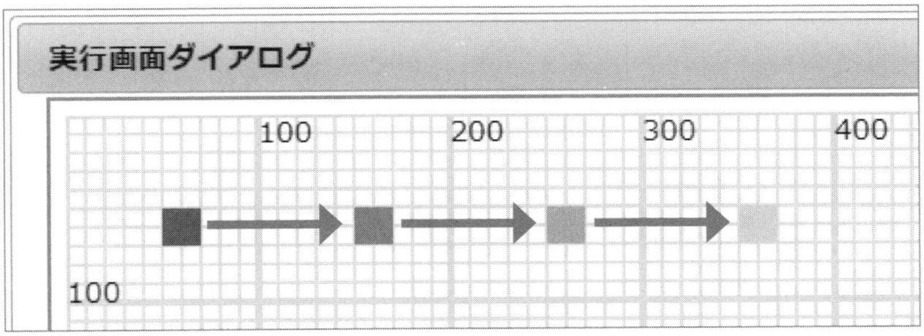

第6章

たくさんの図形を効率よく動かす

本章ではC言語の配列や構造体といった文法を利用してたくさんの図形を効率よく動かす方法について見ていきます。

- □ 第1節　動きを関数にまとめて効率よく動かす
- □ 第2節　2つの四角形を動かす
- □ 第3節　2つの四角形を動かす（配列を利用する）
- □ 第4節　四角形を他の図形に変更する
- □ 第5節　配列を利用してたくさんの図形を動かす
- □ 第6節　たくさんの図形を効率よく動かす（構造体を利用する）
- □ 第7節　演習

第1節 動きを関数にまとめて効率よく動かす

横位置や縦位置、横の移動量や縦の移動量を利用して四角形を動かすプログラムの基本の形は次の通りでした。これまで横位置や縦位置、横の移動量や縦の移動量は5など整数のint型で定義してきましたが、本章からは細かい制御ができるように3.1など実数のfloat型で定義していきます。

プログラムリスト 6-1 四角形を右下に動かす

```
#include <stdio.h>
#include<x.h>

int main(void) {
    float x,y,vx,vy;
    drawGrid();
    setColor(0,128,0);
    x=0;
    y=50;
    vx=2;
    vy=1;
    while (1) {
        clear();
        fillRect(x,y , 20, 20);
        x += vx;
        y += vy;
        update();
    }
}
```

このプログラムを実行すると四角形が左上から右下に動いていきます。

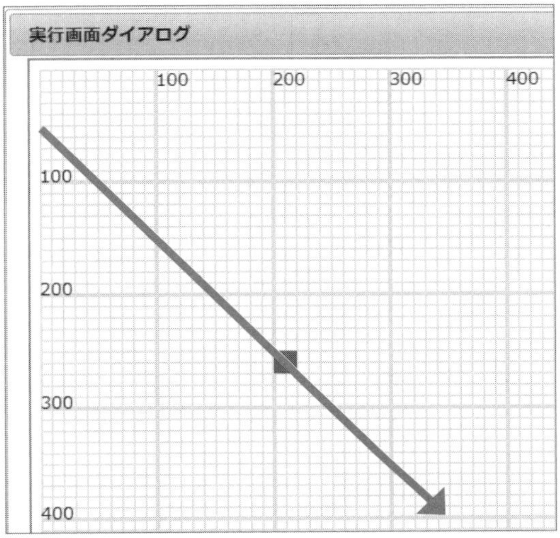

図6-1 右下に動く四角形

四角形を描画し位置を変更する部分は

```
        fillRect(x,y , 20, 20);
        x += vx;
        y += vy;
```

の部分です。これらの命令を「動かす」という意味でのmove《ムーブ》()という関数にまとめてみましょう。

プログラムリスト 6-2 動きの部分をmove()関数にまとめる

```
#include <stdio.h>
#include<x.h>

void move() {
    fillRect(x, y, 20, 20);
    x+=vx;
    y+=vy;
}

int main(void) {
    float x,y,vx,vy;
    drawGrid();
```

```
    setColor(0,128,0);
    x=0;
    y=50;
    vx=2;
    vy=1;
    while (1) {
        clear();
        move();
        update();
    }
}
```

しかしこのプログラムは実行すると次のようなエラーになってしまいます。

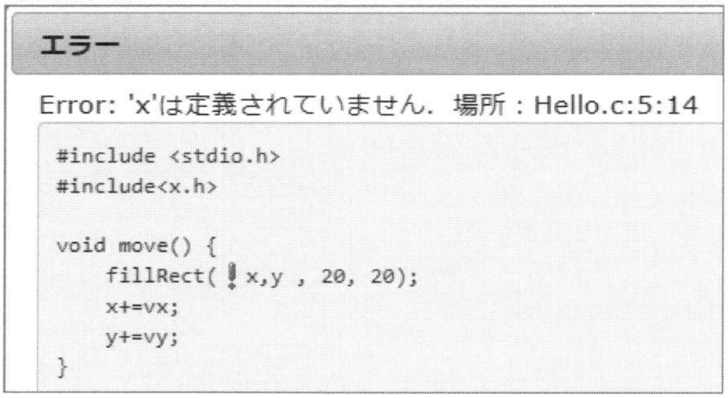

図6-2 xは定義されていませんエラー

「'x'は定義されていません.」と表示されていることから、move()関数を実行する際、main()関数の中に定義されていたxがmove()関数では分からなくなりエラーとなったようです。

```
int main(void) {
    float x,y,vx,vy;
```

main()関数内で定義した変数はその関数内だけで有効で、move()関数からは変数xを知ることができません。このような変数は**ローカル変数**と呼ばれます。逆にすべての関数で共通につかうことができる変数を**グローバル変数**といいます。グローバル変数を定義するには関数の外側に定義します。このように変数には定義する場所により利用できる範囲が異なります。この変数の適用範囲のことを**変数のスコープ**と呼びます。

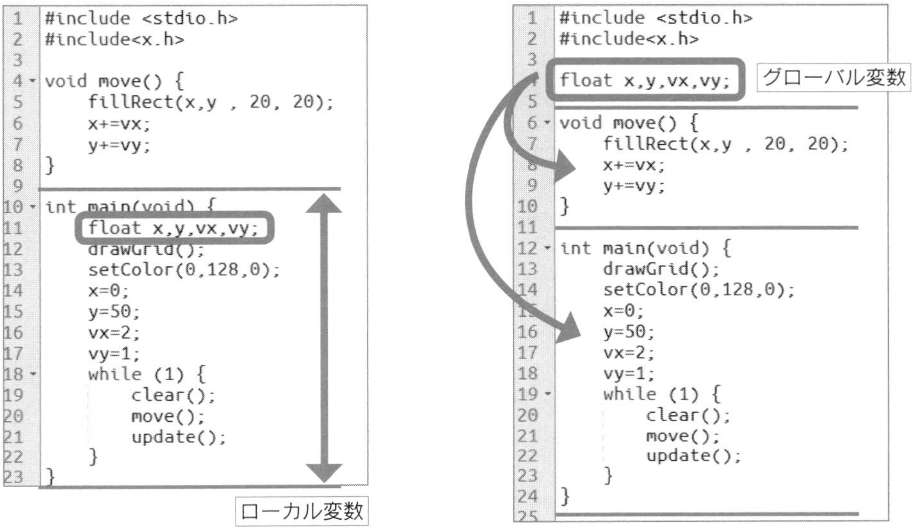

図6-3 ローカル変数とグローバル変数

グローバル変数を定義するとすべての関数からその変数は利用可能となります。さまざまな関数内で便利に変数を利用することができますが、**多くの変数をグローバル変数として定義すると管理が大変になるので注意しましょう。**

プログラムリスト 6-3 関数とグローバル変数で四角形を動かす

```
#include <stdio.h>
#include<x.h>

floatx,y,vx,vy;//グローバル変数として定義する

void move() {
    fillRect(x,y , 20, 20);
    x+=vx;
    y+=vy;
}

int main(void) {
    drawGrid();
    setColor(0,128,0);
    x=0;
    y=50;
    vx=2;
```

```
    vy=1;
    while (1) {
        clear();
        move();
        update();
    }
}
```

これで一つの四角形を左上から右下に動かすことができるようになりました。

第2節 2つの四角形を動かす

move()関数を利用して四角形を動かすことができました。次に四角形をもう一つ追加して動かしてみましょう。次のように2つめの四角形用にx2やy2,vx2,vy2を定義し、それに対応する四角形を動かす関数であるmove2()を定義すればよいようです。

プログラムリスト 6-4 2つの四角形を動かす

```
#include <stdio.h>
#include<x.h>

float x,y,vx,vy;
float x2,y2,vx2,vy2;

void move() {
    fillRect(x,y , 20, 20);
    x+=vx;
    y+=vy;
}
void move2() {
    fillRect(x2,y2 , 20, 20);
    x2+=vx2;
    y2+=vy2;
}

int main(void) {
    drawGrid();
    setColor(0,128,0);
    x=0;
    y=50;
    vx=2;
    vy=1;
```

```
    x2=100;
    y2=120;
    vx2=2;
    vy2=1;
    while (1) {
        clear();
        move();
        move2();
        update();
    }
}
```

このプログラムを実行すると次のように2つの四角形を動かすことができます。

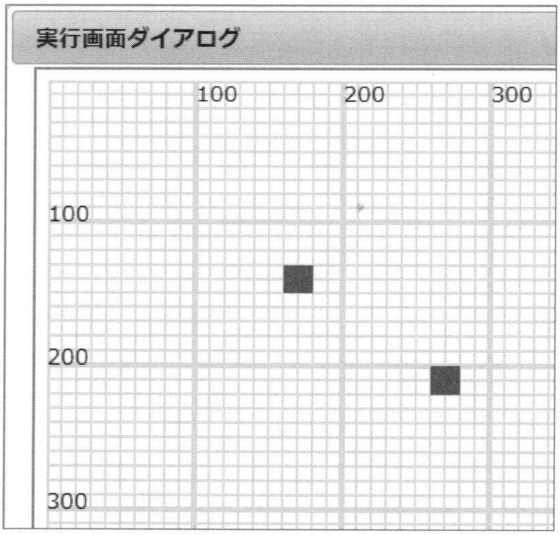

図6-4 2つの四角形のアニメーション

しかし、このプログラムは同じような宣言を2回記述したり、同じような関数を2回宣言したりして非効率です。

第3節 2つの四角形を動かす（配列を利用する）

　そこで複数の値を管理できる配列《はいれつ》というものを利用してみましょう。ここでは簡単に配列とはどのようなものか確認して実際に配列を利用したプログラムを作成してみ見ましょう。配列の詳細は第3部第1章第3節配列についてを参照してください。

　配列を考える前にまず変数についてもう一度考えてみましょう。変数は値を覚える器でした。例えばxとx2という変数を定義した場合は別々の値を覚える器が用意され、それぞれ0や100などの値を代入することができました。

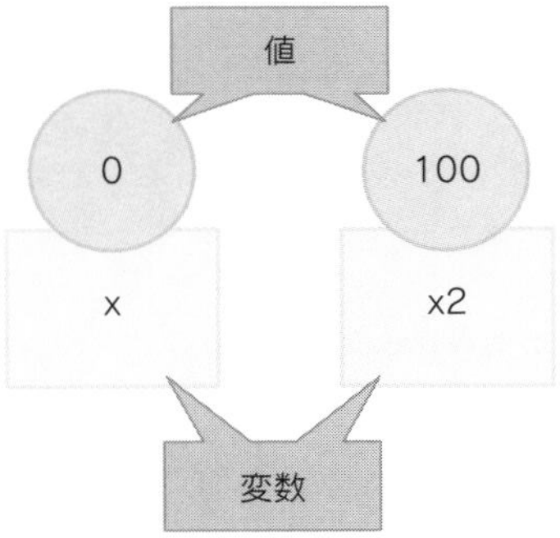

図6-5 2つの変数x, x2のイメージ

　配列は複数の変数が集まった器のイメージです（図6-11）。配列は配列の名前である**配列《はいれつ》名《めい》**に対して[0]番目、[1]番目といった番号の器が用意され、各番号の器に値を覚えさせることができます。配列の各番号のことを**添え字《そえじ》**といいます。添え字は[0]から始まります。また配列の[添え字番目]に格納された値のことを**要素《ようそ》**といい、配列の要素の数を**要素数《ようそすう》**といいます。例えば[0]番目と[1]番目の器を持つ配列の場合、要素数は2となります。

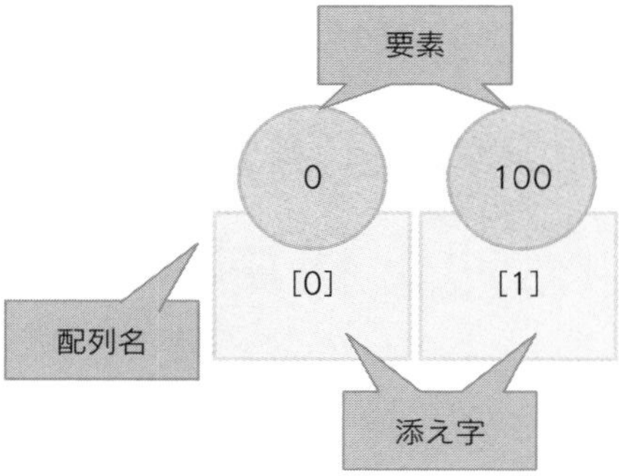

図6-6 配列x[2]のイメージ

配列は次のように要素数を元に宣言を行い、添え字を元に値を代入していきます。

```
【配列の宣言】
要素の型 配列名[要素数] ;

【配列の各要素への値の代入】
配列名[添え字] = 値;
```

配列を利用することで複数の値をまとめて管理することができます。まず前節の2つの四角形を動かすプログラムを単純に配列の形に変更してみましょう。

プログラムリスト 6-5 単純に配列に置き換える

```
#include <stdio.h>
#include<x.h>

float x[2],y[2],vx[2],vy[2];

void move() {
    fillRect(x[0],y[0] , 20, 20);
    x[0]+=vx[0];
    y[0]+=vy[0];
}
void move2() {
    fillRect(x[1],y[1] , 20, 20);
    x[1]+=vx[1];
    y[1]+=vy[1];
}
```

```

int main(void) {
    drawGrid();
    setColor(0,128,0);
    x[0]=0;
    y[0]=50;
    vx[0]=2;
    vy[0]=1;
    x[1]=100;
    y[1]=120;
    vx[1]=2;
    vy[1]=1;
    while (1) {
        clear();
        move();
        move2();
        update();
    }
}
```


ここではfloat x[2]のようにfloat型で2つの要素を格納する配列を定義しました。そして添え字を利用してx[0]やx[1]に値を代入しています。

配列にすることで添え字[0]番目、[1]番目と順番をもった値のまとまりとしてプログラムを作ることができます。例えばmove()とmove2()はx[0]やx[1]とアクセスする要素が変わるだけですので、次のように引数を利用して一つにまとめることができます。

プログラムリスト 6-6 move()を一つにまとめる

```
#include <stdio.h>
#include<x.h>

float x[2],y[2],vx[2],vy[2];

void move(int i) {
    fillRect(x[i],y[i] , 20, 20);
    x[i]+=vx[i];
    y[i]+=vy[i];
}
```

```

int main(void) {
    drawGrid();
    setColor(0,128,0);
    x[0]=0;
    y[0]=50;
    vx[0]=2;
    vy[0]=1;
    x[1]=100;
    y[1]=120;
    vx[1]=2;
    vy[1]=1;
    while (1) {
        clear();
        move(0);
        move(1);
        update();
    }
}
```

さらに、

```
        move(0);
        move(1);
```

の部分を繰り返し文で表現すると次のようになります。

プログラムリスト 6-7 move()の呼び出しを繰り返し文でまとめる

```
#include <stdio.h>
#include<x.h>

float x[2],y[2],vx[2],vy[2];

void move(int i) {
    fillRect(x[i],y[i] , 20, 20);
    x[i]+=vx[i];
    y[i]+=vy[i];
}
```

```

int main(void) {
    int i;
    drawGrid();
    setColor(0,128,0);
    x[0]=0;
    y[0]=50;
    vx[0]=2;
    vy[0]=1;
    x[1]=100;
    y[1]=120;
    vx[1]=2;
    vy[1]=1;
    while (1) {
        clear();
        for(i=0; i<2; i++) {
            move(i);
        }
        update();
    }
}
```


ランダムな値を利用して，初期の位置を設定する部分も繰り返しでまとめてみましょう。ランダムな値を利用するにはstdlib.hが必要なりますので、プログラム上部の#includeのところにstdlib.hの読み込みを追加します。

そして繰り返し文を利用して次のように初期位置をランダムに設定することができます。

```
#include <stdio.h>
#include <x.h>
#include <stdlib.h>
```

rand()を利用することでランダムな値を取得することができます（第4章第6節）。割った余りを求める%（余剰演算子）を利用して、rand()%200とすることで、0から199までのランダムな値を求めることができます。

プログラムリスト 6-8 初期位置をランダムな値で指定する

```
#include <stdio.h>
#include <x.h>
#include <stdlib.h>

float x[2],y[2],vx[2],vy[2];

void move(int i) {
    fillRect(x[i],y[i] , 20, 20);
    x[i]+=vx[i];
    y[i]+=vy[i];
}

int main(void) {
    int i;
    drawGrid();
    setColor(0,128,0);
    for(i=0; i<2; i++) {
        x[i] = rand() % 200;
        y[i] = rand() % 200;
        vx[i]=2;
        vy[i]=1;
    }
    while (1) {
        clear();
        for(i=0; i<2; i++) {
            move(i);
        }
        update();
    }
}
```

このプログラムを実行するとランダムな位置に2つの四角形が描画され、右下に動いていくようになります。

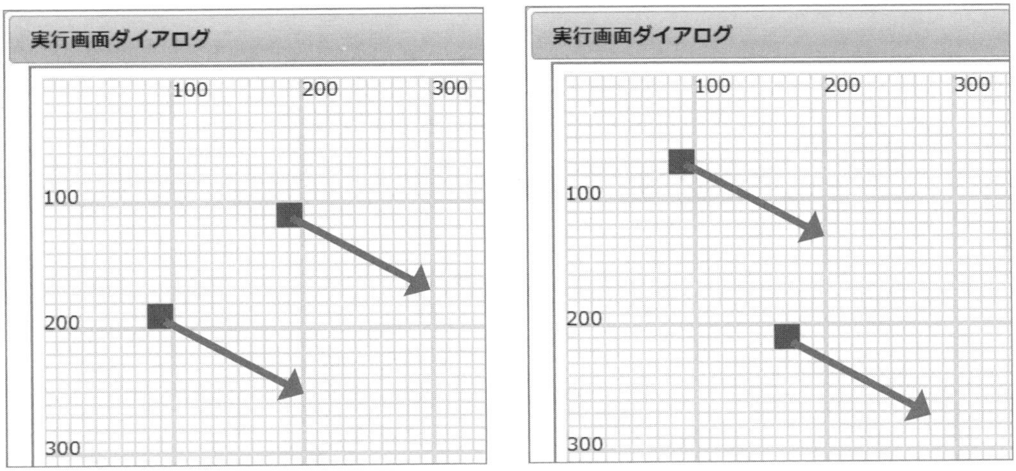

図6-7 ランダムな位置に2つの四角形が出現して動く

第4節 四角形を他の図形に変更する

さらにプログラムを分かりやすくするために、move()は動かす処理だけにしてfillRect()で四角形を描いていた部分を描くという意味でdraw(ドロー)()という関数にしてみましょう。draw()関数を作成しておくことで四角形から他の複雑な図形に簡単に変更することができるようになります。

プログラムリスト 6-9 draw()関数を追加する

```
#include <stdio.h>
#include <x.h>
#include <stdlib.h>

float x[2],y[2],vx[2],vy[2];

void draw(int i) {
    fillRect(x[i],y[i] , 20, 20);
}

void move(int i) {
    x[i]+=vx[i];
    y[i]+=vy[i];
}

int main(void) {
    int i;
    drawGrid();
    setColor(0,128,0);
    for(i=0; i<2; i++) {
        x[i] = rand() % 200;
        y[i] = rand() % 200;
```

```
        vx[i]=2;
        vy[i]=1;
    }
    while (1) {
        clear();
        for(i=0; i<2; i++) {
            draw(i);
            move(i);
        }
        update();
    }
}
```


draw()関数を改造することで独自の図形を描くことができます。例えば塗りつぶした楕円を描くfillOval()を利用して、次のようにdraw()を改造すると次のような円盤形にすることができます。

```
void draw(int i) {
    fillOval(x[i]+10, y[i] , 20, 20);
    fillOval(x[i], y[i]+10 , 40, 10);
}
```

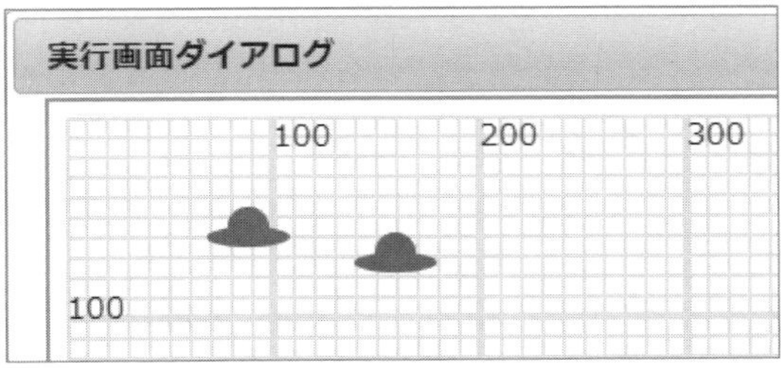

図6-8 独自の図形を描く

本節では2つの四角形を動かすプログラムを配列を使って作成し、そのプログラムを改造してきました。その中で繰り返し文を利用したり、関数を分けたりといった作業を行ってきました。このように全く同じ動作をする処理でもより効率的に分かりやすいように改善する処理を**リファクタリング**と呼びます。リファクタリングを行うことで同じ動作をするプログラムでもより分かりやすくより発展させやすくすることができるようになります。

第5節 配列を利用して たくさんの四角形を動かす

前節までのプログラムは以前より少し複雑になってしまったように思えますが、たくさんの図形を動かすときにこの改造が役に立ちます。

配列の宣言部分や繰り返しの部分を変更することで簡単に四角形の数を増やすことができます。次の例は7個の四角形を動かすように先のプログラムを修正したものです。

プログラムリスト 6-10 7個の四角形を動かす

```
#include <stdio.h>
#include <x.h>
#include <stdlib.h>

float x[7],y[7],vx[7],vy[7];

void draw(int i) {
    fillRect(x[i],y[i] , 20, 20);
}

void move(int i) {
    x[i]+=vx[i];
    y[i]+=vy[i];
}

int main(void) {
    int i;
    drawGrid();
    setColor(0,128,0);
    for(i=0; i<7; i++) {
        x[i] = rand() % 200;
        y[i] = rand() % 200;
        vx[i]=2;
```

```
            vy[i]=1;
        }
        while (1) {
            clear();
            for(i=0; i<7; i++) {
                draw(i);
                move(i);
            }
            update();
        }
}
```

このプログラムを実行すると次のように7個の四角形が動いていきます。

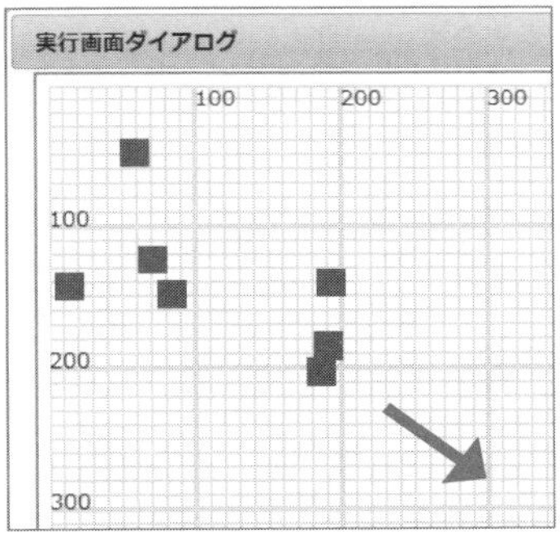

図6-9 7個の四角形のアニメーション

このとき、次のように配列を宣言するところで要素数を7にするのを忘れてしまうと次のようなエラーが表示されます。

```
float x[2],y[2],vx[2],vy[2];
```

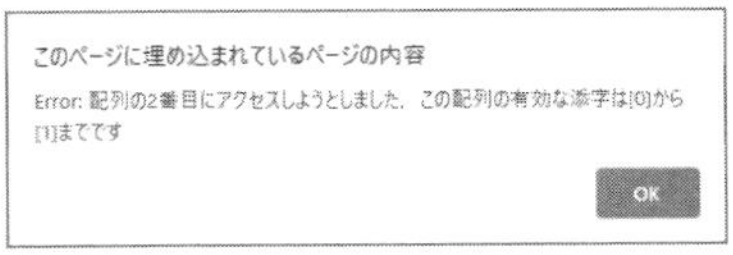

図6-10 配列のエラー

Bit Arrowではプログラムの不備を分かりやすくするため、このようなエラーメッセージが表示されますが、他のC言語のプログラミング環境ではエラーが表示されないこともあります。その場合、プログラムの動作が変になる場合がありますので注意しましょう。

第6節 たくさんの図形を効率よく動かす（構造体を利用する）

配列を用いてたくさんの四角形を動かすことができるようになりました。このとき横位置や縦位置、横の移動量や縦の移動量をそれぞれ独立した配列として表現しました。

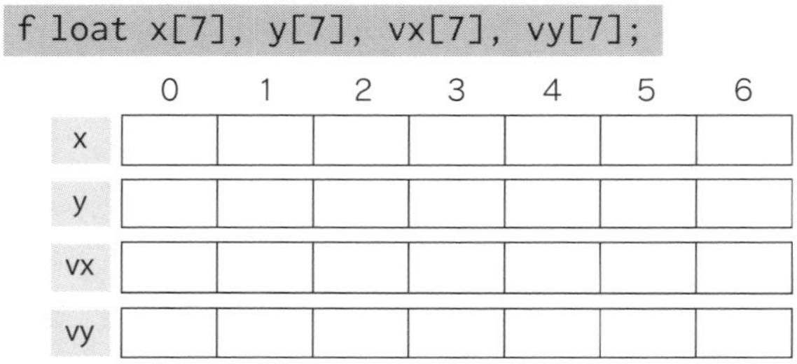

図6-11 配列で横位置や縦位置、横の移動量、縦の移動量を定義したイメージ

さらに効率的に四角形を描画するために、横位置や縦位置、横の移動量、縦の移動量を四角形という一つの概念にまとめてみたいと思います。

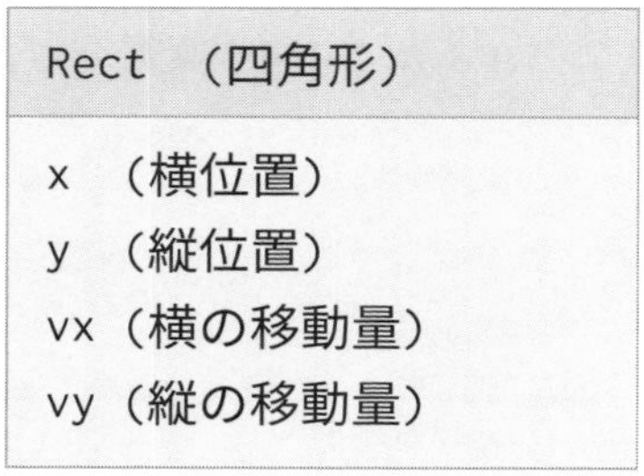

図6-12 四角形の概念に横位置などを定義

C言語でこのような四角形Rect《レクト》（Rectangle）という概念を表現するには構造体《こうぞうたい》というものを利用します。（第3部第1章第5節）。構造体は次のように定義します。

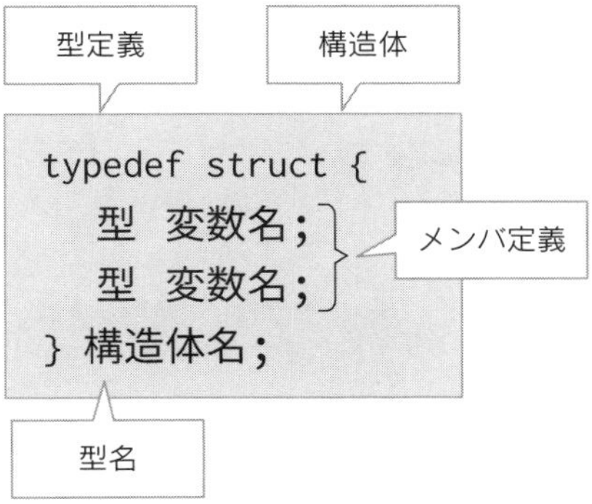

図6-13　構造体の定義方法

例えば先の四角形を構造体で定義すると次のようになります。

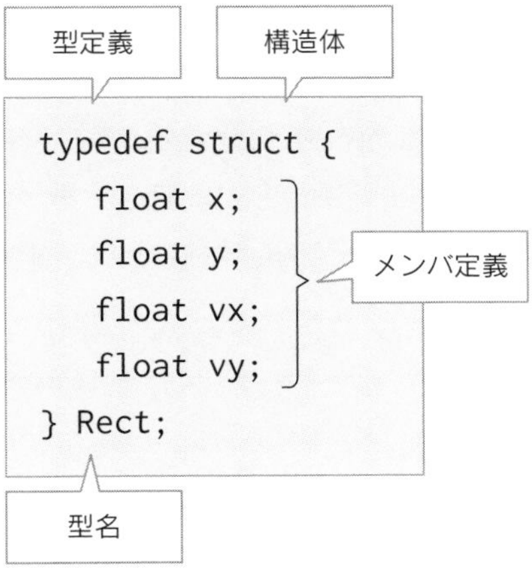

図6-14　四角形の構造体定義

横位置を示すxや縦位置を示すy、横の移動量を示すvx、縦の移動量を示すvyなど構造体にの中にまとめた変数を**メンバ**と呼びます。メンバは次のように同時に宣言することもできます。

```
typedef struct {
    float x,y,vx,vy;
} Rect;
```

構造体は定義するだけでは使えません。定義した構造体を利用するには変数を利用する同じく

```
Rect re;
```

のように

```
構造体名 変数名;
```

として宣言します。

宣言した構造体内の中の変数であるメンバを利用するには「構造体変数名.メンバ名」という形式で.(ピリオド)を使ってアクセスします。

```
re.x = 1;
```

.(ピリオド)は「〜の」といった意味になります。re.xは「四角形を定義した構造体reの横位置x」という意味になります。

このように構造体を使うことで、「四角形の横位置x」といった形式でプログラムを記述することができ、横位置xが四角形に属することが自明となりプログラムが読みやすくなります。構造体を利用し四角形を動かすプログラムは次の通りです。

プログラムリスト 6-11 構造体を利用した一つの四角形を動かす

```
#include <stdio.h>
#include <x.h>
#include <stdlib.h>

typedef struct {
    float x,y,vx,vy;
} Rect;

Rect re;

void draw() {
    fillRect(re.x,re.y , 20, 20);
}

void move() {
    re.x+=re.vx;
    re.y+=re.vy;
```

```
}

int main(void) {
    int i;
    drawGrid();
    setColor(0,128,0);
    re.x = rand() % 200;
    re.y = rand() % 200;
    re.vx=2;
    re.vy=1;
    while (1) {
        clear();
        draw();
        move();
        update();
    }
}
```

構造体を配列で利用することもできます。構造体の配列を定義する場合は

```
Rect re[7];
```

のように記述し、各要素のメンバにアクセスするには構造体変数のときと同様に.ピリオドを利用します。

```
        re[i].vx=2;
```

配列を利用し7つの四角形を動かしたプログラムを構造体に置き換えると次のようになります。

プログラムリスト 6-12 構造体を利用したたくさんの図形を動かす

```
#include <stdio.h>
#include <x.h>
#include <stdlib.h>

typedef struct {
    float x,y,vx,vy;
```

```
} Rect;

Rect re[7];

void draw(int i) {
    fillRect(re[i].x,re[i].y , 20, 20);
}

void move(int i) {
    re[i].x+=re[i].vx;
    re[i].y+=re[i].vy;
}

int main(void) {
    int i;
    drawGrid();
    setColor(0,128,0);
    for(i=0; i<7; i++) {
        re[i].x = rand() % 200;
        re[i].y = rand() % 200;
        re[i].vx=2;
        re[i].vy=1;
    }
    while (1) {
        clear();
        for(i=0; i<7; i++) {
            draw(i);
            move(i);
        }
        update();
    }
}
```

もっと効率よく記述するために構造体Rectを生成する関数を定義してみましょう。

```
Rect newRect(float x, float y, float vx, float vy) {
    Rect re;
    re.x = x;
    re.y = y;
    re.vx = vx;
    re.vy = vy;
    return re;
}
```

このnewRect関数は引数のx， y， vx， vyを元に構造体Rectを生成して戻すものです。この関数を利用して7個の四角形を動かすプログラム次の通りです。

プログラムリスト 6-13 Rectを作り出す関数を利用して四角形を動かす

```
#include <stdio.h>
#include <x.h>
#include <stdlib.h>

typedef struct {
    float x,y,vx,vy;
} Rect;

Rect re[7];

void draw(int i) {
    fillRect(re[i].x,re[i].y , 20, 20);
}

void move(int i) {
    re[i].x+=re[i].vx;
    re[i].y+=re[i].vy;
}

Rect newRect(float x, float y, float vx, float vy) {
    Rect re;
    re.x = x;
    re.y = y;
    re.vx = vx;
```

```
    re.vy = vy;
    return re;
}

int main(void) {
    int i;
    drawGrid();
    setColor(0,128,0);
    for(i=0; i<7; i++) {
        re[i] = newRect(rand() % 200, rand() % 200, 2, 1);
    }
    while (1) {
        clear();
        for(i=0; i<7; i++) {
            draw(i);
            move(i);
        }
        update();
    }
}
```

共通する処理を関数化することでmain()関数の中の処理が読みやすくなります。main()関数の中の主な処理は次の通りです。

```
int main(void){
    グリッドを表示する
    色を緑色にする
    7個四角形を生成する
    アニメーションを行う
      7個の四角形を描画する
      7個の四角形を動かす
}
```

図6-15 main()関数の中の主な処理

第7節 演習

演習 6-1

1） プログラムリスト6-13を改造して20個の四角形を動かしてみましょう

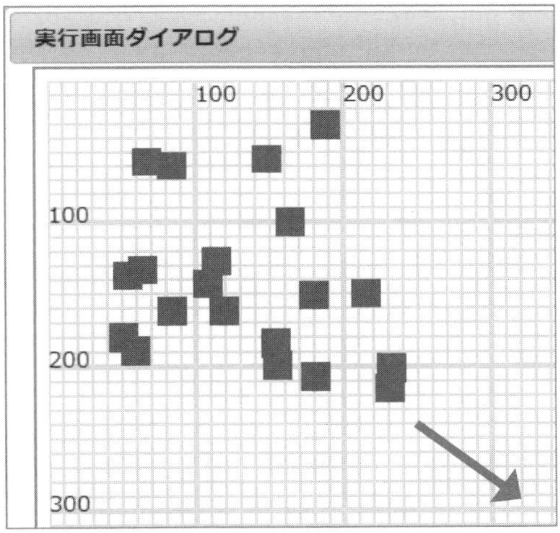

2） 20個の四角形のvx,vyの移動量を0〜5のランダムな値にしてみましょう

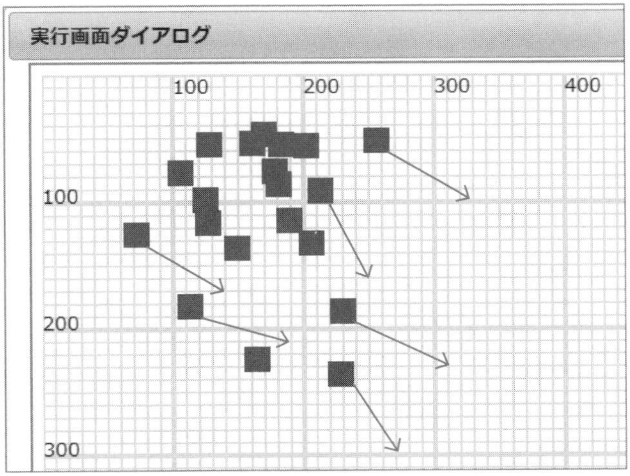

3) 次の関数を利用し20個の四角形のvx,vyの移動量を-5～5のランダムな値にしてみましょう

▼【利用する関数（第４章第７節）】

```
int between(int a,int b) {
    int r=rand()%(b-a)+a;
    return r;
}
```

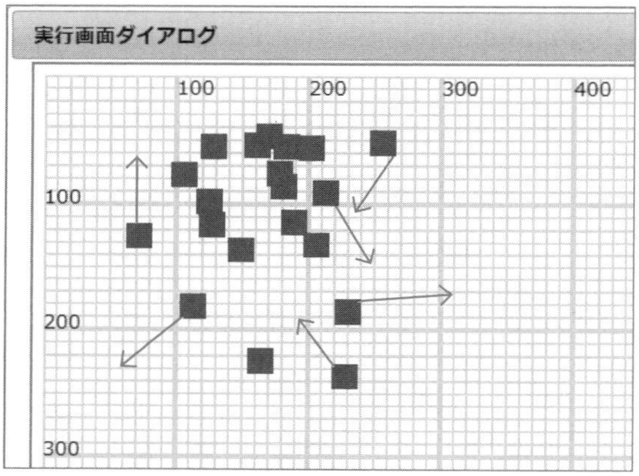

4) 3)を改造し四角形の初期の横位置と縦位置を(250,250)に固定してみましょう。

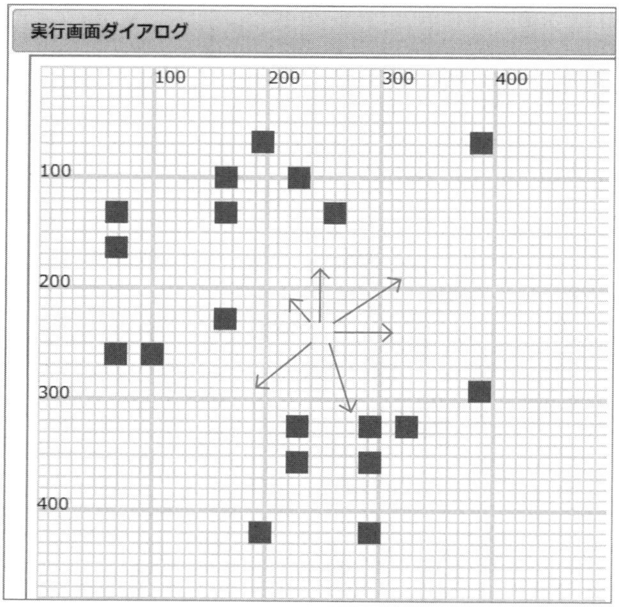

第2部

シューティングゲームを作ろう

いままで学習してきたC言語の基本的な機能や文法、
Bit Arrowの機能を使ってシューティングゲームを
作成してきます。

第1章

キーボードからの動きとプレイヤーの作成

本章では図形をキーボードから動かす方法について学んだ後、プレイヤー（自機）の作成を行っていきます。

第1節 プレイヤーの動きや見た目について考えよう（プレイヤーの仕様）

第2部ではいままで学習してきたC言語の基本的な機能や文法、Bit Arrowの機能を使ってシューティングゲームを作成してきます。どのようなゲームを作成していくか構想を練ることを設計といいます。今回作成しようとしているシューティングゲームは次のようなものです。

1. プレイヤーとたくさんの敵が登場する
2. 敵は右から左に移動してくる
3. プレイヤーはキーボードの上下左右の矢印キーで移動できる
4. プレイヤーはスペースキーで弾を撃つことができる
5. 弾と敵がぶつかると弾と敵が消え得点が増える
6. 敵とプレイヤーがぶつかるとゲームオーバーとなる
7. ゲームオーバー時は得点ランキングを表示しRキーを押すとゲームを再開できる

このようにゲームの構想を記述したものを仕様と呼びます。作成したいシューティングゲームを簡単に設計し仕様を決めましたので、さっそく実際にゲームを作り始めていきましょう。

まずプレイヤーは次のような見た目や動作で作っていきましょう。

1. プレイヤーは緑色の四角形で描画する
2. プレイヤーの色や形は後で変更できるようにする
3. プレイヤーはキーボードの上下左右の矢印キーで動かすことができるものとする
4. プレイヤーはキーボードでプレイヤーを動かしたときに実行画面ダイアログからはみ出ないものとする

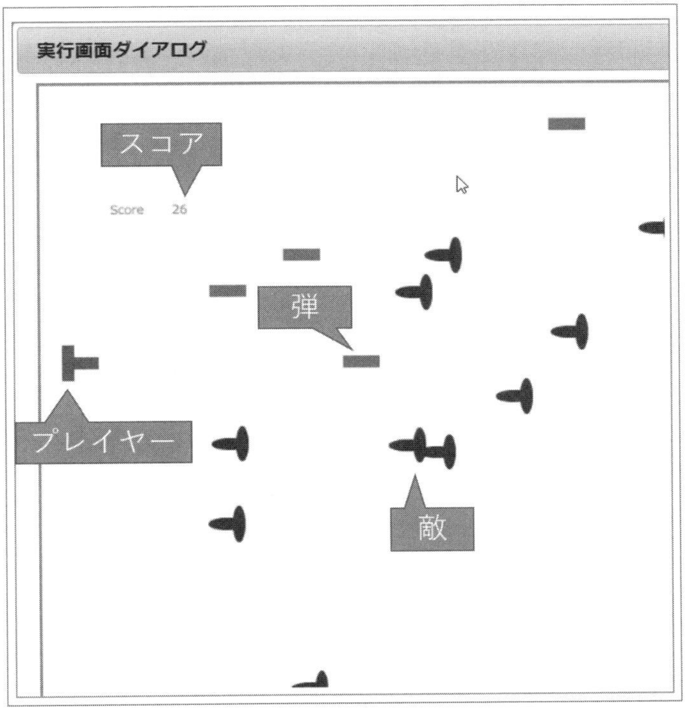

ゲーム完成予想図

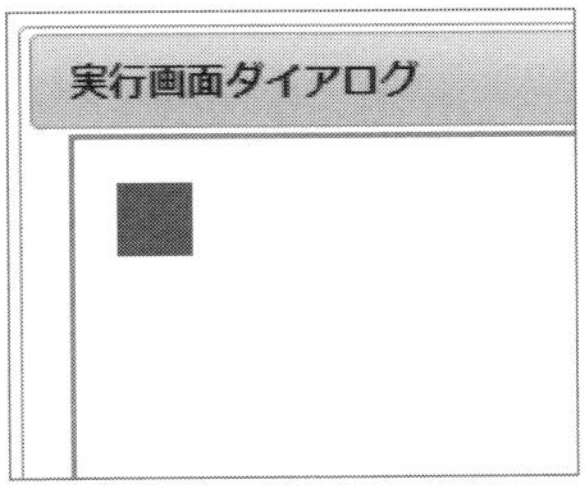

図1-1 プレイヤーの表示

第2節 図形をキーボードから動かしてみよう（キーボードの利用方法について理解する）

プレイヤーをキーボードから動かすためには、どのキーが押されたかプログラムから判定できる必要があります。Bit Arrowではgetkey《ゲットキー》("**キー名**")という機能を利用して、「**キー名**」のキーが押されたかどうか調べることができます。例えばaのキーが押されたかどうか確認するにはgetkey("a")とします。矢印キーの上下左右の矢印は「Up《アップ》」「Down《ダウン》」「Left《レフト》」「Right《ライト》」で定義されています。上矢印キーが押されたかどうか判定するにはgetkey("Up")として判定することができます。getkey("**キー名**")でキーが押されたかどうか判定したときは次のような値が返却されます。

0＝押されていない
1＝押された、
2以上＝押し続けられている

従って、getkey("**キー名**")で「**キー名**」を調べた結果が0より大きければ「キー名」のキーが押されていると判定することができます。簡単なサンプルでキーボードのキーが押されたかどうか判定してみましょう。

プログラムリスト 1-1 矢印キーが押されたか判定する

```
#include <stdio.h>
#include <x.h>

int main(void) {
    while(1) {
        if (getkey("Up")>0) {
            printf("上矢印キーが押されました\n");
        } else if (getkey("Down")>0) {
            printf("下矢印キーが押されました\n");
        } else if (getkey("Left")>0) {
```

```
            printf("左矢印キーが押されました\n");
        } else if (getkey("Right")>0) {
            printf("右矢印キーが押されました\n");
        }
        update();
    }
}
```

キーが押されたか調べるgetkey("キー名")はゲームの中で利用するため、次のようなメインループ内に記述します（第1部第5章第5節）。

```
//メインループ
while(1) {
    update();
}
```

先のプログラムを実行すると次のように表示されます。

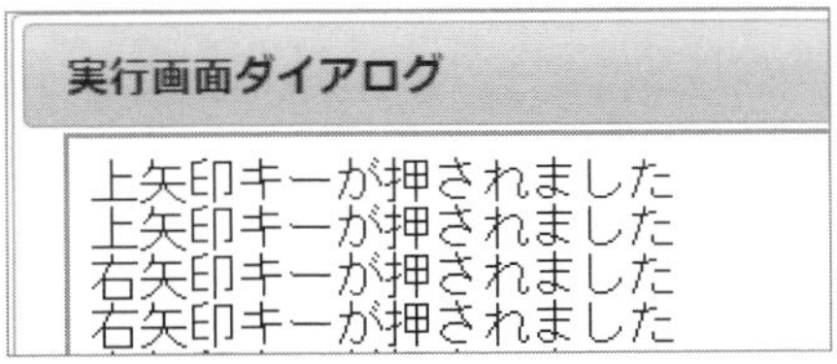

図1-2 押されたキーを調べる

このプログラムを実行して動作を確認するときは、「実行画面ダイアログ」の内部をクリックしてから、キーを押すようにしましょう。そうでないとうまくキーが押されたかどうかの判定結果を取得することができませんので注意しましょう。

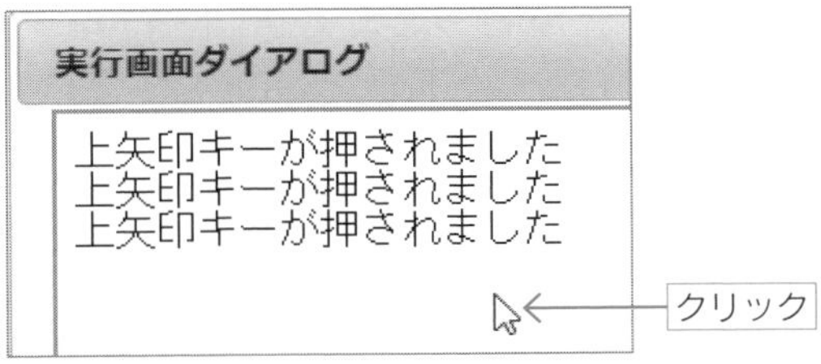

図1-3 確実に実行画面をクリックしてからキーを押す

getkey("キー名")を使うことで、「キー名」のキーが押されたかどうか調べることができるようになりました。この機能を使ってプレイヤーの図形を表示させ動かしてみましょう。

第3節 プレイヤーを表示しよう

まずは四角形(Rect《レクト》)をプレイヤーと見立てて表示させてみましょう。第1部第6章第6節を参考に四角形の構造体を利用して四角形のプレイヤーを定義してみましょう。アニメーションできる四角形には、横位置(x)、縦位置(y)、横の移動量(vx)、縦の移動量(vy)が必要でしたから、構造体の定義は次のようになります。

```
typedef struct {
    float x, y, vx, vy;
} Rect;
```

このように定義した四角形をプレイヤーとして利用するにはmain()関数の中で次のように記述します。

```
int main(void) {
    Rect player;
}
```

定義したプレイヤーの横位置、縦位置、横の移動量、縦の移動量を設定するために、「新しい四角形(を作る)」という意味でnewRect《ニューレクト》()関数を次のように定義しましょう。newRect()関数では引数で指定した横位置x、縦位置y、横の移動量vx、縦の移動量vyを四角形の構造体のx,y,vx,vyに設定し、作成した四角形の構造体を戻り値として戻しています。

```
Rect newRect(float x, float y,float vx, float vy) {
   Rect re;
   re.x=x;
   re.y=y;
   re.vx=vx;
   re.vy=vy;
   return re;
}
```

newRect()関数をmain()関数の中で利用しプレイヤーの位置や移動量を初期化するには次のよう四角形の構造体としてplayerを定義しnewRect()関数を実行します。

```
int main(void) {
    Rect player;
    payer = newRect(10,10,0,0);//追加
}
```

作成したプレイヤーはキーボードから動かそうとしているため、初期の移動量は横の移動量、縦の移動量の初期値はvx, vyともに0に設定しています。

次にプレイヤーを描画するためのdraw《ドロー》()関数を次のように定義します。ここでは幅30×高さ30の四角形を描いています。

```
void draw(Rect re) { // 四角形を描く(draw)
   fillRect(re.x,re.y, 30, 30);
}
```

またプレイヤーを動かすための関数move《ムーブ》()を次のように定義します。move()関数では構造体で定義した横の移動量や縦の移動量分、横位置や縦位置を変更し、変更した四角形の構造体を戻り値として戻しています。

```
Rect move(Rect re) { // 四角形を動かす(move)
    re.x+=re.vx;
    re.y+=re.vy;
    return re;
}
```

最後に作成したdraw()関数やmove()関数を呼び出すためのmain()関数を次のように記述します。

```
int main(void) {
    Rect player;
    player = newRect(10,10,0,0);
    while(1) {
        clear();
        draw(player);
        player = move(player);
        update();
    }
}
```

ここまでのプログラム全景は次の通りです。

プログラムリスト 1-2 四角形を画面に表示する

```
#include <stdio.h>
#include <x.h>

typedef struct {
    float x, y,vx, vy;
} Rect;

Rect newRect(float x, float y,float vx, float vy) {
    Rect re;
    re.x=x;
    re.y=y;
    re.vx=vx;
    re.vy=vy;
    return re;
}

void draw(Rect re) {
    // 四角形を描く(draw)
    fillRect(re.x,re.y, 30,30);
}
```

```

Rect move(Rect re) {
    // 四角形を動かす(move)
    re.x+=re.vx;
    re.y+=re.vy;
    return re;
}

int main(void) {
    Rect player;
    player = newRect(10,10,0,0);
    while(1) {
        clear();
        draw(player);
        player = move(player);
        update();
    }
}
```

このプログラムを実行すると次のように四角形で表現したプレイヤーが表示されます。

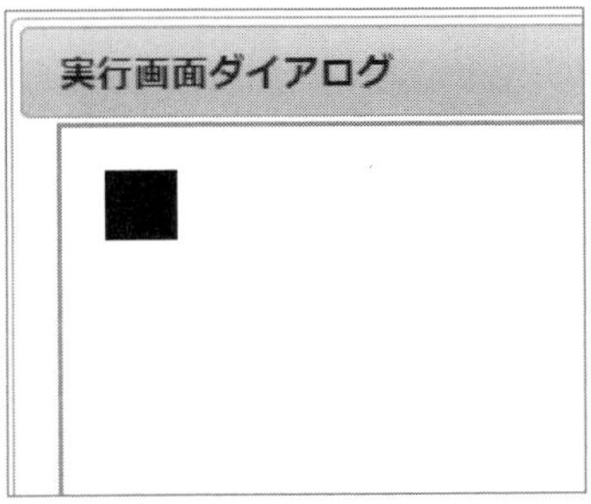

図1-4 プレイヤーの表示

ここで今後のプログラムの記述の仕方について述べます。第2部のようなゲーム作成ではプログラムがだんだんと長くなっていきます。Bit Arrowでは次のように関数単位でプログラムを折りたたんで一時的に見えなくすることができます。

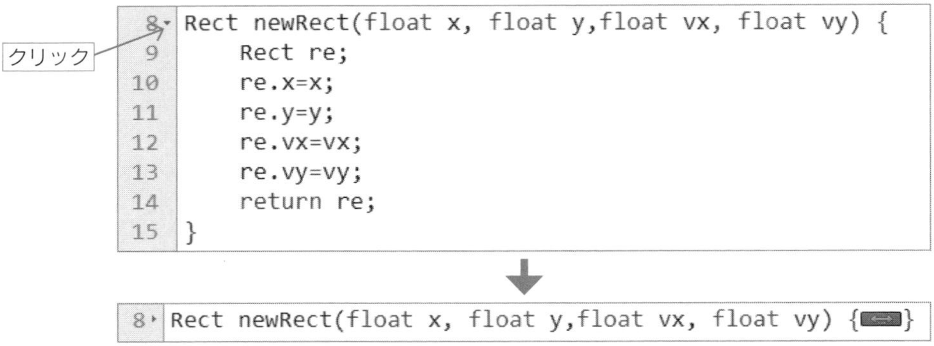

図1-5 関数の折りたたみ

完成した関数を折りたたんでおくことでプログラム全体を見通しやすくなります。本書ではこの折りたたみ機能と同様に、変更のない関数については折りたたんで表記していきます。

（注意）プログラムを折りたたんだ場合は、Bit Arrow上の行番号の表示と、本書のプログラムリストの行番号の表示と異なってきますので注意しましょう。

またゲームを作成していく際は徐々にプログラムを追加していきます。そのため前のプログラムに戻れるように、プログラムをコピーしながら作成していくとよいでしょう。Bit Arrowでプログラムをコピーするには、次のように「ファイル」メニューから「コピー」を選択します。

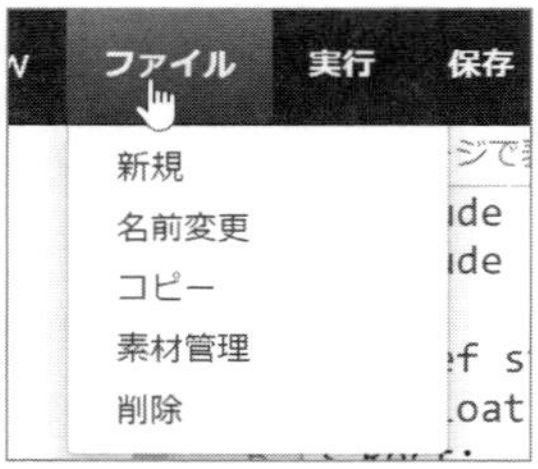

図1-6 プログラムのコピー

すると次のように名前をつける入力画面であるダイアログボックスが表示されますので、新しい名前をつけて「OK」をクリックします。

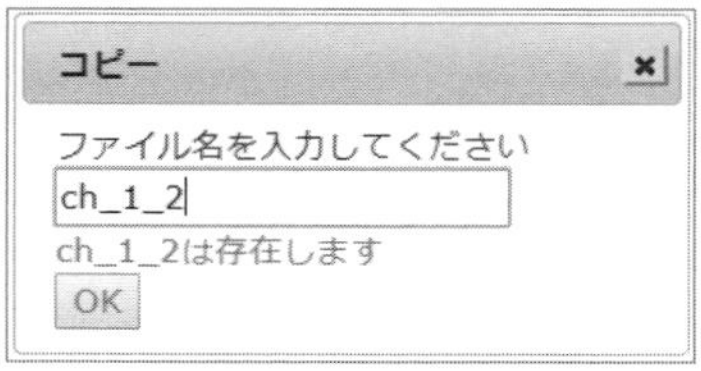

図1-7 名前をつけるダイアログボックス

第4節 キーボードでプレイヤーを動かせるようにしてみよう

プレイヤーの表示ができるようになりましたので、キーボードをからプレイヤーを動かせるようにしてみましょう。getkey()を利用しmain()関数を次のように修正します。

プログラムリスト 1-3 プレイヤーの四角形を下矢印キーで下に動かす

```
#include <stdio.h>
#include <x.h>

typedef struct {/* ～略～ */} Rect;
Rect newRect(float x, float y,float vx, float vy) {/* ～略～ */}
void draw(Rect re) {/* ～略～ */}
Rect move(Rect re) {/* ～略～ */}

int main(void) {
    Rect player;
    player = newRect(10,10,0,0);
    while(1) {
        clear();
        draw(player);
        player = move(player);
        if(getkey("Down")>0) {
            player.vy = 2;
        }
        update();
    }
}
```

このプログラムは"Down"すなわち下矢印キーを押した場合にvyを2にしていることから、下矢印キーを押した場合に四角形が下に動いていきます。

図1-8のようにスクロールバーが表示されている場合は、うまく動かない場合があります。

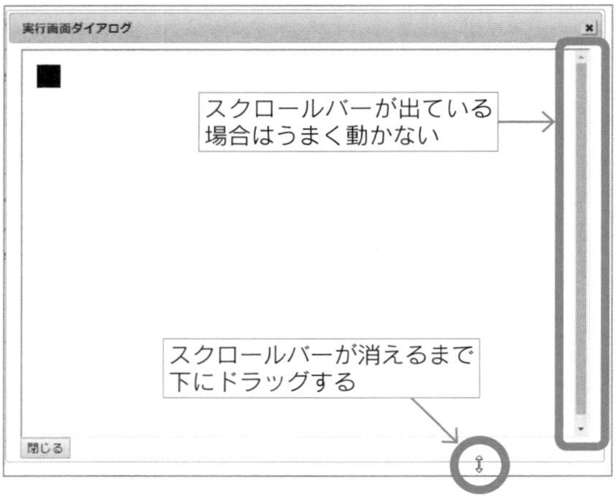

図1-8 実行画面ダイアログのスクロールバー

下矢印キーを押しても上に動く場合があるなどうまく動かない場合は、実行結果ダイアログの右側に表示される縦スクロールバーを確認してください。スクロールバーが表示されている場合は、実行画面ダイアログの下側にマウスカーソルを持ってきて、上下のマウスカーソルに変わったところで下にドラッグして実行画面ダイアログの領域をスクロールバーが消えるまで広げてください。

先ほどのプログラムでは下矢印キーを押すと下にプレイヤーである四角形が動き出しますが止めることができません。キーを離したら四角形が止まるように次のようにプログラムを修正してみましょう。

```
        if(getkey("Down")>0) {
            player.vy = 2;
        } else {
            player.vy = 0;
        }
```

これでplayerを下に動かすことができるようになりました。同じようにplayerを上下左右に動かすようにプログラムを追加・修正してみましょう。

```
        if(getkey("Down")>0) {
            player.vy = 2;
        } else if(getkey("Up")>0) {
```

```
            player.vy = -2;
        } else {
            player.vy = 0;
        }
        if(getkey("Right")>0) {
            player.vx = 2;
        } else if(getkey("Left")>0) {
            player.vx = -2;
        } else {
            player.vx = 0;
        }
```

main()関数の全景は次の通りです。

プログラムリスト 1-4 プレイヤーの四角形を上下左右に四角形を動かす

```
#include <stdio.h>
#include <x.h>

typedef struct {/* 〜略〜 */} Rect;
Rect newRect(float x, float y,float vx, float vy) {/* 〜略〜 */}
void draw(Rect re) {/* 〜略〜 */}
Rect move(Rect re) {/* 〜略〜 */}

int main(void) {
    Rect player;
    player = newRect(10,10,0,0);
    while(1) {
        clear();
        draw(player);
        player = move(player);
        if(getkey("Down")>0) {
            player.vy = 2;
        } else if(getkey("Up")>0) {
            player.vy = -2;
        } else {
            player.vy = 0;
        }
        if(getkey("Right")>0) {
```

```
            player.vx = 2;
        } else if(getkey("Left")>0) {
            player.vx = -2;
        } else {
            player.vx = 0;
        }
        update();
    }
}
```

今後、敵の表示など他の処理を入れていくとmain()関数の中が長くなりmain()関数の見通しが悪くなってしまいそうです。そこで、プレイヤーに関する描画や動作をmovePlayer《ムーブプレイヤー》()という関数にまとめて見ましょう。

プログラムリスト 1-5 プレイヤーである四角形を動かす処理を関数にまとめる

```
#include <stdio.h>
#include <x.h>

typedef struct {/* ～略～ */} Rect;
Rect newRect(float x, float y,float vx, float vy) {/* ～略～ */}
void draw(Rect re) {/* ～略～ */}
Rect move(Rect re) {/* ～略～ */}

Rect movePlayer(Rect player) {
    draw(player);
    player = move(player);
    if(getkey("Down")>0) {
        player.vy = 2;
    } else if(getkey("Up")>0) {
        player.vy = -2;
    } else {
        player.vy = 0;
    }
    if(getkey("Right")>0) {
        player.vx = 2;
    } else if(getkey("Left")>0) {
        player.vx = -2;
    } else {
```

```
        player.vx = 0;
    }
    return player;
}

int main(void) {
    Rect player;
    player = newRect(10,10,0,0);
    while(1) {
        clear();
        player = movePlayer(player);//playerの動作
        update();
    }
}
```

このように関数にすることでmain()関数の中の見通しがよくなります。今後も同様の手法でまずmain()関数の中で動作を確認したら関数にまとめていきます。movePlayer()関数は次のように定義しました。

```
Rect movePlayer(Rect player) {
    //～略～
    return player;
}
```

戻り値の型をRectとしてplayerを戻り値として戻しています。そのため、main()関数の中では

```
int main(void) {
    Rect player;
    player = newRect(10,10,0,0);
    while(1) {
        clear();
        player = movePlayer(player);//playerの動作
        update();
    }
}
```

movePlayer()関数の実行結果を再度playerに代入しています。戻り値を指定しない場合、例えば

```
void movePlayer(Rect player) {
    //～略～
}
int main(void) {
    Rect player;
    player = newRect(10,10,0,0);
    while(1) {
        clear();
        movePlayer(player);//playerの動作
        update();
    }
}
```

とした場合はどのようになるでしょうか。この場合はplayerが動かなくなります。なぜならplayerはmain()関数の中でローカル変数として定義しているからです（第1部第6章第1節）。

次の図は戻り値を設定した場合と設定しなかった場合の動作の比較を示したものです。

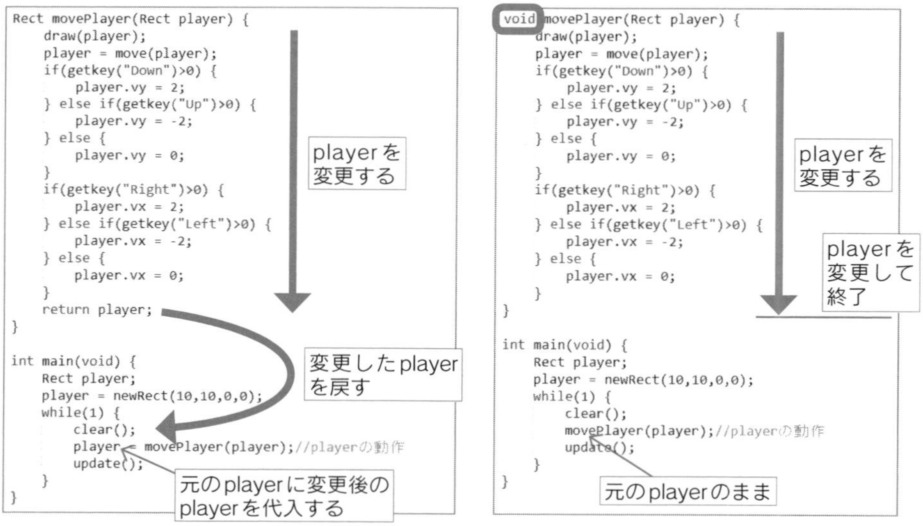

図1-9 戻り値がある場合とない場合の動作の違い

第5節 プレイヤーの形をオリジナルなものに変えられるようにしよう

ここまでのプログラムを実行するとプレイヤーは黒い四角形で描画されます。黒色はsetColor()で色を指定しないときのデフォルトの色です。四角形を描画しているところはdraw()関数です。この部分を変更すればplayerの形を変更することができそうです。またdraw()関数内でsetColor()を使うことで色も変更できそうです。

```
void draw(Rect re) { // 四角形を描く(draw)
    fillRect(re.x,re.y, 30, 30);
}
```

しかしdraw()関数だけだとプレイヤーの形だけでなく敵の形などもプレイヤーの形と同じ形になってしまいそうです。そこでプレイヤーの形だけをオリジナルなものに変更できるように、プレイヤーを描画するための専用の関数drawPlayer《ドロープレイヤー》()を作ってみましょう。ここでは試しにsetColor()を利用して四角形の色を緑色に変更してみましょう。

プログラムリスト 1-6 プレイヤーの形を変更する

```
#include <stdio.h>
#include <x.h>

typedef struct {/* 〜略〜 */} Rect;
Rect newRect(float x, float y,float vx, float vy) {/* 〜略〜 */}
void draw(Rect re) {/* 〜略〜 */}
Rect move(Rect re) {/* 〜略〜 */}

void drawPlayer(Rect p) {
    setColor(0,128,0);
    fillRect(p.x,p.y, 30, 30);
}
```

```
Rect movePlayer(Rect player) {
    drawPlayer(player);//変更
    player = move(player);
    if(getkey("Down")>0) {
        player.vy = 2;
    } else if(getkey("Up")>0) {
        player.vy = -2;
    } else {
        player.vy = 0;
    }
    if(getkey("Right")>0) {
        player.vx = 2;
    } else if(getkey("Left")>0) {
        player.vx = -2;
    } else {
        player.vx = 0;
    }
    return player;
}

int main(void) {/* ～略～ */}
```

実行すると次のように緑色の四角形としてプレイヤーが表示されます。

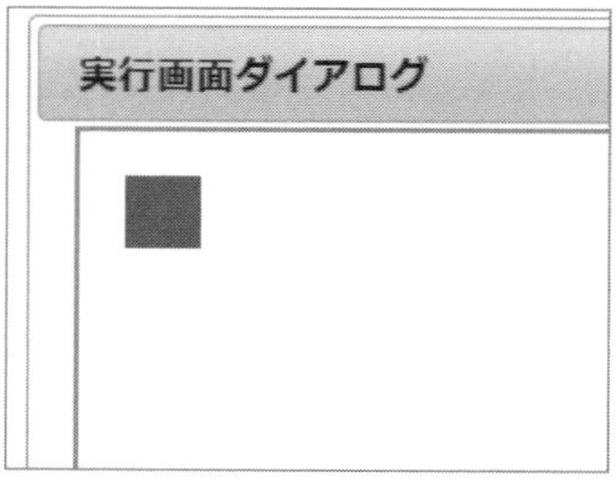

図1-10 プレイヤーの表示

第6節 プレイヤーが左右ではみ出さないようにしてみましょう

プログラムを実行しプレイヤーをいろいろと動かしてみましょう。ずっと動かしていると画面からはみ出してしまいます。画面の端にきたらそこから先に進まないようにするにはどうすればいいでしょうか。

左側にプレイヤーが画面からはみ出さないようにするにはプレイヤーの横位置が0より小さくならないようにすればよく、実行画面ダイアログの描画領域は500×500の大きさですから右側にはみ出さないようにするには横位置である500より大きくならないようにすれば良さそうです。

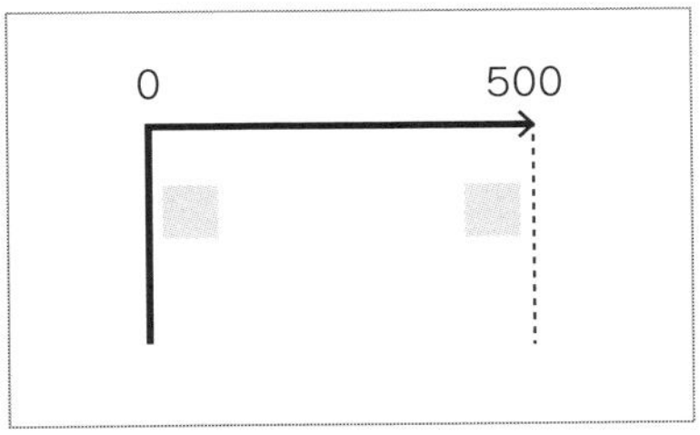

図1-11 横にはみ出ないようにする

四角形を作成するときに指定した横位置は、作成された四角形の左上の位置ですので実行結果ダイアログの描画領域の500を基準とすると画面からちょうど出たところで四角形が止まってしまいそうです。そこでplayerの大きさである30を引いた値である470より大きな位置にプレイヤーの横位置ならないようにしてみましょう。`movePlayer()`を次のように改造してみましょう。

プログラムリスト 1-7 プレイヤーが画面左右にはみ出さないようにする

```
#include <stdio.h>
#include <x.h>

typedef struct {/* ～略～ */} Rect;
Rect newRect(float x, float y,float vx, float vy) {/* ～略～ */}
void draw(Rect re) {/* ～略～ */}
Rect move(Rect re) {/* ～略～ */}
void drawPlayer(Rect p) {/* ～略～ */}

Rect movePlayer(Rect player) {
    drawPlayer(player);
    player = move(player);
    if(getkey("Down")>0) {
        player.vy = 2;
    } else if(getkey("Up")>0) {
        player.vy = -2;
    } else {
        player.vy = 0;
    }
    if(getkey("Right")>0) {
        player.vx = 2;
    } else if(getkey("Left")>0) {
        player.vx = -2;
    } else {
        player.vx = 0;
    }
    if (player.x < 0) {
        player.x = 0;
    } else if(player.x > 470) {
        player.x = 470;
    }
    return player;
}
int main(void) {/* ～略～ */}
```

これでプレイヤーは画面の左右からはみ出さなくなります。

第7節 演習

演習 7-1

1) プレイヤーの形を変更してみよう

drawPlayer()関数を改造してプレイヤーの形を次のように変更してみましょう。

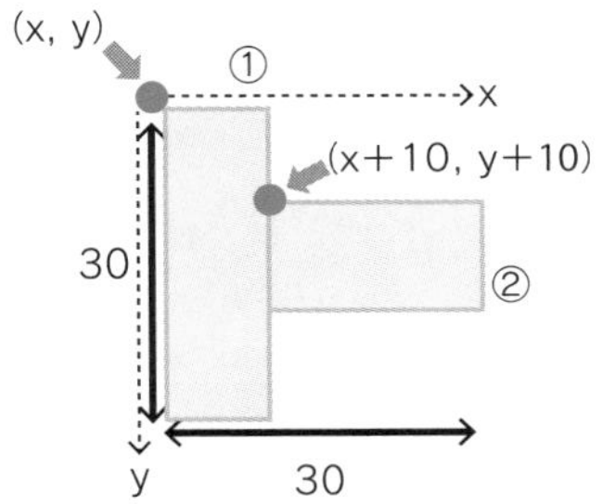

2) プレイヤーが上下にはみ出さないようにしてみましょう

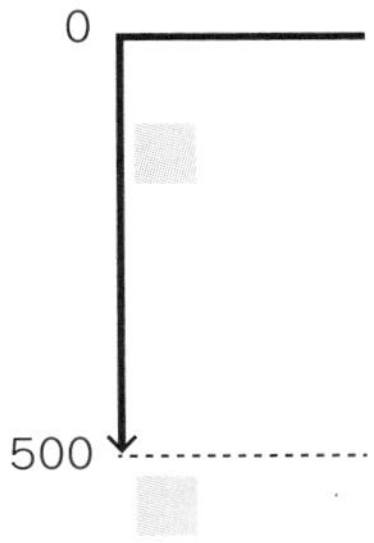

第2章

敵の描画とあたり判定

前章でプレイヤー自機をキーボードで動かすことができるようになりました。本章では敵を作成しプレイヤーと敵の当たり判定を実現していきましょう。

第1節 敵の動きや見た目について考えよう（敵の仕様）

敵は次のような仕様で作っていきましょう。

1. 敵は複数出現する
2. 敵の数は簡単に変更できる
3. 敵の初期位置はランダムに設定する
4. 敵は右から左に移動し画面からはみ出ると再度右から出てくる
5. プレイヤーと敵が当たった場合はゲームオーバーとなる
6. 敵は赤色の四角形とし、後で見た目を変更できるものとする

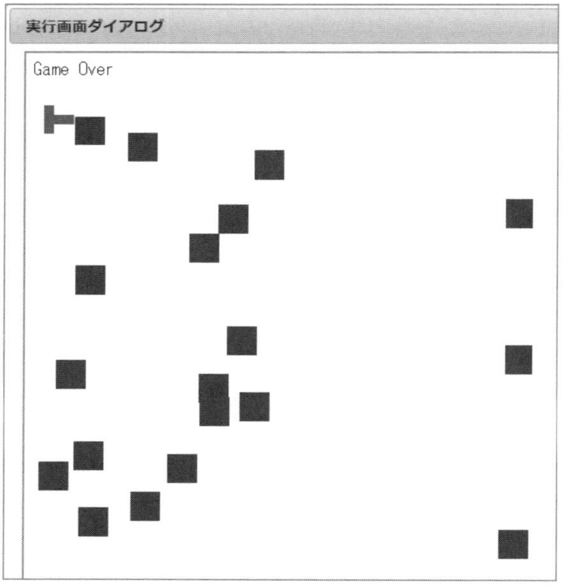

図2-1 仕様に基づいた敵の表示

第2節 ランダムな位置と速度で敵を表示してみよう

まず敵を描画してみましょう。敵はランダムな位置や速度で描画したいので第1部第4章第6節で利用したrand()関数を利用します。rand()関数を利用するにはstdlib.hの読み込みが必要になります。次のようにプログラム上部にstdlib.hの読み込みの指定を追加しましょう。

```
#include <stdio.h>
#include <x.h>
#include <stdlib.h>
```

次にある範囲のランダムな値（乱数）を取得できるように、次のようなbetween()関数（第1部第4章第6節）を構造体の定義に下に追加しましょう。

プログラムリスト 2-1 ある範囲のランダムな値を取得する関数を追加する

```
#include <stdio.h>
#include <x.h>
#include <stdlib.h>

typedef struct {
    float x, y,vx, vy;
} Rect;

int between(int a,int b) {
   int r=rand()%(b-a-1)+a;
   return r;
}
Rect newRect(float x, float y,float vx, float vy) {/* ～略～ */}
void draw(Rect re) {/* ～略～ */}
Rect move(Rect re) {/* ～略～ */}
```

```
void drawPlayer(Rect p) {/* ～略～ */}
Rect movePlayer(Rect player) {/* ～略～ */}
int main(void) {/* ～略～ */}
```

敵は複数出現するので第1部第6章で利用した配列を利用して敵を定義します。また繰り返し文とnewRect()関数を利用して四角形を作成し敵の配列に代入していきます。その際、先に作成したbetween()関数を利用して敵を示す四角形の位置や移動量をランダムな値で設定していきます。

プログラムリスト 2-2 配列を使って敵を定義する

```
#include <stdio.h>
#include <x.h>
#include <stdlib.h>

typedef struct {/* ～略～ */} Rect;
int between(int a,int b) {/* ～略～ */}
Rect newRect(float x, float y,float vx, float vy) {/* ～略～ */}
void draw(Rect re) {/* ～略～ */}
Rect move(Rect re) {/* ～略～ */}
void drawPlayer(Rect p) {/* ～略～ */}
Rect movePlayer(Rect player) {/* ～略～ */}

int main(void) {
    Rect player;
    player = newRect(10,10,0,0);
    Rect enemy[10]; // 敵をあらわすRect(10個)
    int i;
    for (i=0 ;i<10 ; i++) {// 敵の位置、方向を初期化
        enemy[i]
        =newRect(between(200,300), between(0.470), between(-3,-1),0);
    }
    while(1) {
        clear();
        player = movePlayer(player);//playerの動作
        update();
    }
}
```

ここでは10個の敵を配列で表現し、繰り返し文を利用し敵の位置と移動速度を初期化しています。敵の位置はbetween()関数を使い横位置は200から300の間でランダムな値を、縦位置は0から470の間のランダムな値を設定しています(470は描画領域の高さである500から敵の高さである30を引いた値です)。また敵は右から左に動くものとし、-3から-1のランダムな値を設定しています。

```
enemy[i]
=newRect(between(200,300), between(0.470), between(-3,-1),0);
```

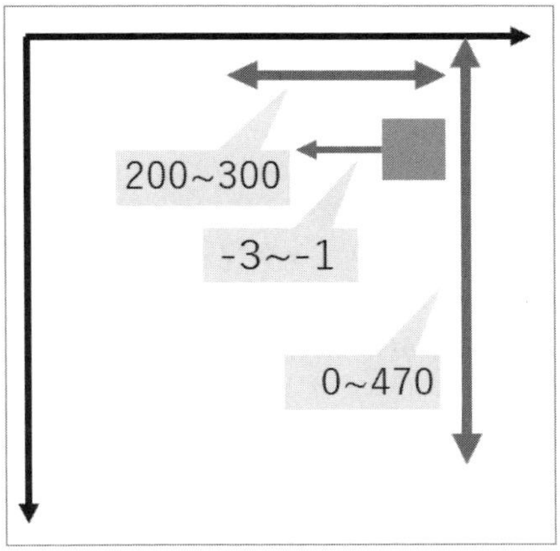

図2-2 敵の出現位置

このままでは敵はプログラム内に作成しただけなので表示されませんし、動きもしません。そこで、敵を描画し動かすためにmain()関数の中でアニメーションを行っているメインループ(while(1){}のループ)の中を次のように変更します。

プログラムリスト 2-3 定義した敵を画面に表示して動かす

```
#include <stdio.h>
#include <x.h>
#include <stdlib.h>

typedef struct {/* ～略～ */} Rect;
int between(int a,int b) {/* ～略～ */}
Rect newRect(float x, float y,float vx, float vy) {/* ～略～ */}
void draw(Rect re) {/* ～略～ */}
Rect move(Rect re) {/* ～略～ */}
```

```
void drawPlayer(Rect p) {/* ～略～ */}
Rect movePlayer(Rect player) {/* ～略～ */}

int main(void) {
    Rect player;
    player = newRect(10,10,0,0);
    Rect enemy[10]; // 敵をあらわすRect(10個)
    int i;
    for (i=0 ;i<10 ; i++) {// 敵の位置、方向を初期化
        enemy[i]
        =newRect(between(200,300), between(0.470), between(-3,-1),0);
   }
    while(1) {
        clear();
        player = movePlayer(player);//playerの動作
        for (i=0 ; i<10 ; i++) { // 敵を描画して動かす
            draw(enemy[i]);
            enemy[i] = move(enemy[i]);
        }
        update();
    }
}
```

実行すると次のように10個の敵が表示され、右から左に動いてきます。

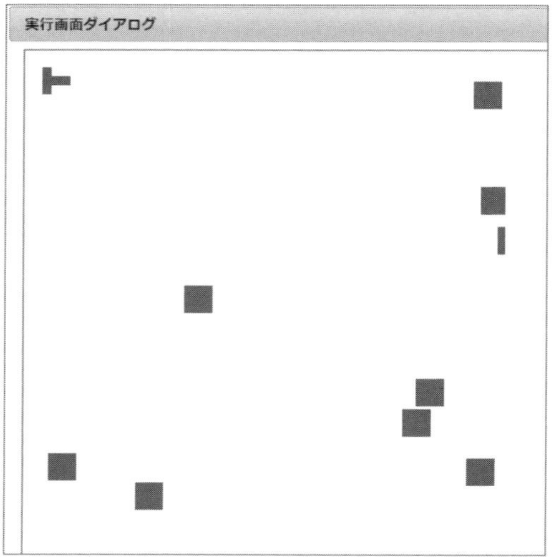

図2-3 敵の表示

第3節 敵の数を簡単に変更できるように設定してみよう(マクロの利用)

敵の数は次のように配列で定義しました。

```
Rect enemy[10];
```

[10]としたので10個の敵が出現しました。敵の数を20個にするには

```
Rect enemy[20];
```

とするわけですが、このほかに敵を初期化する繰り返し文と敵を表示して動かす繰り返し文の2カ所の繰り返す回数を変更しなくてはいけません。

プログラムリスト 2-4 出現する敵の数を変更する

```
#include <stdio.h>
#include <x.h>
#include <stdlib.h>

typedef struct {/* ～略～ */} Rect;
int between(int a,int b) {/* ～略～ */}
Rect newRect(float x, float y,float vx, float vy) {/* ～略～ */}
void draw(Rect re) {/* ～略～ */}
Rect move(Rect re) {/* ～略～ */}
void drawPlayer(Rect p) {/* ～略～ */}
Rect movePlayer(Rect player) {/* ～略～ */}

int main(void) {
    Rect player;
    player = newRect(10,10,0,0);
    Rect enemy[10]; // 敵をあらわすRect(10個)
    int i;
```

```
    for (i=0 ;i<10 ; i++) {// 敵の位置、方向を初期化
        enemy[i]
        =newRect(between(200,300), between(0,470), between(-3,-1),0);
    }
    while(1) {
        clear();
        player = movePlayer(player);//playerの動作
        for (i=0 ; i<10 ; i++) { // 敵を描画して動かす
            draw(enemy[i]);
            enemy[i] = move(enemy[i]);
        }
        update();
    }
}
```

敵の数を簡単に変更できるように「敵の数」を定義してみます。C言語のマクロという機能を使うと10の部分を別の文字列に置き換え簡単に書き換えられるようになります。マクロを使うには#includeの直ぐ下に次の書式で記述します。

```
#define マクロ名 値
```

#defineがマクロの定義という意味で、マクロ名で指定した名前を値で置き換えることを表します。ここではマクロ名を敵の数ということでENEMYCOUNT《エネミーカウント》と定義し、10を設定します。するとプログラム実行時にはENEMYCOUNTと記述したところが10に置き換わります。

```
#include <stdio.h>
#include <x.h>
#include <stdlib.h>
#define ENEMYCOUNT 10
```

マクロでENEMYCOUNTを定義したら、今まで敵の数として10を記述していた部分をENEMYCOUNTと変更します。

プログラムリスト 2-5 マクロを使って敵の数を変更しやすくする

```
#include <stdio.h>
#include <x.h>
#include <stdlib.h>
```

```
#define ENEMYCOUNT 10

typedef struct {/* ～略～ */} Rect;
int between(int a,int b) {/* ～略～ */}
Rect newRect(float x, float y,float vx, float vy) {/* ～略～ */}
void draw(Rect re) {/* ～略～ */}
Rect move(Rect re) {/* ～略～ */}
void drawPlayer(Rect p) {/* ～略～ */}
Rect movePlayer(Rect player) {/* ～略～ */}

int main(void) {
    Rect player;
    player = newRect(10,10,0,0);
    Rect enemy[ENEMYCOUNT]; // 敵をあらわすRect(10個)
    int i;
    for (i=0 ;i<ENEMYCOUNT ; i++) {// 敵の位置、方向を初期化
        enemy[i]
        =newRect(between(200,300), between(0.470), between(-3,-1),0);
    }
    while(1) {
        clear();
        player = movePlayer(player);//playerの動作
        for (i=0 ; i<ENEMYCOUNT ; i++) { // 敵を描画して動かす
            draw(enemy[i]);
            enemy[i] = move(enemy[i]);
        }
        update();
    }
}
```

このように変更した後に、マクロの定義部分を例えば20に変更すると

```
#define ENEMYCOUNT 20
```

次のように20個の敵が出現するようになります。

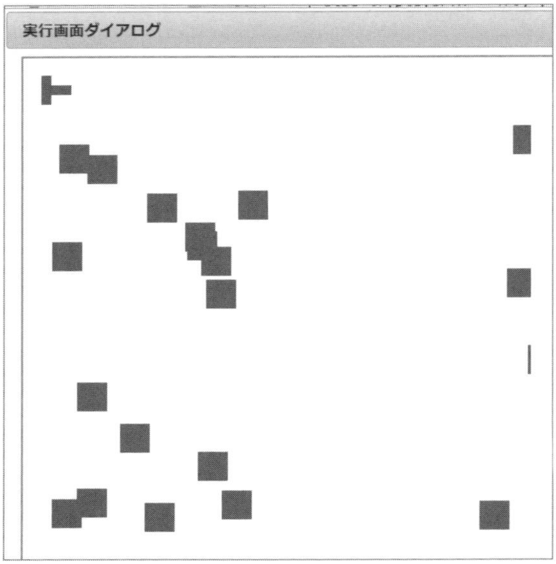

図2-4 20個の敵

第4節 敵を右から再度出現するようにしよう

敵は横の移動量が-3から-1のランダムな値で設定したので右から左に動き続け画面から出て行ってしまいます。そこで左に画面から消えてしまった場合は、敵を右側に戻す関数を作成しましょう。この関数は「右に行け」という意味で、goRight《ゴーライト》()関数という名前で作成していきます。goRight()関数では敵の横位置を判定し0より小さい場合は横位置を500に変更する処理を行います。

作成したgoRight()関数を呼び出すようにmain()関数の中で敵を一つずつ取り出し動かしている部分にgoRight()の呼び出しを記述しましょう。

プログラムリスト 2-6 左に抜けていった敵が再び右から出てくるようにする

```
#include <stdio.h>
#include <x.h>
#include <stdlib.h>
#define ENEMYCOUNT 10

typedef struct {/* ～略～ */} Rect;
int between(int a,int b) {/* ～略～ */}
Rect newRect(float x, float y,float vx, float vy) {/* ～略～ */}
void draw(Rect re) {/* ～略～ */}
Rect move(Rect re) {/* ～略～ */}
void drawPlayer(Rect p) {/* ～略～ */}
Rect movePlayer(Rect player) {/* ～略～ */}

Rect goRight(Rect re) {
    if(re.x < 0) {
        re.x = 500;
    }
    return re;
}
```

```
int main(void) {
    Rect player;
    player = newRect(10,10,0,0);
    Rect enemy[ENEMYCOUNT]; // 敵をあらわすRect(10個)
    int i;
    for (i=0 ;i<ENEMYCOUNT ; i++) {// 敵の位置、方向を初期化
        enemy[i]
        = newRect(between(200,300), between(0.500), between(-3,-1),0);
    }
    while(1) {
        clear();
        player = movePlayer(player);//playerの動作
        for (i=0 ; i<ENEMYCOUNT ; i++) { // 敵を描画して動かす
            draw(enemy[i]);
            enemy[i] = move(enemy[i]);
            enemy[i] = goRight(enemy[i]);
        }
        update();
    }
}
```

このようにすることで左から出ていった敵がまた右側から表示されるようになります。

第5節 敵の形を変えられるようにしてみよう

プレイヤーのときと同様に敵の形もオリジナルなものに変更できるように敵の形を表現するdrawEnemy《ドローエネミー》()関数を定義します。ここでは敵の色を赤色に変えてみましょう。

プログラムリスト 2-7 敵の色を変更する

```
#include <stdio.h>
#include <x.h>
#include <stdlib.h>
#define ENEMYCOUNT 10

typedef struct {/* ～略～ */} Rect;
int between(int a,int b) {/* ～略～ */}
Rect newRect(float x, float y,float vx, float vy) {/* ～略～ */}
void draw(Rect re) {/* ～略～ */}
Rect move(Rect re) {/* ～略～ */}
void drawPlayer(Rect p) {/* ～略～ */}
Rect movePlayer(Rect player) {/* ～略～ */}
Rect goRight(Rect re) {/* ～略～ */}

void drawEnemy(Rect e) {
    setColor(128,0,0);
    fillRect(e.x,e.y, 30, 30);
}

int main(void) {
    Rect player;
    player = newRect(10,10,0,0);
    Rect enemy[ENEMYCOUNT]; // 敵をあらわすRect(10個)
    int i;
    for (i=0 ;i<ENEMYCOUNT ; i++) {// 敵の位置、方向を初期化
```

```
        enemy[i]
        = newRect(between(200,300), between(0.500), between(-3,-1),0);
    }
    while(1) {
        clear();
        player = movePlayer(player);//playerの動作
        for (i=0 ; i<ENEMYCOUNT ; i++) { // 敵を描画して動かす
            drawEnemy(enemy[i]);//変更
            enemy[i] = move(enemy[i]);
            enemy[i] = goRight(enemy[i]);
        }
        update();
    }
}
```

main()関数の中で敵を四角形で描いているdraw(enemy[i])の部分を、作成したdrawEnemy()関数を呼び出すようにdrawEnemy(enemy[i])に変更します。変更したプログラムを実行すると次のように表示されます。

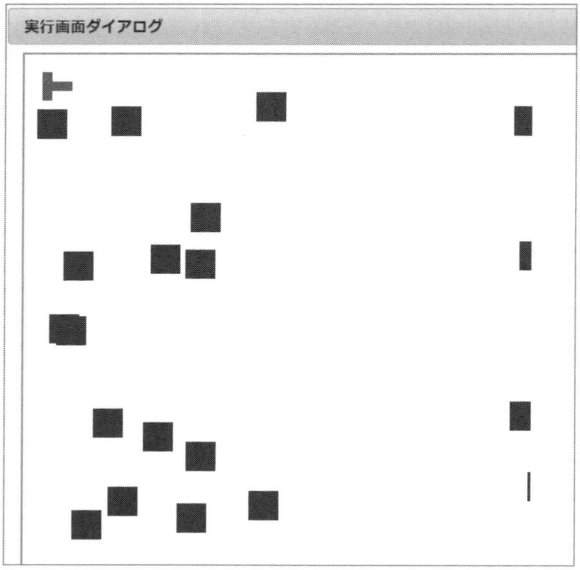

図2-5 敵の形の変更

第6節 プレイヤーと敵がぶつかったらゲームオーバーと表示しよう(当たり判定を理解する)

プレイヤーと敵がぶつかった場合はゲームを終了するようにしていきましょう。プレイヤーと敵がぶつかったかどうかなどを判定することを当たり判定といいます。当たり判定を行いプレイヤーと敵がぶつかっている場合にゲームが終了させるにはメインループ(繰り返し文)が終了を終了させれば良さそうです。そのためにmain()関数自体を終了させてみましょう。main()関数自体を終了させるにはmain()関数の正常終了を示す戻り値return 0;を実行します(第1部第4章コラム)。

手始めに当たり判定を行うために、次のようにプレイヤーと敵の横位置と縦位置が同じになった場合は、プレイヤーと敵が当たったということでmain()関数を終了させてみましょう。終了と共にprintf()関数を利用し"Game Over"(ゲームオーバー)と表示します。

プログラムリスト 2-8 プレイヤーと敵がぶつかったらゲームオーバーと表示する

```
#include <stdio.h>
#include <x.h>
#include <stdlib.h>
#define ENEMYCOUNT 10

typedef struct {/* ～略～ */} Rect;
int between(int a,int b) {/* ～略～ */}
Rect newRect(float x, float y,float vx, float vy) {/* ～略～ */}
void draw(Rect re) {/* ～略～ */}
Rect move(Rect re) {/* ～略～ */}
void drawPlayer(Rect p) {/* ～略～ */}
Rect movePlayer(Rect player) {/* ～略～ */}
Rect goRight(Rect re) {/* ～略～ */}
void drawEnemy(Rect e) {/* ～略～ */}

int main(void) {
    Rect player;
```

```
    player = newRect(10,10,0,0);
    Rect enemy[ENEMYCOUNT]; // 敵をあらわすRect(10個)
    int i;
    for (i=0 ;i<ENEMYCOUNT ; i++) {// 敵の位置、方向を初期化
        enemy[i]
        = newRect(between(200,300), between(0.500), between(-3,-1),0);
    }
    while(1) {
        clear();
        player = movePlayer(player);//playerの動作
        for (i=0 ; i<ENEMYCOUNT ; i++) { // 敵を描画して動かす
            drawEnemy(enemy[i]);
            enemy[i] = move(enemy[i]);
            enemy[i] = goRight(enemy[i]);
        }
        for (i=0; i<ENEMYCOUNT; i++) {
            if(enemy[i].x == player.x && enemy[i].y == player.y) {
                printf("Game Over\n");
                return 0;
            }
        }
        update();
    }
}
```

このプログラムを実行してもほとんど"Game Over"と表示されることがありません。それはプレイヤーと敵の左上の座標1点だけを見て当たりかどうかを判断しているからです。そのため完全に重ならないと当たりとならないのです。

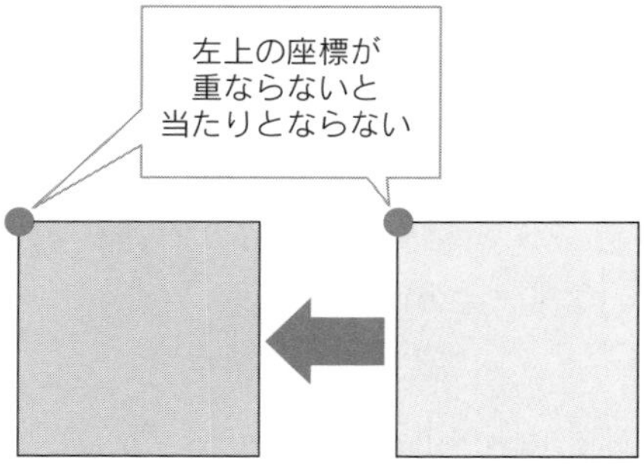

図2-6 左上の座標が重ならないと当たりとならない

そこでプレイヤーと敵の当たりを判断する「当たり判定」に、次のようなプレイヤーと敵の横幅と縦幅を持たせてみます。

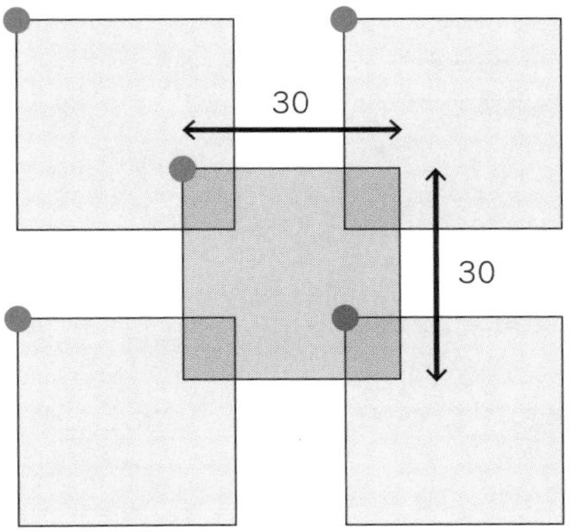

図2-7 敵と味方の当たり判定の範囲

まず横方向の範囲に注目します。敵がプレイヤーより左側にいる場合は、

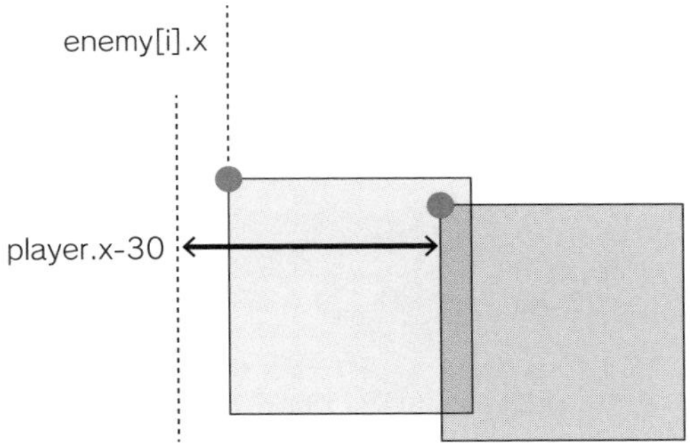

図2-8 敵がプレイヤーより左にいる場合

敵の横位置がプレイヤーの横位置-30より大きければよいわけですから、次のような条件になります。

```
enemy[i].x >= player.x-30
```

次に、敵がプレイヤーより右側にいる場合は

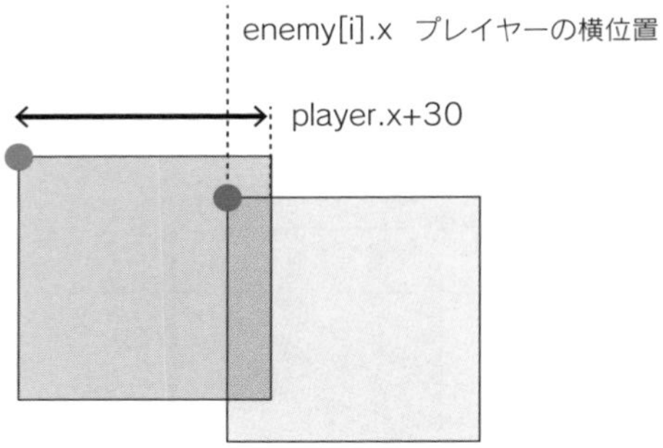

図2-9 敵がプレイヤーより右にいる場合

敵の横位置がプレイヤーの横位置+30より小さいところにいればよいので、次のような条件になります。

```
enemy[i].x <= player.x+30
```

これらを同時に満たしている場合は、プレイヤーと敵の横位置が重なっているということになります。従ってプレイヤーと敵の横位置の重なりを判定する条件は、敵がプレイヤーの左にいる場合「かつ」敵がプレイヤーの右側にいる場合なので、「かつ」を示す&&を利用して次のように表現することができます。

```
enemy[i].x >= player.x-30 && enemy[i].x <= player.x+30
```

となります。同様にプレイヤーと敵の縦位置の重なりを判定する条件は

```
enemy[i].y >= player.y-30 && enemy[i].y <= player.y+30
```

となります。プレイヤーと敵が触れている状態は、横位置と縦位置がともに触れている状態ですから、同じく「かつ」を示す&&を利用して次のようになります。

```
enemy[i].x >= player.x-30 && enemy[i].x <= player.x+30 && enemy[i].y >=
player.y-30 && enemy[i].y <= player.y+30
```

プログラムはこれで問題ないのですが、このように条件が長くなるとプログラムが横に伸びてしまい見にくくなってしまいます。そこでプログラムを見やすくするために改行を入れておきましょう。

```
enemy[i].x >= player.x-30 && enemy[i].x <= player.x+30
&& enemy[i].y >= player.y-30 && enemy[i].y <= player.y+30
```

プログラムリスト 2-9 プレイヤーと敵の当たり判定を範囲で行う

```
#include <stdio.h>
#include <x.h>
#include <stdlib.h>
#define ENEMYCOUNT 10

typedef struct {/* ～略～ */} Rect;
int between(int a,int b) {/* ～略～ */}
Rect newRect(float x, float y,float vx, float vy) {/* ～略～ */}
void draw(Rect re) {/* ～略～ */}
Rect move(Rect re) {/* ～略～ */}
void drawPlayer(Rect p) {/* ～略～ */}
Rect movePlayer(Rect player) {/* ～略～ */}
Rect goRight(Rect re) {/* ～略～ */}
void drawEnemy(Rect e) {/* ～略～ */}

int main(void) {
    Rect player;
    player = newRect(10,10,0,0);
    Rect enemy[ENEMYCOUNT]; // 敵をあらわすRect(10個)
    int i;
    for (i=0 ;i<ENEMYCOUNT ; i++) {// 敵の位置、方向を初期化
        enemy[i]
        = newRect(between(200,300), between(0.500), between(-3,-1),0);
    }
    while(1) {
        clear();
        player = movePlayer(player);//playerの動作
        for (i=0 ; i<ENEMYCOUNT ; i++) { // 敵を描画して動かす
            drawEnemy(enemy[i]);
            enemy[i] = move(enemy[i]);
            enemy[i] = goRight(enemy[i]);
        }
        for (i=0; i<ENEMYCOUNT; i++) {
```

```
            if(enemy[i].x >= player.x-30 && enemy[i].x <= player.x+30
            && enemy[i].y >= player.y-30 && enemy[i].y <= player.y+30 ) {
                printf("Game Over\n");
                return 0;
            }
        }
        update();
    }
}
```

このプログラムを実行すると、次のようにプレイヤーと敵が当たった場合にプログラムが終了します。

図2-10 当たり判定でのプログラムの終了

第7節 当たり判定を関数にしよう

当たり判定はプレイヤーと敵だけではなく、後に出てくる弾と敵でも利用します。そこで範囲を指定した当たり判定を「衝突」という意味でcrash《クラッシュ》()という関数にまとめてみましょう。crash()では2つのRectを受け取って、当たり判定を行い、当たっている場合は1、当たっていない場合は0を返すようにします。1が返却された場合は、"Game Over"と表示しプログラムを終了します。

プログラムリスト 2-10 当たり判定を汎用的な関数化する

```
#include <stdio.h>
#include <x.h>
#include <stdlib.h>
#define ENEMYCOUNT 10

typedef struct {/* ～略～ */} Rect;
int between(int a,int b) {/* ～略～ */}
Rect newRect(float x, float y,float vx, float vy) {/* ～略～ */}
void draw(Rect re) {/* ～略～ */}
Rect move(Rect re) {/* ～略～ */}
void drawPlayer(Rect p) {/* ～略～ */}
Rect movePlayer(Rect player) {/* ～略～ */}
Rect goRight(Rect re) {/* ～略～ */}
void drawEnemy(Rect e) {/* ～略～ */}

int crash(Rect a, Rect b) {
    if(a.x >= b.x-30 && a.x <= b.x+30
       && a.y >= b.y-30 && a.y <= b.y+30 ) {
       return 1;
    } else {
        return 0;
```

```
    }
}

int main(void) {
    Rect player;
    player = newRect(10,10,0,0);
    Rect enemy[ENEMYCOUNT]; // 敵をあらわすRect(10個)
    int i;
    for (i=0 ;i<ENEMYCOUNT ; i++) {// 敵の位置、方向を初期化
        enemy[i]=newRect(between(200,300), between(0,500),
between(-3,-1),0);
    }
    while(1) {
        clear();
        player = movePlayer(player);//playerの動作
        for (i=0 ; i<ENEMYCOUNT ; i++) { // 敵を描画して動かす
            drawEnemy(enemy[i]);
            enemy[i] = move(enemy[i]);
            enemy[i] = goRight(enemy[i]);
        }
        for (i=0; i<ENEMYCOUNT; i++) {
            if(crash(enemy[i], player)==1) {
                printf("Game Over\n");
                return 0;
            }
        }
        update();
    }
}
```

第8節 処理をまとめよう

main()関数の中の処理が長くなってきました。main()関数の中で敵の動きは次のように記述しました。

```
for (i=0 ; i<ENEMYCOUNT ; i++) { // 敵を描画して動かす
    drawEnemy(enemy[i]);
    enemy[i] = move(enemy[i]);
    enemy[i] = goRight(enemy[i]);
}
```

これを「敵の動き」という意味でmoveEnemies《ムーブエネミーズ》()という関数でまとめてみましょう。

プログラムリスト 2-11 敵の動きを関数かする

```
#include <stdio.h>
#include <x.h>
#include <stdlib.h>
#define ENEMYCOUNT 10

typedef struct {/* ～略～ */} Rect;
int between(int a,int b) {/* ～略～ */}
Rect newRect(float x, float y,float vx, float vy) {/* ～略～ */}
void draw(Rect re) {/* ～略～ */}
Rect move(Rect re) {/* ～略～ */}
void drawPlayer(Rect p) {/* ～略～ */}
Rect movePlayer(Rect player) {/* ～略～ */}
Rect goRight(Rect re) {/* ～略～ */}
void drawEnemy(Rect e) {/* ～略～ */}
int crash(Rect a, Rect b) {/* ～略～ */}

void moveEnemies(Rect enemy[]) {
```

```
    int i;
    for (i=0 ; i<ENEMYCOUNT ; i++) { // 敵を描画して動かす
        drawEnemy(enemy[i]);
        enemy[i] = move(enemy[i]);
        enemy[i] = goRight(enemy[i]);
    }
}
int main(void) {
    Rect player;
    player = newRect(10,10,0,0);
    Rect enemy[ENEMYCOUNT]; // 敵をあらわすRect(10個)
    int i;
    for (i=0 ;i<ENEMYCOUNT ; i++) {// 敵の位置、方向を初期化
        enemy[i]
        = newRect(between(200,300), between(0.500), between(-3,-1),0);
    }
    while(1) {
        clear();
        player = movePlayer(player);//playerの動作
        moveEnemies(enemy);
        for (i=0; i<ENEMYCOUNT; i++) {
            if(crash(enemy[i], player)==1) {
                printf("Game Over\n");
                return 0;
            }
        }
        update();
    }
}
```

敵の動きをmoveEnemies()関数にまとめましたので、main()関数の中の敵の動きを記述していた部分を

```
moveEnemies(enemy);
```

に変更しましょう。

さらにmain()関数に記述したプレイヤーと敵の当たり判定部分をcheckEnemiesAndPlayer《チェックエネミーアンドプレイヤー》()という関数にまとめてmain()関数をすっきりさせましょう。

```
    for (i=0; i<ENEMYCOUNT; i++) {
        if(crash(enemy[i], player)==1) {
            printf("Game Over\n");
            return 0;
        }
    }
```

敵の動きと同様にmain()関数の中にもともと合った処理は削除し、checkEnemiesAndPlayer()に変更します。

プログラムリスト 2-12 プレイヤーと敵の当たり判定を関数化する

```
#include <stdio.h>
#include <x.h>
#include <stdlib.h>
#define ENEMYCOUNT 10

typedef struct {/* ～略～ */} Rect;
int between(int a,int b) {/* ～略～ */}
Rect newRect(float x, float y,float vx, float vy) {/* ～略～ */}
void draw(Rect re) {/* ～略～ */}
Rect move(Rect re) {/* ～略～ */}
void drawPlayer(Rect p) {/* ～略～ */}
Rect movePlayer(Rect player) {/* ～略～ */}
Rect goRight(Rect re) {/* ～略～ */}
void drawEnemy(Rect e) {/* ～略～ */}
int crash(Rect a, Rect b) {/* ～略～ */}
void moveEnemies(Rect enemy[]) {/* ～略～ */}

int checkEnemiesAndPlayer(Rect enemy[], Rect player) {
    int i;
    for (i=0; i<ENEMYCOUNT; i++) {
        if(crash(enemy[i], player)==1) {
            printf("Game Over\n");
            return 1;
```

```
        }
    }
    return 0;
}
int main(void) {
    Rect player;
    player = newRect(10,10,0,0);
    Rect enemy[ENEMYCOUNT]; // 敵をあらわすRect(10個)
    int i;
    for (i=0 ;i<ENEMYCOUNT ; i++) {// 敵の位置、方向を初期化
        enemy[i]
        = newRect(between(200,300), between(0.500), between(-3,-1),0);
    }
    while(1) {
        clear();
        player = movePlayer(player);//playerの動作
        moveEnemies(enemy);//敵の動作
        //敵とプレイヤーの当たり判定
        if (checkenemiesAndPlayer(enemy, player) == 1) {
            return 0;
        }
        update();
    }
}
```

ここまでで、プレイヤーの作成、敵の作成、プレイヤーと敵の当たり判定ができるようになりました。次はプレイヤーから弾を発射できるようにして、弾と敵が当たったときに敵を消すようにしていきましょう。

COLUMN

movePlayer()関数とmoveEnemies()関数の違い

movePlayer()関数は次のようにplayerを戻り値として戻していました。

```
Rect movePlayer(Rect player) {
    draw(player);
    player = move(player);
    if(getkey("Down")>0) {
```

```
        player.vy = 2;
    } else if(getkey("Up")>0) {
        player.vy = -2;
    } else {
        player.vy = 0;
    }
    if(getkey("Right")>0) {
        player.vx = 2;
    } else if(getkey("Left")>0) {
        player.vx = -2;
    } else {
        player.vx = 0;
    }
    return player;
}
```

これはmain()関数の中のplayerがローカル変数として定義されているためでmovePlayer()には複製されたplayerが渡ってくるため、movePlayer()の中のplayerが変更されてもmain()の中のplayerは変更されないためでした。そのため変更したplayerを呼び出し元に戻す必要があったのです。これをコピー渡しといいます。

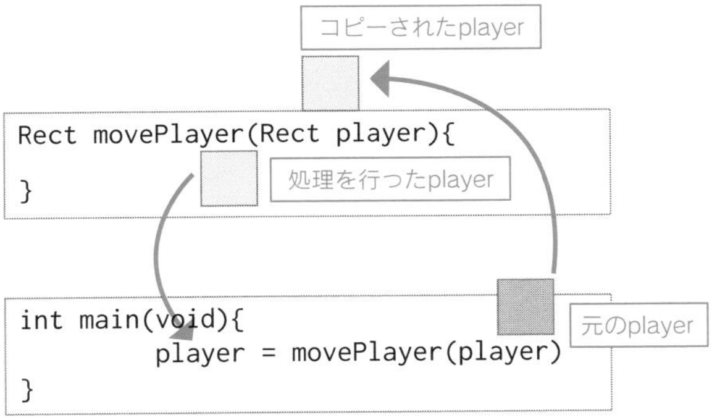

moveEnemies()関数の場合はmovePlayer()関数のときとは異なり、次のように戻り値を設定していません。

```
void moveEnemies(Rect enemy[]) {
    int i;
    for (i=0 ; i<ENEMYCOUNT ; i++) { //敵を描画して動かす
        drawEnemy(enemy[i]);
        enemy[i] = move(enemy[i]);
        enemy[i] = goRight(enemy[i]);
    }
}
```

moveEnemise()関数の引数はenemyなのですが、このenemyは

```
Rect enemy[ENEMYCOUNT];
```

と定義した配列です。関数の引数として配列を設定した場合、変数のようにコピーされたものが渡るのではなく、配列がある場所が関数に渡ります。

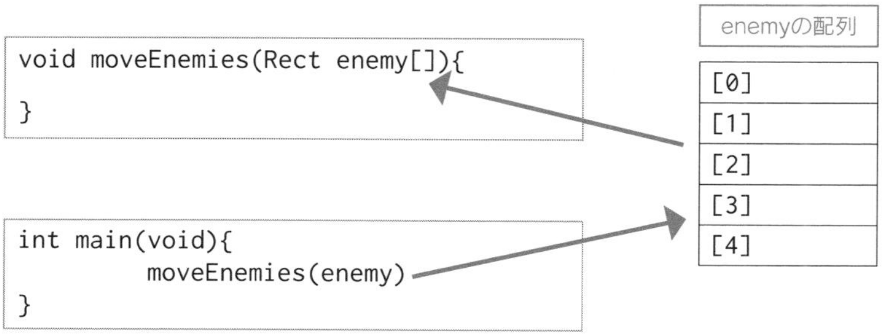

同じenemy配列を見ているので、moveEnemies()関数でenemyが変更されるとmain()関数のenemyも変更される。

そのため、関数の中で配列を中の値を変更した場合、main()関数の中の配列の値も変更されたのです。詳細は第3部ポインターの節を参考にしてください。

第9節 演習

演習 2-1

drawEnemy()関数を改造して次のように敵の形を修正してみましょう。

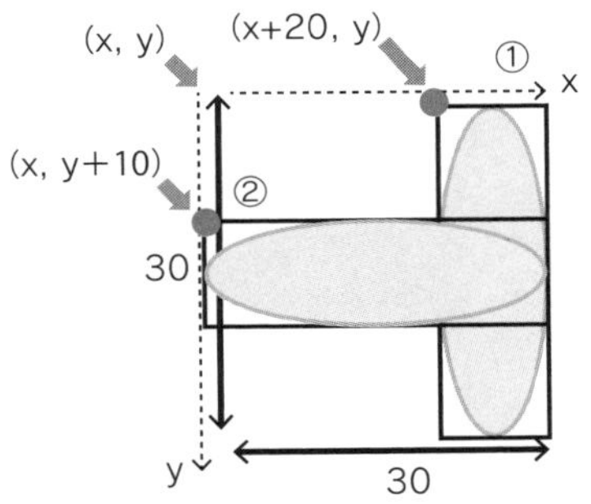

演習 2-2

goRight()関数利用して左から右に移動するとき、縦位置をランダムな位置にするように goRight()関数を変更しましょう。

第3章

弾の描画とあたり判定

本章ではプレイヤーから発射される弾を作成していきます。また弾と敵の当たり判定を入れていきます。

第1節 弾の動きや見た目について考えよう（弾の仕様）

プレイヤーと敵を表示し当たり判定までできるようになったので、本章ではプレイヤーが撃つことのできる弾を次のような仕様で作っていきます。

1. 弾は一度に3発撃つことができる
2. 弾に敵が当たると弾と敵が消える
3. 弾は配列で表現する

本章での完成形のイメージは次の通りです。

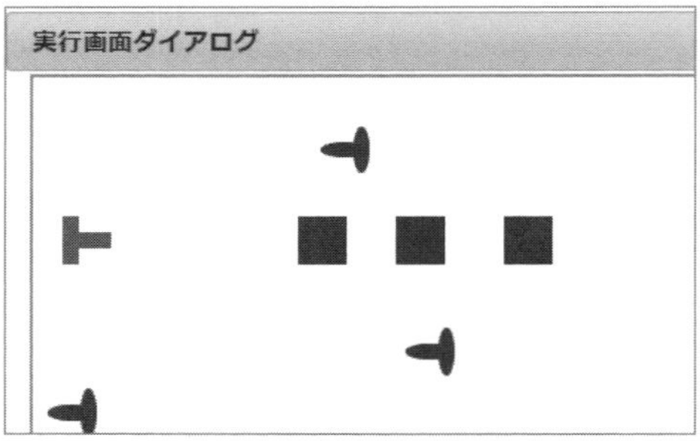

図3-1 弾の描画

弾を作るための手続きは敵のときと同じで、次のような流れになります。弾はスペースキーを押すと打てる点が敵と異なります。

1. 弾を配列で定義する
2. 弾を初期化する
3. 弾を描いて動かす
4. スペースキーで弾を撃てるようにする
5. 弾と敵の当たり判定を行う
6. 処理をまとめる

第2節 配列を使って弾を描画しよう

弾を描画できるところまで記述していきましょう。まず配列で弾（bullet《バレット》）を定義します。

プログラムリスト 3-1 配列を使ってプレイヤーの弾を定義する

```
#include <stdio.h>
#include <x.h>
#include <stdlib.h>
#define ENEMYCOUNT 10

typedef struct {/* ～略～ */} Rect;
int between(int a,int b) {/* ～略～ */}
Rect newRect(float x, float y,float vx, float vy) {/* ～略～ */}
void draw(Rect re) {/* ～略～ */}
Rect move(Rect re) {/* ～略～ */}
void drawPlayer(Rect p) {/* ～略～ */}
Rect movePlayer(Rect player) {/* ～略～ */}
Rect goRight(Rect re) {/* ～略～ */}
void drawEnemy(Rect e) {/* ～略～ */}
int crash(Rect a, Rect b) {/* ～略～ */}
void moveEnemies(Rect enemy[]) {/* ～略～ */}
int checkEnemiesAndPlayer(Rect enemy[], Rect player) {/* ～略～ */}

int main(void) {
    Rect player;
    player = newRect(10,10,0,0);
    Rect enemy[ENEMYCOUNT]; // 敵をあらわすRect(10個)
    Rect bullet[3];//弾をあらわすRect（3個）
    int i;
    for (i=0 ;i<ENEMYCOUNT ; i++) {// 敵の位置、方向を初期化
```

```
        enemy[i]
        =newRect(between(200,300), between(0,500), between(-3,-1),0);
    }
    while(1) {
        clear();
        player = movePlayer(player);//playerの動作
        moveEnemies(enemy);//敵の動作
        //敵とプレイヤーの当たり判定
        if (checkenemiesAndPlayer(enemy, player) == 1) {
            return 0;
        }
        update();
    }
}
```

次に弾を初期化する処理を入れます。弾はplayerの位置から出現するようにし、右に移動していくものとて、次のように記述します。

プログラムリスト 3-2 プレイヤーから弾が出るように弾を初期化する

```
#include <stdio.h>
#include <x.h>
#include <stdlib.h>
#define ENEMYCOUNT 10

typedef struct {/* ～略～ */} Rect;
int between(int a,int b) {/* ～略～ */}
Rect newRect(float x, float y,float vx, float vy) {/* ～略～ */}
void draw(Rect re) {/* ～略～ */}
Rect move(Rect re) {/* ～略～ */}
void drawPlayer(Rect p) {/* ～略～ */}
Rect movePlayer(Rect player) {/* ～略～ */}
Rect goRight(Rect re) {/* ～略～ */}
void drawEnemy(Rect e) {/* ～略～ */}
int crash(Rect a, Rect b) {/* ～略～ */}
void moveEnemies(Rect enemy[]) {/* ～略～ */}
int checkEnemiesAndPlayer(Rect enemy[], Rect player) {/* ～略～ */}

int main(void) {
```

```
    Rect player;
    player = newRect(10,10,0,0);
    Rect enemy[ENEMYCOUNT]; // 敵をあらわすRect(10個)
    Rect bullet[3];//弾をあらわすRect (3個)
    int i;
    for (i=0 ;i<ENEMYCOUNT ; i++) {// 敵の位置、方向を初期化
        enemy[i]
        = newRect(between(200,300), between(0.500), between(-3,-1),0);
    }
    for (i=0; i<3; i++) {//弾の初期化
        bullet[i] = newRect(player.x, player.y, 6,0);
    }
    while(1) {
        clear();
        player = movePlayer(player);//playerの動作
        moveEnemies(enemy);//敵の動作
        //敵と味方の当たり判定
        if (checkEnemiesAndPlayer(enemy, player) == 1) {
            return 0;
        }
        update();
    }
}
```

main()関数の中のwhile(1){}で表現されるメインループを改造し、作成した弾を表示して動かしてみよう。

プログラムリスト 3-3 弾を描いて動かす

```
#include <stdio.h>
#include <x.h>
#include <stdlib.h>
#define ENEMYCOUNT 10

typedef struct {/* ～略～ */} Rect;
int between(int a,int b) {/* ～略～ */}
Rect newRect(float x, float y,float vx, float vy) {/* ～略～ */}
void draw(Rect re) {/* ～略～ */}
Rect move(Rect re) {/* ～略～ */}
```

```
void drawPlayer(Rect p) {/* ～略～ */}
Rect movePlayer(Rect player) {/* ～略～ */}
Rect goRight(Rect re) {/* ～略～ */}
void drawEnemy(Rect e) {/* ～略～ */}
int crash(Rect a, Rect b) {/* ～略～ */}
void moveEnemies(Rect enemy[]) {/* ～略～ */}
int checkEnemiesAndPlayer(Rect enemy[], Rect player) {/* ～略～ */}

int main(void) {
    Rect player;
    player = newRect(10,10,0,0);
    Rect enemy[ENEMYCOUNT]; // 敵をあらわすRect(10個)
    Rect bullet[3];//弾をあらわすRect（3個）
    int i;
    for (i=0 ;i<ENEMYCOUNT ; i++) {// 敵の位置、方向を初期化
        enemy[i]
        = newRect(between(200,300), between(0.500), between(-3,-1),0);
    }
    for (i=0; i<3; i++) {//弾の初期化
        bullet[i] = newRect(player.x, player.y, 6,0);
    }
    while(1) {
        clear();
        player = movePlayer(player);//playerの動作
        moveEnemies(enemy);//敵の動作
        for(i=0; i<3; i++) {//弾を描いて動かす
            draw(bullet[i]);
            bullet[i] = move(bullet[i]);
        }
        //敵とプレイヤーの当たり判定
        if (checkenemiesAndPlayer(enemy, player) == 1) {
            return 0;
        }
        update();
    }
}
```

プログラムを実行すると次のようにプレイヤー、敵、弾が表示されます。弾は赤い四角形が表示されます。これは敵を描画するときにdrawEnemy()関数内でsetColor()を実行し赤色にしている設定が残っているためです。弾に関する仕様は次節以降で改良していきます。

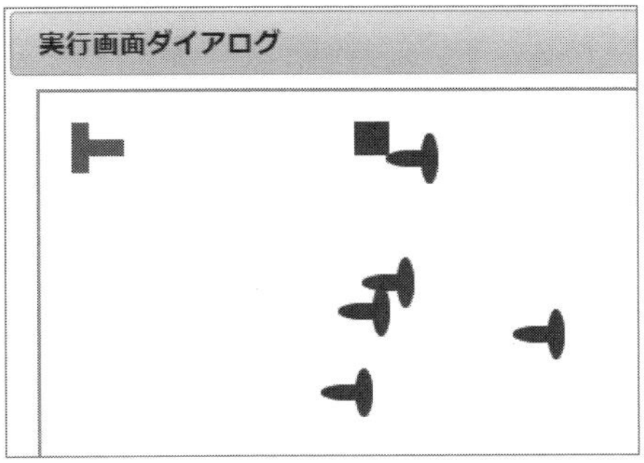

図3-2 弾の表示

第3節 スペースキーを押すとプレイヤーから弾が発射されるようにしてみよう

そのままだとプログラムを実行したときに、3つの弾が重なって表示され、あたかも1つの四角形が左から右に移動していきます。3つの弾を順番に発射できるように、スペースキーを押したときに弾を撃てるようにしてみましょう。

まずは3つの弾のうち1つ目の弾のみスペースキーでプレイヤーの位置に戻るようにしてみます。

プログラムリスト 3-4 スペースキーで弾をプレイヤーの位置に戻す

```
#include <stdio.h>
#include <x.h>
#include <stdlib.h>
#define ENEMYCOUNT 10

typedef struct {/* ～略～ */} Rect;
int between(int a,int b) {/* ～略～ */}
Rect newRect(float x, float y,float vx, float vy) {/* ～略～ */}
void draw(Rect re) {/* ～略～ */}
Rect move(Rect re) {/* ～略～ */}
void drawPlayer(Rect p) {/* ～略～ */}
Rect movePlayer(Rect player) {/* ～略～ */}
Rect goRight(Rect re) {/* ～略～ */}
void drawEnemy(Rect e) {/* ～略～ */}
int crash(Rect a, Rect b) {/* ～略～ */}
void moveEnemies(Rect enemy[]) {/* ～略～ */}
int checkEnemiesAndPlayer(Rect enemy[], Rect player) {/* ～略～ */}

int main(void) {
    Rect player;
    player = newRect(10,10,0,0);
    Rect enemy[ENEMYCOUNT]; // 敵をあらわすRect(10個)
```

```
    Rect bullet[3];//弾をあらわすRect (3個)
    int i;
    for (i=0 ;i<ENEMYCOUNT ; i++) {// 敵の位置、方向を初期化
        enemy[i]
        = newRect(between(200,300), between(0.500), between(-3,-1),0);
    }
    for (i=0; i<3; i++) {//弾の初期化
        bullet[i] = newRect(player.x, player.y, 6,0);
    }
    while(1) {
        clear();
        player = movePlayer(player);//playerの動作
        moveEnemies(enemy);//敵の動作
        for(i=0; i<3; i++) {//弾を描いて動かす
            draw(bullet[i]);
            bullet[i] = move(bullet[i]);
        }
        if (getkey("space")==1) {
            bullet[0].x=player.x;
            bullet[0].y=player.y;
        }
        //敵とプレイヤーの当たり判定
        if (checkenemiesAndPlayer(enemy, player) == 1) {
            return 0;
        }
        update();
    }
}
```

このプログラムを実行しスペースキーを押すとプレイヤーのところに弾が移動するため、あたかもプレイヤーから弾が発射されたように見えます。

図3-3 スペースキーを押して弾をプレイヤーに移動する

しかし、このままだと画面内で1つ目（配列における0番目）の弾しか打てず、スペースキーを連打すると画面内の弾が戻ってきてしまいます。

そこで画面から弾が出たか調べて画面から出た弾だけ撃てるようにしてみます。まず画面から出た弾を調べるために、「弾を選択する」という意味でselectBullet《セレクトバレット》()関数を次のように定義します。selectBullet()関数では配列で表現されているすべての弾の横位置を確認し弾の横位置が500より大きい場合（画面からはみ出た場合）にその弾の配列の番号を返却するようにしています。また、すべての弾が画面から出ていない場合は－1を返却しています。

プログラムリスト3-5 弾が画面から出たか判断する関数を作成する

```
#include <stdio.h>
#include <x.h>
#include <stdlib.h>
#define ENEMYCOUNT 10

typedef struct {/* 〜略〜 */} Rect;
int between(int a,int b) {/* 〜略〜 */}
Rect newRect(float x, float y,float vx, float vy) {/* 〜略〜 */}
void draw(Rect re) {/* 〜略〜 */}
Rect move(Rect re) {/* 〜略〜 */}
void drawPlayer(Rect p) {/* 〜略〜 */}
Rect movePlayer(Rect player) {/* 〜略〜 */}
Rect goRight(Rect re) {/* 〜略〜 */}
void drawEnemy(Rect e) {/* 〜略〜 */}
int crash(Rect a, Rect b) {/* 〜略〜 */}
void moveEnemies(Rect enemy[]) {/* 〜略〜 */}
int checkEnemiesAndPlayer(Rect enemy[], Rect player) {/* 〜略〜 */}

int selectBullet(Rect bullet[]) {
    int i;
    for (i=0 ; i<3 ; i++) {
        if (bullet[i].x>=500) {
            return i;
        }
    }
    return -1;
}
```

```

int main(void) {/* ～略～ */}
```

このように定義したselectBullet()を利用しスペースキーを押したときに画面からはみ出した弾のみをプレイヤーの位置に戻します。

プログラムリスト 3-6 弾が画面から出た場合にプレイヤーの位置に弾を戻す

```
#include <stdio.h>
#include <x.h>
#include <stdlib.h>
#define ENEMYCOUNT 10

typedef struct {/* ～略～ */} Rect;
int between(int a,int b) {/* ～略～ */}
Rect newRect(float x, float y,float vx, float vy) {/* ～略～ */}
void draw(Rect re) {/* ～略～ */}
Rect move(Rect re) {/* ～略～ */}
void drawPlayer(Rect p) {/* ～略～ */}
Rect movePlayer(Rect player) {/* ～略～ */}
Rect goRight(Rect re) {/* ～略～ */}
void drawEnemy(Rect e) {/* ～略～ */}
int crash(Rect a, Rect b) {/* ～略～ */}
void moveEnemies(Rect enemy[]) {/* ～略～ */}
int checkEnemiesAndPlayer(Rect enemy[], Rect player) {/* ～略～ */}
int selectBullet(Rect bullet[]) {/* ～略～ */}

int main(void) {
    Rect player;
    player = newRect(10,10,0,0);
    Rect enemy[ENEMYCOUNT]; // 敵をあらわすRect(10個)
    Rect bullet[3];//弾をあらわすRect (3個)
    int i;
    for (i=0 ;i<ENEMYCOUNT ; i++) {// 敵の位置、方向を初期化
        enemy[i]
        = newRect(between(200,300), between(0.500), between(-3,-1),0);
    }
    for (i=0; i<3; i++) {//弾の初期化
        bullet[i] = newRect(player.x, player.y, 6,0);
```

```
    }
    while(1) {
        clear();
        player = movePlayer(player);//playerの動作
        moveEnemies(enemy);
        for(i=0; i<3; i++) {
            draw(bullet[i]);
            bullet[i] = move(bullet[i]);
        }
        if (getkey("space")==1) {
            i=selectBullet(bullet);
            if (i>=0) {
                bullet[i].x=player.x;
                bullet[i].y=player.y;
            }
        }
        if (checkEnemiesAndPlayer(enemy, player) == 1) {
            return 0;
        }
        update();
    }
}
```

これで弾が画面から出ていた場合にスペースキーで弾を撃てるようになりましたが、プログラム実行時点では、スペースキーを押さなくても3つの弾が重なって発射されていきます。実際は1つの弾に見える重なった3つの弾が画面内に残っているので弾が画面から出るまでスペースキーを押しても反応がありません。

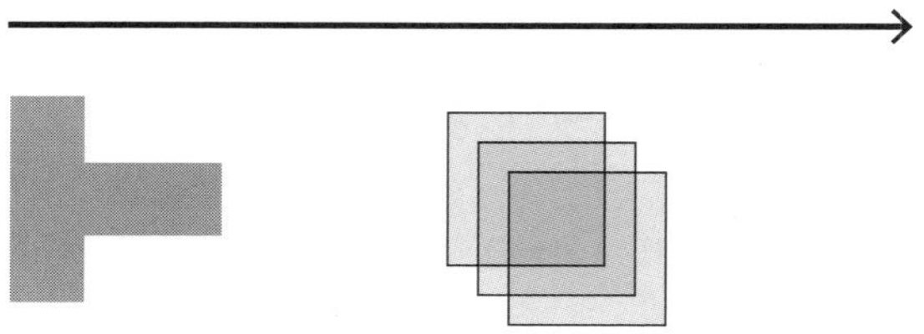

図3-4 3つの弾が同時に発射される

そこで次のように弾を描く初期の位置を描画領域外にしてスペースキーを押すとすぐに弾を撃てるようにしましょう。

```
(変更前) bullet[i] = newRect(player.x, player.y, 6,0);
(変更後) bullet[i] = newRect(500, player.y, 6,0);
```


プログラムリスト 3-7 初期の弾の位置を画面外に変更する

```
#include <stdio.h>
#include <x.h>
#include <stdlib.h>
#define ENEMYCOUNT 10

typedef struct {/* ～略～ */} Rect;
int between(int a,int b) {/* ～略～ */}
Rect newRect(float x, float y,float vx, float vy) {/* ～略～ */}
void draw(Rect re) {/* ～略～ */}
Rect move(Rect re) {/* ～略～ */}
void drawPlayer(Rect p) {/* ～略～ */}
Rect movePlayer(Rect player) {/* ～略～ */}
Rect goRight(Rect re) {/* ～略～ */}
void drawEnemy(Rect e) {/* ～略～ */}
int crash(Rect a, Rect b) {/* ～略～ */}
void moveEnemies(Rect enemy[]) {/* ～略～ */}
int checkEnemiesAndPlayer(Rect enemy[], Rect player) {/* ～略～ */}
int selectBullet(Rect bullet[]) {/* ～略～ */}

int main(void) {
    Rect player;
    player = newRect(10,10,0,0);
    Rect enemy[ENEMYCOUNT]; // 敵をあらわすRect(10個)
    Rect bullet[3];//弾をあらわすRect（3個）
    int i;
    for (i=0 ;i<ENEMYCOUNT ; i++) {// 敵の位置、方向を初期化
        enemy[i]
        = newRect(between(200,300), between(0.500), between(-3,-1),0);
    }
    for (i=0; i<3; i++) {//弾の初期化
        bullet[i] = newRect(500, player.y, 6,0);//変更
    }
    while(1) {
```

```
        clear();
        player = movePlayer(player);//playerの動作
        moveEnemies(enemy);
        for(i=0; i<3; i++) {
            draw(bullet[i]);
            bullet[i] = move(bullet[i]);
        }
        if (getkey("space")==1) {
            i=selectBullet(bullet);
            if (i>=0) {
                bullet[i].x=player.x;
                bullet[i].y=player.y;
            }
        }
        if (checkEnemiesAndPlayer(enemy, player) == 1) {
            return 0;
        }
        update();
    }
}
```

このようにすることで3つの弾をゲーム開始後すぐにスペースキーを押して発射することができるようになります。次節では弾の数を自由に変更できるようにしていきます。

第4節 弾の数をマクロに定義してみよう

敵と同じようにマクロを使うことで弾の数を簡単に変更できるようになります。ここでは「弾数」という BULLETCOUNT《バレットカウント》を定義し5を設定します。

```
#include <stdio.h>
#include <x.h>
#include <stdlib.h>
#define ENEMYCOUNT 20
#define BULLETCOUNT 5
```

定義したBULLETCOUNTを利用するように今まで弾の処理で3と記述していた部分をBULLETCOUNTに変更します。

プログラムリスト 3-8 マクロを使って弾の数を変更できるように修正する

```
#include <stdio.h>
#include <x.h>
#include <stdlib.h>
#define ENEMYCOUNT 10
#define BULLETCOUNT 5

typedef struct {/* ～略～ */} Rect;
int between(int a,int b) {/* ～略～ */}
Rect newRect(float x, float y,float vx, float vy) {/* ～略～ */}
void draw(Rect re) {/* ～略～ */}
Rect move(Rect re) {/* ～略～ */}
void drawPlayer(Rect p) {/* ～略～ */}
Rect movePlayer(Rect player) {/* ～略～ */}
Rect goRight(Rect re) {/* ～略～ */}
void drawEnemy(Rect e) {/* ～略～ */}
```

```
int crash(Rect a, Rect b) {/* ～略～ */}
void moveEnemies(Rect enemy[]) {/* ～略～ */}
int checkEnemiesAndPlayer(Rect enemy[], Rect player) {/* ～略～ */}

int selectBullet(Rect bullet[]) {
    int i;
    for (i=0 ; i<BULLETCOUNT ; i++) {
        if (bullet[i].x>=500) {
            return i;
        }
    }
    return -1;
}
int main(void) {
    Rect player;
    player = newRect(10,10,0,0);
    Rect enemy[ENEMYCOUNT]; // 敵をあらわすRect(10個)
    Rect bullet[BULLETCOUNT];
    int i;
    for (i=0 ;i<ENEMYCOUNT ; i++) {// 敵の位置、方向を初期化
        enemy[i]
        = newRect(between(200,300), between(0.500), between(-3,-1),0);
    }
    for (i=0; i< BULLETCOUNT; i++) {
        bullet[i] = newRect(500, player.y, 6,0);
    }
    while(1) {
        clear();
        player = movePlayer(player);//playerの動作
        moveEnemies(enemy);
        for(i=0; i<BULLETCOUNT; i++) {
            draw(bullet[i]);
            bullet[i] = move(bullet[i]);
        }
        if (getkey("space")==1) {
            i=selectBullet(bullet);
            if (i>=0) {
                bullet[i].x=player.x;
```

```
                bullet[i].y=player.y;
            }
        }
        if (checkEnemiesAndPlayer(enemy, player) == 1) {
            return 0;
        }
        update();
    }
}
```


これで簡単に弾の数が変更できるようになりました。弾の数を5にしたときの実行例は次の通りです。

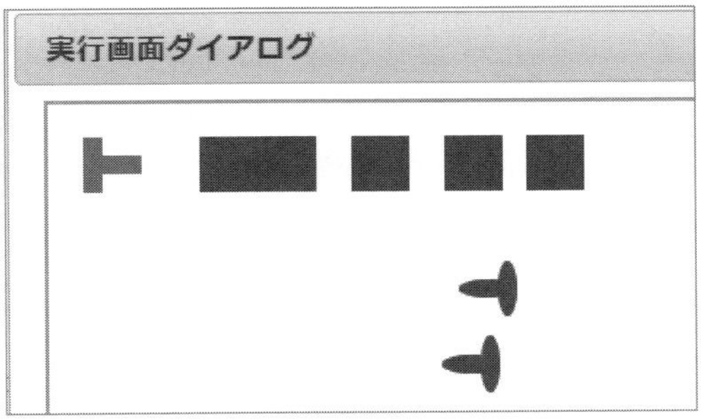

図3-5 5つの弾を発射

第5節 弾の色や形を変更できるようにしよう

プレイヤーや敵と同じように弾の形や色を変更できるようにしましょう。「弾を描く」という意味でdrawBullet《ドローバレット》()関数を定義します。ここでは弾の色をグレーに変更してみます。作成したdrawBullet()関数を利用するようにmain()関数で弾を描いている部分を変更しましょう。

プログラムリスト 3-9 弾の色や形を変更できるようにする

```
#include <stdio.h>
#include <x.h>
#include <stdlib.h>
#define ENEMYCOUNT 10
#define BULLETCOUNT 5

typedef struct {/* ～略～ */} Rect;
int between(int a,int b) {/* ～略～ */}
Rect newRect(float x, float y,float vx, float vy) {/* ～略～ */}
void draw(Rect re) {/* ～略～ */}
Rect move(Rect re) {/* ～略～ */}
void drawPlayer(Rect p) {/* ～略～ */}
Rect movePlayer(Rect player) {/* ～略～ */}
Rect goRight(Rect re) {/* ～略～ */}
void drawEnemy(Rect e) {/* ～略～ */}
int crash(Rect a, Rect b) {/* ～略～ */}
void moveEnemies(Rect enemy[]) {/* ～略～ */}
int checkEnemiesAndPlayer(Rect enemy[], Rect player) {/* ～略～ */}
int selectBullet(Rect bullet[]) {/* ～略～ */}

void drawBullet(Rect b) {
    setColor(128,128,128);
    fillRect(b.x+0,b.y+10,30,10);
```

```
}

int main(void) {
    Rect player;
    player = newRect(10,10,0,0);
    Rect enemy[ENEMYCOUNT]; // 敵をあらわすRect(10個)
    Rect bullet[BULLETCOUNT];
    int i;
    for (i=0 ;i<ENEMYCOUNT ; i++) {// 敵の位置、方向を初期化
        enemy[i]
        = newRect(between(200,300), between(0.500), between(-3,-1),0);
    }
    for (i=0; i< BULLETCOUNT; i++) {
        bullet[i] = newRect(500, player.y, 6,0);
    }
    while(1) {
        clear();
        player = movePlayer(player);//playerの動作
        moveEnemies(enemy);
        for(i=0; i<BULLETCOUNT; i++) {
            drawBullet(bullet[i]);
            bullet[i] = move(bullet[i]);
        }
        if (getkey("space")==1) {
            i=selectBullet(bullet);
            if (i>=0) {
                bullet[i].x=player.x;
                bullet[i].y=player.y;
            }
        }
        if (checkEnemiesAndPlayer(enemy, player) == 1) {
            return 0;
        }
        update();
    }
}
```

作成したプログラムを実行しスペースキーを押すと次のように弾が表示されます。

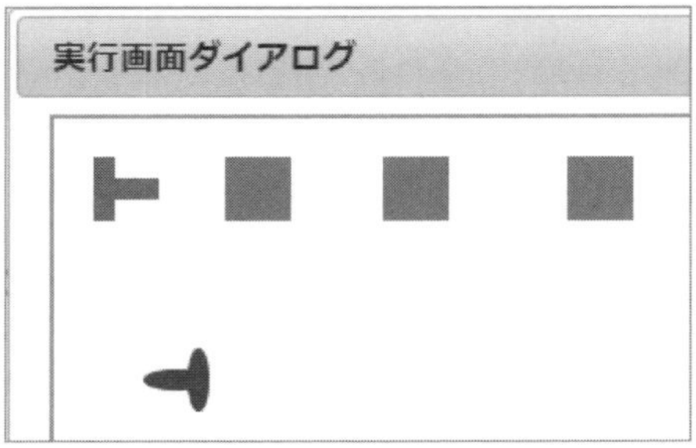

図3-6 弾の色の変更

第6節 弾と敵が当たったときに敵を画面から消してみよう

次に弾が敵に当たったときに敵を消すために、敵と弾の当たり判定を考えていきます。そのために敵のどれかが弾のどれかとぶつかった場合は、敵を画面外に移動させて消したように見せかけみましょう。

弾と敵は複数存在しそれぞれ配列で定義されています。そのため弾に敵が当たったかどうか調べるには、「弾を全部調べる処理」と「敵を全部調べる処理」を組み合わせ「弾と敵を全部調べる処理」を実現しないといけません。このことを図で表すと次のようになります。

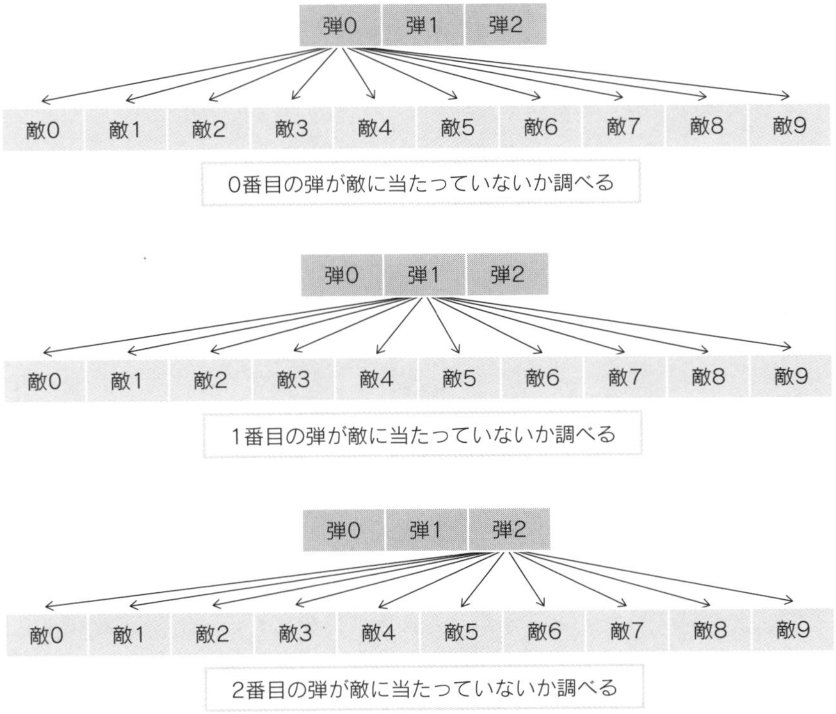

図3-7 弾と敵の当たりを調べる組み合わせ

プログラムは次のように弾をすべて取り出す繰り返し文と、敵をすべて取り出す繰り返し文を次のように組み合わせます。

```
for (i=0; i< BULLETCOUNT; i++) {
        弾を全部調べる処理
}
```

```
for (i=0 ;i<ENEMYCOUNT ; i++) {
        敵を全部調べる処理
}
```

弾と敵を全部調べる処理

```
for (i=0 ; i<BULLETCOUNT ; i++){
    for (j=0; j<ENEMYCOUNT ; j++) {
            bullet[i]が、enemy[j]とぶつかっていたら
            enemy[j]を画面左に移動させる
    }
}
```

図3-8 弾全部と敵全部を調べる処理

このように繰り返し文のなかに繰り返し文を記述することなど{}で作成したブロックの中にブロックを記述することを入れ子（ネスト）といいます（第1部第5章）。

```
ブロック1{
    ブロック2{
        処理;
    }
}
```

そのまま繰り返し文の中に繰り返し文を入れる場合、繰り返しの回数を示すカウンタ変数（第1部第3章第5節）iが重複してしまいます。カウンタ変数の重複を避けるために、外側の繰り返し文で変数iを利用した場合、内側の繰り返し文ではjなど他の変数を利用するようにしましょう。

プレイヤーと敵が当たったかどうか調べるときに作成したcrash()関数も利用して弾と敵が当たったかどうかをプログラムで記述してみましょう。弾と敵が当たった場合は敵の横位置を画面外の左側に移動させましょう。

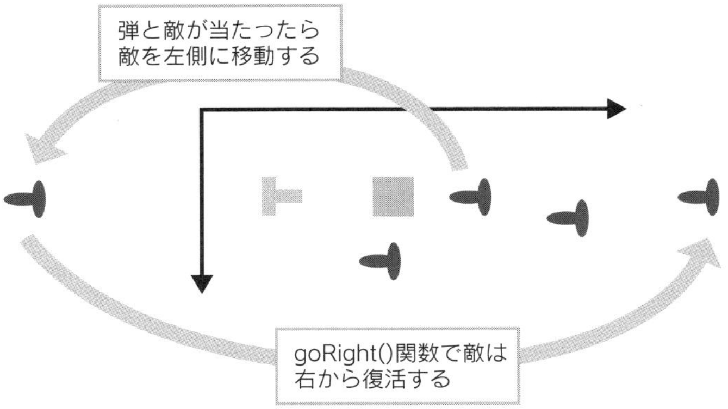

図3-9　弾と敵が当たったときの敵の動き

プログラムリスト 3-10　弾と敵の当たり判定を行う

```
#include <stdio.h>
#include <x.h>
#include <stdlib.h>
#define ENEMYCOUNT 10
#define BULLETCOUNT 5

typedef struct {/* 〜略〜 */} Rect;
int between(int a,int b) {/* 〜略〜 */}
Rect newRect(float x, float y,float vx, float vy) {/* 〜略〜 */}
void draw(Rect re) {/* 〜略〜 */}
Rect move(Rect re) {/* 〜略〜 */}
void drawPlayer(Rect p) {/* 〜略〜 */}
Rect movePlayer(Rect player) {/* 〜略〜 */}
Rect goRight(Rect re) {/* 〜略〜 */}
void drawEnemy(Rect e) {/* 〜略〜 */}
int crash(Rect a, Rect b) {/* 〜略〜 */}
void moveEnemies(Rect enemy[]) {/* 〜略〜 */}
int checkEnemiesAndPlayer(Rect enemy[], Rect player) {/* 〜略〜 */}
int selectBullet(Rect bullet[]) {/* 〜略〜 */}

int main(void) {
    Rect player;
    player = newRect(10,10,0,0);
    Rect enemy[ENEMYCOUNT]; // 敵をあらわすRect(10個)
```

```
    Rect bullet[BULLETCOUNT];
    int i;
    for (i=0 ;i<ENEMYCOUNT ; i++) {// 敵の位置、方向を初期化
        enemy[i]
        = newRect(between(200,300), between(0.500), between(-3,-1),0);
    }
    for (i=0; i< BULLETCOUNT; i++) {
        bullet[i] = newRect(500, player.y, 6,0);
    }
    while(1) {
        clear();
        player = movePlayer(player);//playerの動作
        moveEnemies(enemy);
        for(i=0; i<BULLETCOUNT; i++) {
            drawBullet(bullet[i]);
            bullet[i] = move(bullet[i]);
        }
        for (i=0 ; i<BULLETCOUNT ; i++){
            for (j=0; j<ENEMYCOUNT ; j++) {
                if (crash(bullet[i], enemy[j])==1) {
                    enemy[j].x = -100;
                }
            }
        }
        if (getkey("space")==1) {
            i=selectBullet(bullet);
            if (i>=0) {
                bullet[i].x=player.x;
                bullet[i].y=player.y;
            }
        }
        if (checkEnemiesAndPlayer(enemy, player) == 1) {
            return 0;
        }
        update();
    }
}
```

このままこのプログラムを実行すると、カウンタ変数であるjが定義されていないというエラーになります。

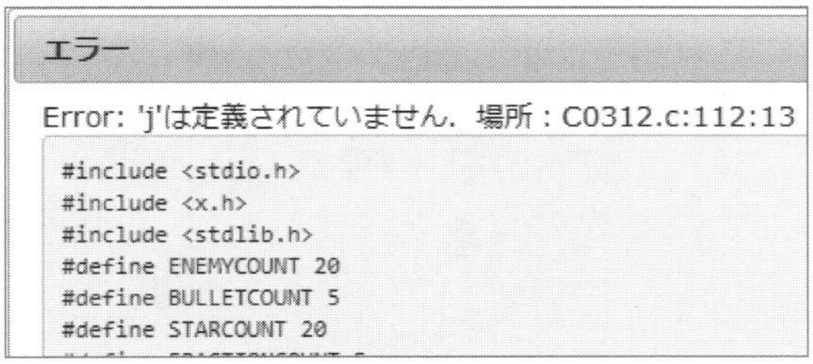

図3-10　jが未定義であるときのエラー

iを定義している部分にjの定義を追加しましょう。

```
int main(void) {
    Rect player;
    player = newRect(10,10,0,0);
    Rect enemy[ENEMYCOUNT]; // 敵をあらわすRect(10個)
    Rect bullet[BULLETCOUNT];
    int i, j;
```

これで弾と敵がぶつかった場合に敵が消えるようになりました。しかし弾は敵が消えても突き抜けて進んでいってしまいます。

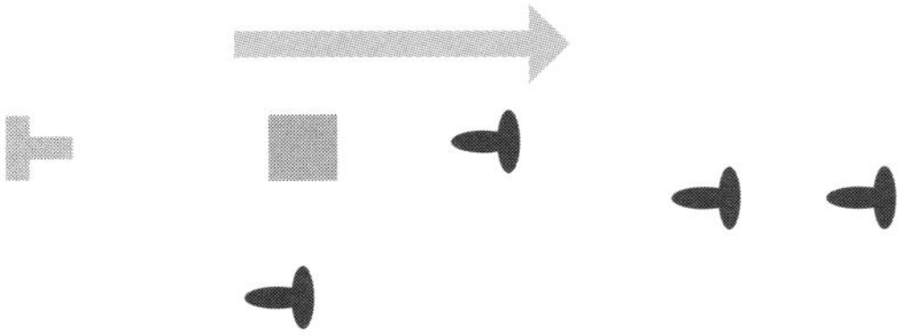

図3-11　敵をなぎ倒して進む弾

そこで敵とぶつかった場合、弾を画面から消すとともに、すぐに発射できるような形で画面の外に出して見ましょう。

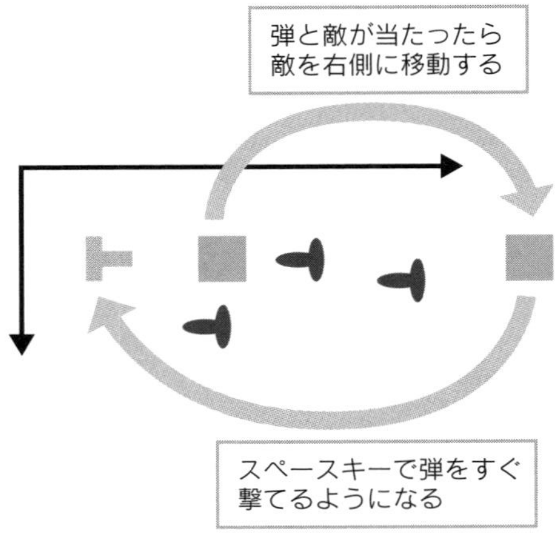

図3-12 弾と敵が当たったときの弾の動き

```
        for (i=0 ; i<BULLETCOUNT ; i++){
            for (j=0; j<ENEMYCOUNT ; j++) {
                if (crash(bullet[i], enemy[j])==1) {
                    enemy[j].x = -100;
                    bullet[i].x = 1000;
                }
            }
        }
```

このようにすることで弾が敵と当たった場合、敵と弾が消えるようになります。ここまでのプログラムは次の通りです。

```
#include <stdio.h>
#include <x.h>
#include <stdlib.h>
#define ENEMYCOUNT 10
#define BULLETCOUNT 5

typedef struct {/* ～略～ */} Rect;
int between(int a,int b) {/* ～略～ */}
Rect newRect(float x, float y,float vx, float vy) {/* ～略～ */}
void draw(Rect re) {/* ～略～ */}
Rect move(Rect re) {/* ～略～ */}
```

```
void drawPlayer(Rect p) {/* ～略～ */}
Rect movePlayer(Rect player) {/* ～略～ */}
Rect goRight(Rect re) {/* ～略～ */}
void drawEnemy(Rect e) {/* ～略～ */}
int crash(Rect a, Rect b) {/* ～略～ */}
void moveEnemies(Rect enemy[]) {/* ～略～ */}
int checkEnemiesAndPlayer(Rect enemy[], Rect player) {/* ～略～ */}
int selectBullet(Rect bullet[]) {/* ～略～ */}

int main(void) {
    Rect player;
    player = newRect(10,10,0,0);
    Rect enemy[ENEMYCOUNT]; // 敵をあらわすRect(10個)
    Rect bullet[BULLETCOUNT];
    int i, j;
    for (i=0 ;i<ENEMYCOUNT ; i++) {// 敵の位置、方向を初期化
        enemy[i]
        = newRect(between(200,300), between(0.500), between(-3,-1),0);
    }
    for (i=0; i< BULLETCOUNT; i++) {
        bullet[i] = newRect(500, player.y, 6,0);
    }
    while(1) {
        clear();
        player = movePlayer(player);//playerの動作
        moveEnemies(enemy);
        for(i=0; i<BULLETCOUNT; i++) {
            drawBullet(bullet[i]);
            bullet[i] = move(bullet[i]);
        }
        for (i=0 ; i<BULLETCOUNT ; i++){
            for (j=0; j<ENEMYCOUNT ; j++) {
                if (crash(bullet[i], enemy[j])==1) {
                    enemy[j].x = -100;
                    bullet[i].x = 1000;
                }
            }
        }
        if (getkey("space")==1) {
```

```
            i=selectBullet(bullet);
            if (i>=0) {
                bullet[i].x=player.x;
                bullet[i].y=player.y;
            }
        }
        if (checkEnemiesAndPlayer(enemy, player) == 1) {
            return 0;
        }
        update();
    }
}
```

第7節 処理をまとめよう

これで弾を発射し敵を消すことができるようになりましたが、main()関数が長くなってきたので、今までと同じように処理をまとめていきましょう。まず弾の描画と動きをmoveBullets《ムーブバレット》()という関数にまとめます。弾の描画と動きを行っている部分は

```
        for(i=0; i<BULLETCOUNT; i++) {
            drawBullet(bullet[i]);
            bullet[i] = move(bullet[i]);
        }
```

でしたので、main()関数の上に次のようにmoveBullets()を追加し、元の処理があったところをmoveBullet()に変更しましょう。

プログラムリスト 3-11 弾の動きを関数にまとめる

```
#include <stdio.h>
#include <x.h>
#include <stdlib.h>
#define ENEMYCOUNT 10
#define BULLETCOUNT 5

typedef struct {/* ～略～ */} Rect;
int between(int a,int b) {/* ～略～ */}
Rect newRect(float x, float y,float vx, float vy) {/* ～略～ */}
void draw(Rect re) {/* ～略～ */}
Rect move(Rect re) {/* ～略～ */}
void drawPlayer(Rect p) {/* ～略～ */}
Rect movePlayer(Rect player) {/* ～略～ */}
Rect goRight(Rect re) {/* ～略～ */}
void drawEnemy(Rect e) {/* ～略～ */}
int crash(Rect a, Rect b) {/* ～略～ */}
```

```
void moveEnemies(Rect enemy[]) {/* ～略～ */}
int checkEnemiesAndPlayer(Rect enemy[], Rect player) {/* ～略～ */}
int selectBullet(Rect bullet[]) {/* ～略～ */}

void moveBullet(Rect bullet[]) {
    int i;
    for(i=0; i<BULLETCOUNT; i++) {
        drawBullet(bullet[i]);
        bullet[i] = move(bullet[i]);
    }
}

int main(void) {
    Rect player;
    player = newRect(10,10,0,0);
    Rect enemy[ENEMYCOUNT]; // 敵をあらわすRect(10個)
    Rect bullet[BULLETCOUNT];
    int i, j;
    for (i=0 ;i<ENEMYCOUNT ; i++) {// 敵の位置、方向を初期化
        enemy[i]
        = newRect(between(200,300), between(0.500), between(-3,-1),0);
    }
    for (i=0; i< BULLETCOUNT; i++) {
        bullet[i] = newRect(500, player.y, 6,0);
    }
    while(1) {
        clear();
        player = movePlayer(player);//playerの動作
        moveEnemies(enemy);//敵の動作
        moveBullet(bullet);//弾の動き
        for (i=0 ; i<BULLETCOUNT ; i++){
            for (j=0; j<ENEMYCOUNT ; j++) {
                if (crash(bullet[i], enemy[j])==1) {
                    enemy[j].x = -100;
                    bullet[i].x = 1000;
                }
            }
        }
        if (getkey(”space”)==1) {
```

```
            i=selectBullet(bullet);
            if (i>=0) {
                bullet[i].x=player.x;
                bullet[i].y=player.y;
            }
        }
        if (checkEnemiesAndPlayer(enemy, player) == 1) {
            return 0;
        }
        update();
    }
}
```


次に当たり判定を行っている部分

```
for (i=0 ; i<BULLETCOUNT ; i++){
    for (j=0; j<ENEMYCOUNT ; j++) {
        if (crash(bullet[i], enemy[j])==1) {
            enemy[j].x = -100;
        }
    }
}
```

を同様の方法でcheckBulletsAndEnemies《チェックバレットアンドエネミーズ》()という関数にまとめてみましょう。

プログラムリスト 3-12 弾と敵の衝突判定を関数にまとめる

```
#include <stdio.h>
#include <x.h>
#include <stdlib.h>
#define ENEMYCOUNT 10
#define BULLETCOUNT 5

typedef struct {/* ～略～ */} Rect;
int between(int a,int b) {/* ～略～ */}
Rect newRect(float x, float y,float vx, float vy) {/* ～略～ */}
void draw(Rect re) {/* ～略～ */}
Rect move(Rect re) {/* ～略～ */}
void drawPlayer(Rect p) {/* ～略～ */}
```

```
Rect movePlayer(Rect player) {/* ～略～ */}
Rect goRight(Rect re) {/* ～略～ */}
void drawEnemy(Rect e) {/* ～略～ */}
int crash(Rect a, Rect b) {/* ～略～ */}
void moveEnemies(Rect enemy[]) {/* ～略～ */}
int checkEnemiesAndPlayer(Rect enemy[], Rect player) {/* ～略～ */}
int selectBullet(Rect bullet[]) {/* ～略～ */}
void moveBullet(Rect bullet[]) {/* ～略～ */}

void checkBulletsAndEnemies(Rect enemy[], Rect bullet[]) {
    int i, j;
    for (i=0 ; i<BULLETCOUNT ; i++){
        for (j=0; j<ENEMYCOUNT ; j++) {
            if (crash(bullet[i], enemy[j])==1) {
                enemy[j].x = -100;
                bullet[i].x = -1000;
            }
        }
    }
}

int main(void) {
    Rect player;
    player = newRect(10,10,0,0);
    Rect enemy[ENEMYCOUNT]; // 敵をあらわすRect(10個)
    Rect bullet[BULLETCOUNT];
    int i, j;
    for (i=0 ;i<ENEMYCOUNT ; i++) {// 敵の位置、方向を初期化
        enemy[i]
        = newRect(between(200,300), between(0.500), between(-3,-1),0);
    }
    for (i=0; i< BULLETCOUNT; i++) {
        bullet[i] = newRect(500, player.y, 6,0);
    }
    while(1) {
        clear();
        player = movePlayer(player);//playerの動作
        moveEnemies(enemy);//敵の動作
```

```
        moveBullet(bullet);//弾の動き
        checkBulletsAndEnemies(enemy, bullet);//弾と敵の当たり判定
        if (getkey("space")==1) {
            i=selectBullet(bullet);
            if (i>=0) {
                bullet[i].x=player.x;
                bullet[i].y=player.y;
            }
        }
        if (checkEnemiesAndPlayer(enemy, player) == 1) {
            return 0;
        }
        update();
    }
}
```

さらに、弾を発射している部分

```
if (getkey("space")==1) {
    i=selectBullet(bullet);
    if (i>=0) {
        bullet[i].x=player.x;
        bullet[i].y=player.y;
    }
}
```

を「弾を撃つ」という意味でfireBullet《ファイヤーバレット》()関数にまとめます。

プログラムリスト 3-13 弾を描画する処理を関数にまとめる

```
#include <stdio.h>
#include <x.h>
#include <stdlib.h>
#define ENEMYCOUNT 10
#define BULLETCOUNT 5

typedef struct {/* ～略～ */} Rect;
int between(int a,int b) {/* ～略～ */}
Rect newRect(float x, float y,float vx, float vy) {/* ～略～ */}
```

```
void draw(Rect re) {/* ～略～ */}
Rect move(Rect re) {/* ～略～ */}
void drawPlayer(Rect p) {/* ～略～ */}
Rect movePlayer(Rect player) {/* ～略～ */}
Rect goRight(Rect re) {/* ～略～ */}
void drawEnemy(Rect e) {/* ～略～ */}
int crash(Rect a, Rect b) {/* ～略～ */}
void moveEnemies(Rect enemy[]) {/* ～略～ */}
int checkEnemiesAndPlayer(Rect enemy[], Rect player) {/* ～略～ */}
int selectBullet(Rect bullet[]) {/* ～略～ */}
void moveBullet(Rect bullet[]) {/* ～略～ */}
void checkBulletsAndEnemies(Rect enemy[], Rect bullet[]) {/* ～略～ */}
void fireBullet(Rect bullet[], Rect player) {
    int i;
    if (getkey(”space”)==1) {
        i=selectBullet(bullet);
        if (i>=0) {
            bullet[i].x=player.x;
            bullet[i].y=player.y;
        }
    }
}

int main(void) {
    Rect player;
    player = newRect(10,10,0,0);
    Rect enemy[ENEMYCOUNT]; // 敵をあらわすRect(10個)
    Rect bullet[BULLETCOUNT];
    int i, j;
    for (i=0 ;i<ENEMYCOUNT ; i++) {// 敵の位置、方向を初期化
        enemy[i]
        = newRect(between(200,300), between(0.500), between(-3,-1),0);
    }
    for (i=0; i< BULLETCOUNT; i++) {
        bullet[i] = newRect(500, player.y, 6,0);
    }
    while(1) {
        clear();
```

```
        player = movePlayer(player);//playerの動作
        moveEnemies(enemy);//敵の動作
        moveBullet(bullet);//弾の動き
        checkBulletsAndEnemies(enemy, bullet);//弾と敵の当たり判定
        fireBullet(bullet, player);//弾を撃つ
        if (checkEnemiesAndPlayer(enemy, player) == 1) {
            return 0;
        }
        update();
    }
}
```

このように関数化することでメインループがすっきり表現できるようになりました。

第8節 演習

演習 3-1

弾の色をグレーに変更し形を次のように変更してみましょう。

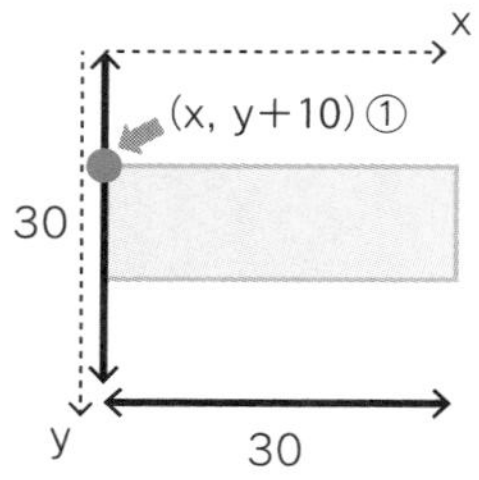

演習 3-2

弾が斜めにも動くように設定してみましょう。

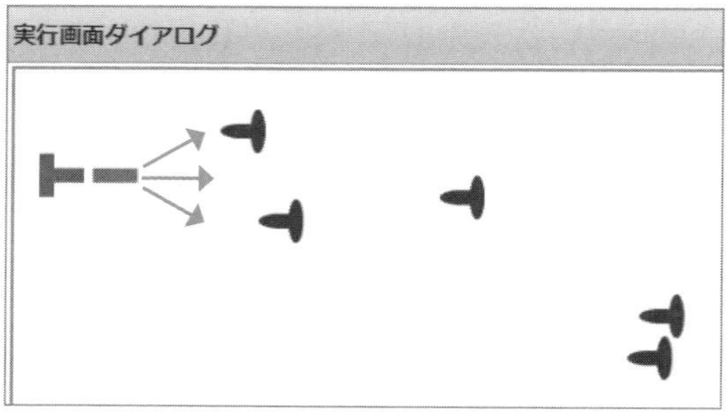

第4章

ゲームを完成させよう

前章まででゲームとしての基本機能が完成しました。本章ではより本格的なゲームになるように、得点やGame Over、ランキングの表示などの処理やゲームを再開できるようにする処理などを入れゲームの完成に向けての作業を行っていきましょう。

第1節 得点を表示してみよう

ゲームの完成に向けてまずゲームの画面に得点を表示してみましょう。得点を表示するために得点を格納するscore《スコア》変数します。作成するscore変数は他の関数の中からも変更ができるようにグローバル変数としてプログラムの上部に宣言しましょう（第1部第3章第6節）。

そして作成したscore変数をdrawString()関数とdrawNumber()関数を利用して表示させましょう。

プログラムリスト 4-1 得点の変数を定義し画面に表示する

```
#include <stdio.h>
#include <x.h>
#include <stdlib.h>
#define ENEMYCOUNT 10
#define BULLETCOUNT 5

int score = 0;//得点はグローバル変数で定義する
typedef struct {/* ～略～ */} Rect;
int between(int a,int b) {/* ～略～ */}
Rect newRect(float x, float y,float vx, float vy) {/* ～略～ */}
void draw(Rect re) {/* ～略～ */}
Rect move(Rect re) {/* ～略～ */}
void drawPlayer(Rect p) {/* ～略～ */}
Rect movePlayer(Rect player) {/* ～略～ */}
Rect goRight(Rect re) {/* ～略～ */}
void drawEnemy(Rect e) {/* ～略～ */}
int crash(Rect a, Rect b) {/* ～略～ */}
void moveEnemies(Rect enemy[]) {/* ～略～ */}
int checkEnemiesAndPlayer(Rect enemy[], Rect player) {/* ～略～ */}
int selectBullet(Rect bullet[]) {/* ～略～ */}
```

```
void moveBullet(Rect bullet[]) {/* ～略～ */}
void checkBulletsAndEnemies(Rect enemy[], Rect bullet[]) {/* ～略～ */}
void fireBullet(Rect bullet[], Rect player) {/* ～略～ */}

int main(void) {
    Rect player;
    player = newRect(10,10,0,0);
    Rect enemy[ENEMYCOUNT]; // 敵をあらわすRect(10個)
    Rect bullet[BULLETCOUNT];
    int i, j;
    for (i=0 ;i<ENEMYCOUNT ; i++) {// 敵の位置、方向を初期化
        enemy[i]
        = newRect(between(200,300), between(0.500), between(-3,-1),0);
    }
    for (i=0; i< BULLETCOUNT; i++) {
        bullet[i] = newRect(500, player.y, 6,between(-3,3));
    }
    while(1) {
        clear();
        drawString("Score", 50, 100);//Scoreという文字列を表示する
        drawNumber(score, 100, 100);//Scoreの値を表示する
        player = movePlayer(player);//playerの動作
        moveEnemies(enemy);//敵の動作
        moveBullet(bullet);//弾の動き
        checkBulletsAndEnemies(enemy, bullet);//弾と敵の当たり判定
        fireBullet(bullet, player);//弾を撃つ
        if (checkEnemiesAndPlayer(enemy, player) == 1) {
            return 0;
        }
        update();
    }
}
```

実行すると次のように表示されます。

図4-1 得点の表示

得点は弾と敵が当たったときに加算されるものですから、弾と敵が当たったかどうかを調べているcheckBulletsAndEnemies()関数内の弾と敵が当たった場合の処理に得点を加算する処理を追加すれば良さそうです。次のようにcheckBulletsAndEnemies()関数を変更してみましょう。

プログラムリスト4-2 得点を増やせるように関数を修正する

```
#include <stdio.h>
#include <x.h>
#include <stdlib.h>
#define ENEMYCOUNT 10
#define BULLETCOUNT 5

int score = 0;//得点はグローバル変数で定義する
typedef struct {/* ～略～ */} Rect;
int between(int a,int b) {/* ～略～ */}
Rect newRect(float x, float y,float vx, float vy) {/* ～略～ */}
void draw(Rect re) {/* ～略～ */}
Rect move(Rect re) {/* ～略～ */}
void drawPlayer(Rect p) {/* ～略～ */}
Rect movePlayer(Rect player) {/* ～略～ */}
Rect goRight(Rect re) {/* ～略～ */}
void drawEnemy(Rect e) {/* ～略～ */}
int crash(Rect a, Rect b) {/* ～略～ */}
void moveEnemies(Rect enemy[]) {/* ～略～ */}
int checkEnemiesAndPlayer(Rect enemy[], Rect player) {/* ～略～ */}
int selectBullet(Rect bullet[]) {/* ～略～ */}
```

```
void moveBullet(Rect bullet[]) {/* ～略～ */}
void checkBulletsAndEnemies(Rect enemy[], Rect bullet[]) {
    int i, j;
    for (i=0 ; i<BULLETCOUNT ; i++){
        for (j=0; j<ENEMYCOUNT ; j++) {
            if (crash(bullet[i], enemy[j])==1) {
                enemy[j].x = -100;
                bullet[i].x = 1000;
                score++;
            }
        }
    }
}
void fireBullet(Rect bullet[], Rect player) {/* ～略～ */}

int main(void) {/* ～略～ */}
```


このプログラムを実行し弾と敵が当たると次のように得点が増えていきます。

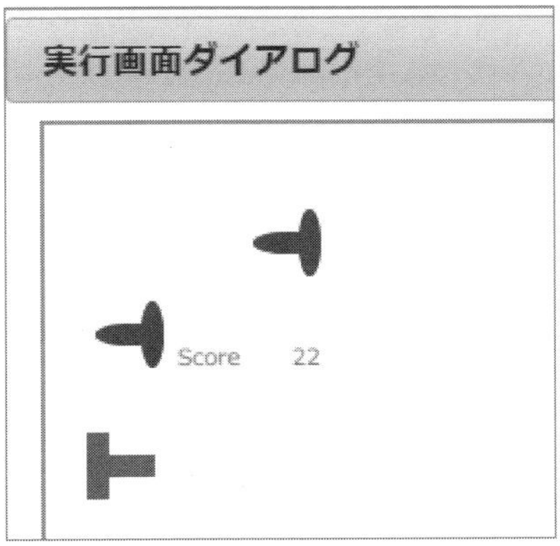

図4-2 得点の表示

第2節 ゲームオーバーになったときにゲームを再開できるようにしてみよう

得点も表示できるようになりゲームとして一通りの動きは完成しました。ここからはゲームの細部を仕上げていきます。今の状態ではゲームオーバーになったときにゲームが終了してしまいます。ゲームを再度始める場合はもう一度はじめからプログラムを実行しなくてはいけません。そこで、プログラムからゲームを再開できるようにしてみましょう。このような処理をゲームの進行管理といいます。ゲームを再開できるようにするには敵や弾を生成している部分を再開できるようにメインループを含む主なゲームの処理をさらに繰り返し文で囲みます。具体的にはゲームを開始し初期化する処理と、ゲームを実際にプレイしているときの処理の2つの繰り返し文に入れ子にするのです。

プログラムリスト 4-3 ゲームを再開できるようにする（不完全版）

```
#include <stdio.h>
#include <x.h>
#include <stdlib.h>
#define ENEMYCOUNT 10
#define BULLETCOUNT 5

int score = 0;//得点はグローバル変数で定義する
typedef struct {/* ～略～ */} Rect;
int between(int a,int b) {/* ～略～ */}
Rect newRect(float x, float y,float vx, float vy) {/* ～略～ */}
void draw(Rect re) {/* ～略～ */}
Rect move(Rect re) {/* ～略～ */}
void drawPlayer(Rect p) {/* ～略～ */}
Rect movePlayer(Rect player) {/* ～略～ */}
Rect goRight(Rect re) {/* ～略～ */}
void drawEnemy(Rect e) {/* ～略～ */}
int crash(Rect a, Rect b) {/* ～略～ */}
void moveEnemies(Rect enemy[]) {/* ～略～ */}
```

```
int checkEnemiesAndPlayer(Rect enemy[], Rect player) {/* ～略～ */}
int selectBullet(Rect bullet[]) {/* ～略～ */}
void moveBullet(Rect bullet[]) {/* ～略～ */}
void checkBulletsAndEnemies(Rect enemy[], Rect bullet[]) {/* ～略～ */}
void fireBullet(Rect bullet[], Rect player) {/* ～略～ */}

int main(void) {
    Rect player;
    player = newRect(10,10,0,0);
    Rect enemy[ENEMYCOUNT]; // 敵をあらわすRect(10個)
    Rect bullet[BULLETCOUNT];
    while(1) {
        int i, j;
        for (i=0 ;i<ENEMYCOUNT ; i++) {// 敵の位置、方向を初期化
            enemy[i]
            = newRect(between(200,300), between(0.500), between(-3,-1),0);
        }
        for (i=0; i<BULLETCOUNT; i++) {
            bullet[i] = newRect(500, player.y, 6,between(-3,3));
        }
        while(1) {
            clear();
            drawString("Score", 50, 100);
            drawNumber(score, 100, 100);
            player = movePlayer(player);//自機の動作
            moveEnemies(enemy);//敵の動作
            moveBullet(bullet);//弾の動作
            checkBulletsAndEnemies(enemy, bullet);//弾と敵の当たり判定
            fireBullet(bullet, player);//弾の発射
            //敵とプレイヤーの当たり判定
            if (checkenemiesAndPlayer(enemy, player) == 1) {
                return 0;
            }
            update();
        }
    }
}
```

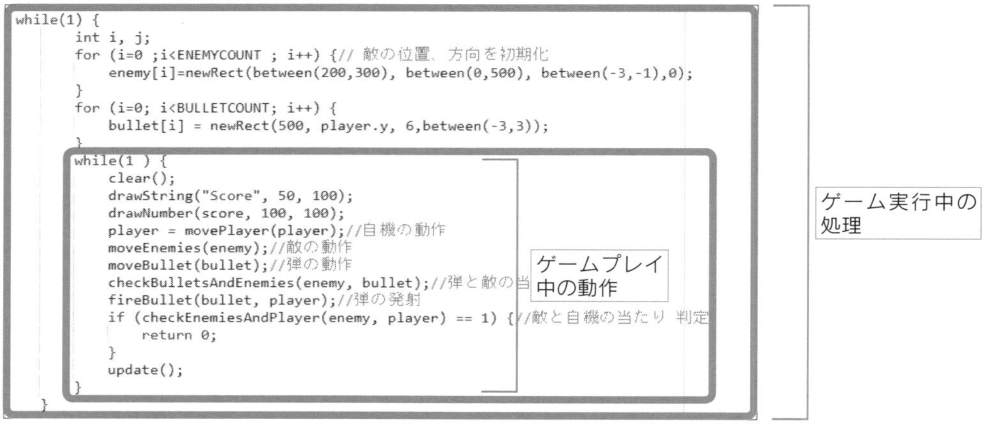

図4-3 ゲームの進行管理

これで処理が入れ子になりましたが、今のままだとプレイヤーと敵がぶつかったときはmain()関数が終了するため、ゲーム自体が終了してしまします。main()関数を終了させている処理は、次のプレイヤーと敵との当たり判定を行っていたところです。

```
if (checkEnemiesAndPlayer(enemy, player) == 1) {//敵と自機の当たり判定
        return 0;
}
```

return 0;ではmain()関数が終了してしまいます。外側の繰り返し文の部分に処理を進めもう一度ゲームを始められるようにmain()関数の終了を示すreturn 0;を繰り返し文を終了するbreak;に変更しましょう。

```
if (checkEnemiesAndPlayer(enemy, player) == 1) {//敵と自機の当たり判定
        break;
}
```

プログラムリスト 4-4 ゲームを再開できるようにする

```
#include <stdio.h>
#include <x.h>
#include <stdlib.h>
#define ENEMYCOUNT 10
#define BULLETCOUNT 5

```

```
int score = 0;//得点はグローバル変数で定義する
typedef struct {/* 〜略〜 */} Rect;
int between(int a,int b) {/* 〜略〜 */}
Rect newRect(float x, float y,float vx, float vy) {/* 〜略〜 */}
void draw(Rect re) {/* 〜略〜 */}
Rect move(Rect re) {/* 〜略〜 */}
void drawPlayer(Rect p) {/* 〜略〜 */}
Rect movePlayer(Rect player) {/* 〜略〜 */}
Rect goRight(Rect re) {/* 〜略〜 */}
void drawEnemy(Rect e) {/* 〜略〜 */}
int crash(Rect a, Rect b) {/* 〜略〜 */}
void moveEnemies(Rect enemy[]) {/* 〜略〜 */}
int checkEnemiesAndPlayer(Rect enemy[], Rect player) {/* 〜略〜 */}
int selectBullet(Rect bullet[]) {/* 〜略〜 */}
void moveBullet(Rect bullet[]) {/* 〜略〜 */}
void checkBulletsAndEnemies(Rect enemy[], Rect bullet[]) {/* 〜略〜 */}
void fireBullet(Rect bullet[], Rect player) {/* 〜略〜 */}

int main(void) {
    Rect player;
    player = newRect(10,10,0,0);
    Rect enemy[ENEMYCOUNT]; // 敵をあらわすRect(10個)
    Rect bullet[BULLETCOUNT];
    while(1) {
        int i, j;
        for (i=0 ;i<ENEMYCOUNT ; i++) {// 敵の位置、方向を初期化
            enemy[i]
            = newRect(between(200,300), between(0.500), between(-3,-1),0);
        }
        for (i=0; i<BULLETCOUNT; i++) {
            bullet[i] = newRect(500, player.y, 6,between(-3,3));
        }
        while(1) {
            clear();
            drawString("Score", 50, 100);
            drawNumber(score, 100, 100);
            player = movePlayer(player);//自機の動作
            moveEnemies(enemy);//敵の動作
            moveBullet(bullet);//弾の動作
```

```
                checkBulletsAndEnemies(enemy, bullet);//弾と敵の当たり判定
                fireBullet(bullet, player);//弾の発射
                //敵とプレイヤーの当たり判定
                if (checkenemiesAndPlayer(enemy, player) == 1) {
                    break;
                }
                update();
            }
        }
}
```

これでゲームオーバーになった場合、main()関数は終了せずにすぐにゲームがリスタートしずっとゲームで遊ぶことができるようになります。

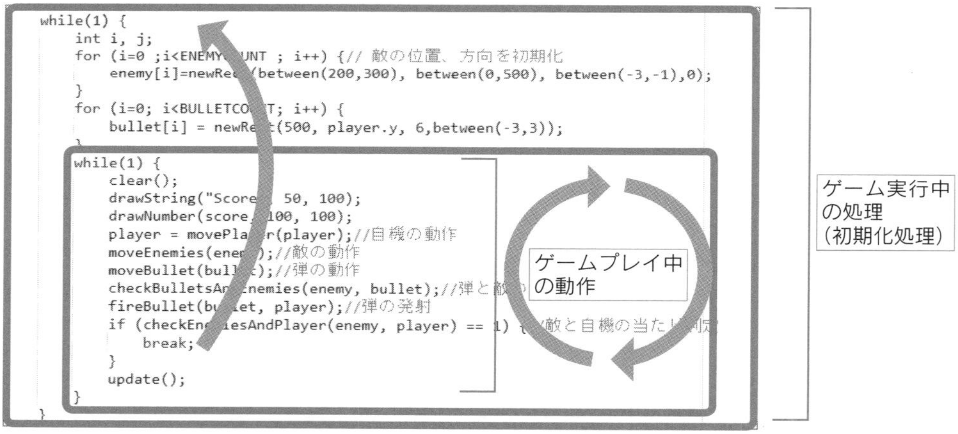

図4-4 再開のための処理の動き

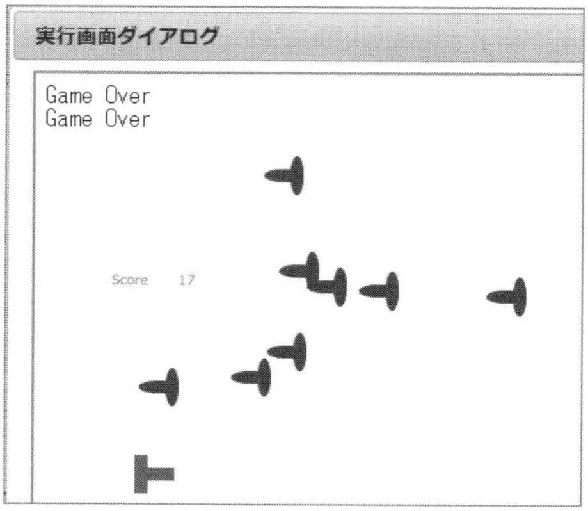

図4-5 ゲームオーバー後のリスタート

第3節 ゲームオーバー時にランキングを表示してみよう

ゲームオーバー時にゲームを再開できるようになりました。友達などたくさんの人とゲームを楽しむにはどちらがたくさん敵をやっつけたが表示できるようになるとさらに白熱するかもしれません。ゲームオーバーになったときに今までのゲームの得点の順番を示すランキングを表示できるようにしてみましょう。

ここでは上位5位までのランキングが表示できるものとしてプログラミングしてみましょう。上位5位までのランキングの値が入る配列を次のようにmain()関数の中のメインループの上に定義します。ここでは初期値として確認しやすいように適当な値を設定します。

またゲームオーバーになりゲーム再開する前のところにランキング配列を表示する処理を入れます。

プログラムリスト 4-5 ランキングの配列を定義し表示する

```
#include <stdio.h>
#include <x.h>
#include <stdlib.h>
#define ENEMYCOUNT 10
#define BULLETCOUNT 5

int score = 0;//得点はグローバル変数で定義する
typedef struct {/* ～略～ */} Rect;
int between(int a,int b) {/* ～略～ */}
Rect newRect(float x, float y,float vx, float vy) {/* ～略～ */}
void draw(Rect re) {/* ～略～ */}
Rect move(Rect re) {/* ～略～ */}
void drawPlayer(Rect p) {/* ～略～ */}
Rect movePlayer(Rect player) {/* ～略～ */}
Rect goRight(Rect re) {/* ～略～ */}
void drawEnemy(Rect e) {/* ～略～ */}
int crash(Rect a, Rect b) {/* ～略～ */}
```

```
void moveEnemies(Rect enemy[]) {/* ～略～ */}
int checkEnemiesAndPlayer(Rect enemy[], Rect player) {/* ～略～ */}
int selectBullet(Rect bullet[]) {/* ～略～ */}
void moveBullet(Rect bullet[]) {/* ～略～ */}
void checkBulletsAndEnemies(Rect enemy[], Rect bullet[]) {/* ～略～ */}
void fireBullet(Rect bullet[], Rect player) {/* ～略～ */}

int main(void) {
    Rect player;
    player = newRect(10,10,0,0);
    Rect enemy[ENEMYCOUNT]; // 敵をあらわすRect(10個)
    Rect bullet[BULLETCOUNT];
    int rank[5]={20,15,10,5,3};//ランキングの定義
    while(1) {
        int i, j;
        for (i=0 ;i<ENEMYCOUNT ; i++) {// 敵の位置、方向を初期化
            enemy[i]
            = newRect(between(200,300), between(0.500), between(-3,-1),0);
        }
        for (i=0; i<BULLETCOUNT; i++) {
            bullet[i] = newRect(500, player.y, 6,between(-3,3));
        }
        while(1) {
            clear();
            drawString("Score", 50, 100);
            drawNumber(score, 100, 100);
            player = movePlayer(player);//自機の動作
            moveEnemies(enemy);//敵の動作
            moveBullet(bullet);//弾の動作
            checkBulletsAndEnemies(enemy, bullet);//弾と敵の当たり判定
            fireBullet(bullet, player);//弾の発射
            //敵とプレイヤーの当たり判定
            if (checkenemiesAndPlayer(enemy, player) == 1) {
                break;
            }
            update();
        }
        // ランキングの表示
        printf("Ranking: ");
```

```
        for (i=0 ; i<5 ;i++) {
            printf("%d ",rank[i]);
        }
    }
}
```


このプログラムを実行すると次のように表示されます。表示された値を見ると初期値で設定した値がそのまま表示されていることが分かります。そこで得点であるscore変数の値を使ってランキングの値を書き換えてみましょう。

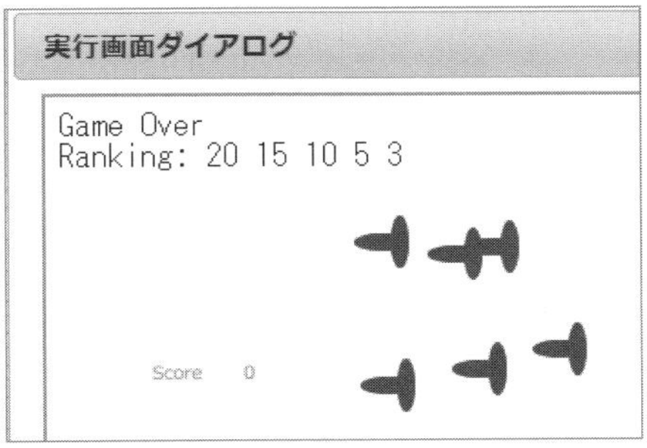

図4-6 ランキングの表示

プログラムリスト 4-6 ランクの判定を行う

```
#include <stdio.h>
#include <x.h>
#include <stdlib.h>
#define ENEMYCOUNT 10
#define BULLETCOUNT 5

int score = 0;//得点はグローバル変数で定義する
typedef struct {/* ～略～ */} Rect;
int between(int a,int b) {/* ～略～ */}
Rect newRect(float x, float y,float vx, float vy) {/* ～略～ */}
void draw(Rect re) {/* ～略～ */}
Rect move(Rect re) {/* ～略～ */}
void drawPlayer(Rect p) {/* ～略～ */}
Rect movePlayer(Rect player) {/* ～略～ */}
Rect goRight(Rect re) {/* ～略～ */}
void drawEnemy(Rect e) {/* ～略～ */}
```

```
int crash(Rect a, Rect b) {/* ～略～ */}
void moveEnemies(Rect enemy[]) {/* ～略～ */}
int checkEnemiesAndPlayer(Rect enemy[], Rect player) {/* ～略～ */}
int selectBullet(Rect bullet[]) {/* ～略～ */}
void moveBullet(Rect bullet[]) {/* ～略～ */}
void checkBulletsAndEnemies(Rect enemy[], Rect bullet[]) {/* ～略～ */}
void fireBullet(Rect bullet[], Rect player) {/* ～略～ */}

int main(void) {
    Rect player;
    player = newRect(10,10,0,0);
    Rect enemy[ENEMYCOUNT]; // 敵をあらわすRect(10個)
    Rect bullet[BULLETCOUNT];
    int rank[5]={20,15,10,5,3};//ランキングの定義
    while(1) {
        int i, j;
        for (i=0 ;i<ENEMYCOUNT ; i++) {// 敵の位置、方向を初期化
            enemy[i]
            = newRect(between(200,300), between(0.500), between(-3,-1),0);
        }
        for (i=0; i<BULLETCOUNT; i++) {
            bullet[i] = newRect(500, player.y, 6,between(-3,3));
        }
        while(1) {
            clear();
            drawString("Score", 50, 100);
            drawNumber(score, 100, 100);
            player = movePlayer(player);//自機の動作
            moveEnemies(enemy);//敵の動作
            moveBullet(bullet);//弾の動作
            checkBulletsAndEnemies(enemy, bullet);//弾と敵の当たり判定
            fireBullet(bullet, player);//弾の発射
            //敵とプレイヤーの当たり判定
            if (checkenemiesAndPlayer(enemy, player) == 1) {
                break;
            }
            update();
        }
        //ランクインの判定
```

```
        if (score>rank[4]) {
            rank[4]=score;
        }
        // ランキングの表示
        printf("Ranking: ");
        for (i=0 ; i<5 ;i++) {
            printf("%d ",rank[i]);
        }
    }
}
```


ランキング配列rank[4]番目は3が初期としてセットされています。この値とscore変数の値を比較してscore変数の値が3よりも大きかった場合にrank[4]番目にscoreの値を代入する処理を入れました。プログラムを実行して例えばscore変数の値が4のときは次のように表示されます。

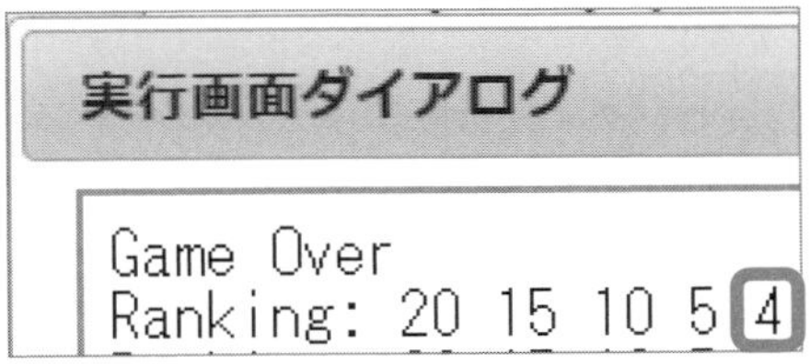

図4-7 スコアの表示4の場合

score変数の値が12の場合は次のように表示されます。

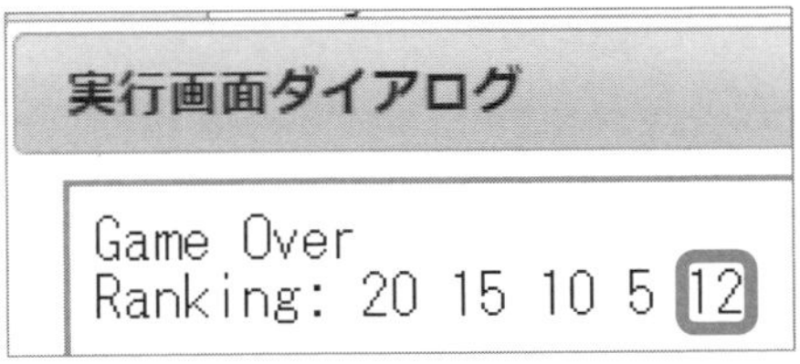

図4-8 スコアの表示12の場合

ランキングですからscore変数の値が12の場合はrank[1]番目の15とrank[2]番目の10の間に12が表示されないといけません。つまりランキング配列のrank[2]に12が入り、rank[3]に10、rank[4]に5が入る必要があります。

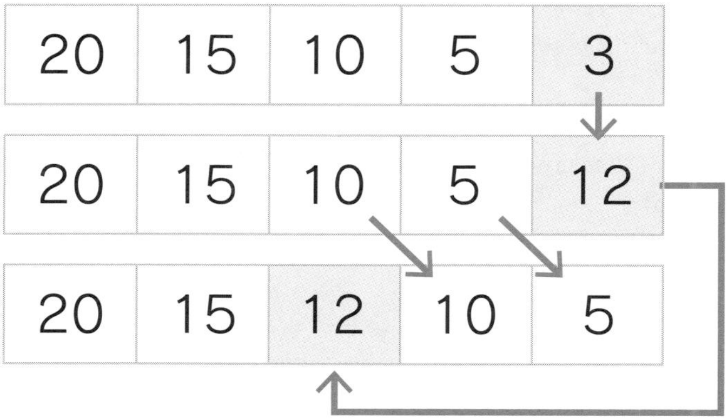

図4-9 ランキングの概念

そこで15と10の間に値を代入できるような処理を入れてみましょう。15, 12, 10と値を大きい順に並べることを、並べ替え(ソート)と呼びます。並べ替えを使ってランキング配列を大きい順に並べ替えてみましょう。

並べ替えを行うには次のように隣り合った要素を見て、順序がおかしい(前の要素の方が後ろの要素より大きい)場合は入れ替えを行います。

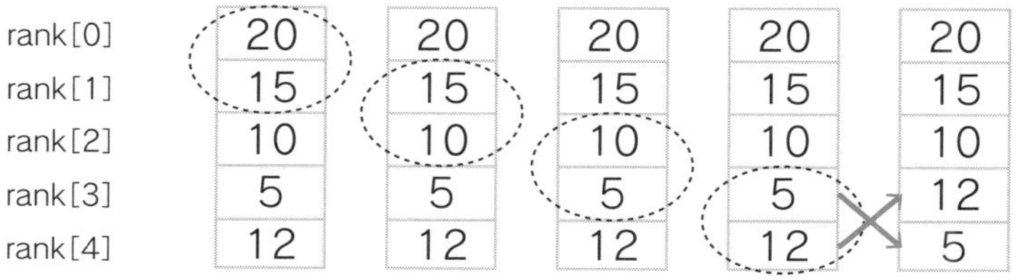

図4-10 並べ替えの概念

この動作を1回行うと最下位の値が確定します。

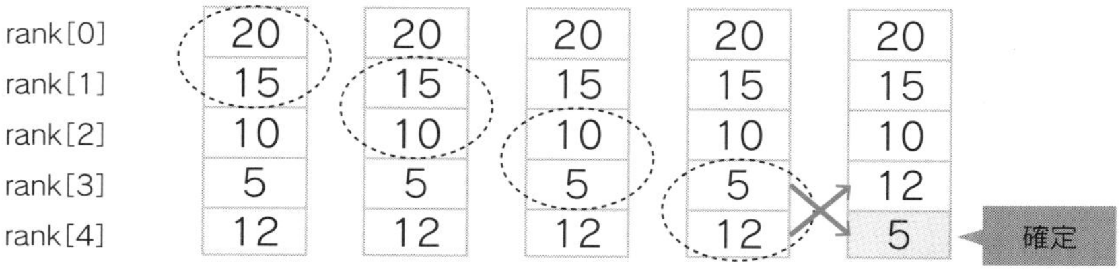

図4-11 最下位の確定

これをすべての要素の順位が確定するまで繰り返していきます。

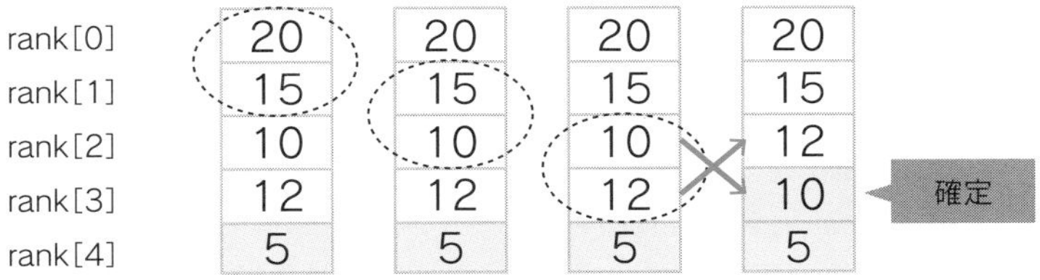

図4-12 順位の確定まで繰り返す

それでは並べ替えを行うsortRank《ソートランク》()関数をmain()関数の上に次のように定義してみましょう。内側のiの繰り返しが、一つの順位（例えば初回は最下位）を確定する処理で外側のjの繰り返しがすべての順位を確定するための処理です。

プログラムリスト 4-7 ランキングの順番を並べ替える

```
#include <stdio.h>
#include <x.h>
#include <stdlib.h>
#define ENEMYCOUNT 10
#define BULLETCOUNT 5

int score = 0;//得点はグローバル変数で定義する
typedef struct {/* ～略～ */} Rect;
int between(int a,int b) {/* ～略～ */}
Rect newRect(float x, float y,float vx, float vy) {/* ～略～ */}
void draw(Rect re) {/* ～略～ */}
Rect move(Rect re) {/* ～略～ */}
void drawPlayer(Rect p) {/* ～略～ */}
Rect movePlayer(Rect player) {/* ～略～ */}
Rect goRight(Rect re) {/* ～略～ */}
void drawEnemy(Rect e) {/* ～略～ */}
int crash(Rect a, Rect b) {/* ～略～ */}
void moveEnemies(Rect enemy[]) {/* ～略～ */}
int checkEnemiesAndPlayer(Rect enemy[], Rect player) {/* ～略～ */}
int selectBullet(Rect bullet[]) {/* ～略～ */}
void moveBullet(Rect bullet[]) {/* ～略～ */}
void checkBulletsAndEnemies(Rect enemy[], Rect bullet[]) {/* ～略～ */}
void fireBullet(Rect bullet[], Rect player) {/* ～略～ */}

void sortRank(int rank[]) {
    int i,j;
```

```
    for (j=0 ; j<4 ;  j++) {
        for (i=0 ; i<4-j ; i++) {
            if (rank[i]<rank[i+1]) {
                int c=rank[i];
                rank[i]=rank[i+1];
                rank[i+1]=c;
            }
        }
    }
}

int main(void) {/* ～略～ */}
```

先ほどrank[4]にscore変数の値をセットしていた部分をsortRank()関数を利用するように修正してみましょう。

プログラムリスト 4-8 ランクを並べ替える関数を呼び出す

```
#include <stdio.h>
#include <x.h>
#include <stdlib.h>
#define ENEMYCOUNT 10
#define BULLETCOUNT 5

int score = 0;//得点はグローバル変数で定義する
typedef struct {/* ～略～ */} Rect;
int between(int a,int b) {/* ～略～ */}
Rect newRect(float x, float y,float vx, float vy) {/* ～略～ */}
void draw(Rect re) {/* ～略～ */}
Rect move(Rect re) {/* ～略～ */}
void drawPlayer(Rect p) {/* ～略～ */}
Rect movePlayer(Rect player) {/* ～略～ */}
Rect goRight(Rect re) {/* ～略～ */}
void drawEnemy(Rect e) {/* ～略～ */}
int crash(Rect a, Rect b) {/* ～略～ */}
void moveEnemies(Rect enemy[]) {/* ～略～ */}
int checkEnemiesAndPlayer(Rect enemy[], Rect player) {/* ～略～ */}
int selectBullet(Rect bullet[]) {/* ～略～ */}
void moveBullet(Rect bullet[]) {/* ～略～ */}
```

```
void checkBulletsAndEnemies(Rect enemy[], Rect bullet[]) {/* ～略～ */}
void fireBullet(Rect bullet[], Rect player) {/* ～略～ */}
void sortRank(int rank[]) {/* ～略～ */}

int main(void) {
    Rect player;
    player = newRect(10,10,0,0);
    Rect enemy[ENEMYCOUNT]; // 敵をあらわすRect(10個)
    Rect bullet[BULLETCOUNT];
    int rank[5]={20,15,10,5,3};//ランキングの定義
    while(1) {
        int i, j;
        for (i=0 ;i<ENEMYCOUNT ; i++) {// 敵の位置、方向を初期化
            enemy[i]
            = newRect(between(200,300), between(0.500), between(-3,-1),0);
        }
        for (i=0; i<BULLETCOUNT; i++) {
            bullet[i] = newRect(500, player.y, 6,between(-3,3));
        }
        while(1) {
            clear();
            drawString(”Score”, 50, 100);
            drawNumber(score, 100, 100);
            player = movePlayer(player);//自機の動作
            moveEnemies(enemy);//敵の動作
            moveBullet(bullet);//弾の動作
            checkBulletsAndEnemies(enemy, bullet);//弾と敵の当たり判定
            fireBullet(bullet, player);//弾の発射
            //敵とプレイヤーの当たり判定
            if (checkenemiesAndPlayer(enemy, player) == 1) {
                break;
            }
            update();
        }
        //ランクインの判定
        if (score>rank[4]) {
            rank[4]=score;
            sortRank(rank);
```

```
        }
        // ランキングの表示
        printf("Ranking: ");
        for (i=0 ; i<5 ;i++) {
            printf("%d ",rank[i]);
        }
    }
}
```

このプログラムを実行すると次のようにきちんとランキングが表示されるようになります。

図4-13 ランキングの表示

第4節 画面内にGame Overやランキングを表示してみよう

ここまでprintf()を利用してGame Overやランキングを表示してきました。ゲームを繰り返すと次のように何度も--やランキングが表示されてしまいゲームの画面が下に下がってしまいます。

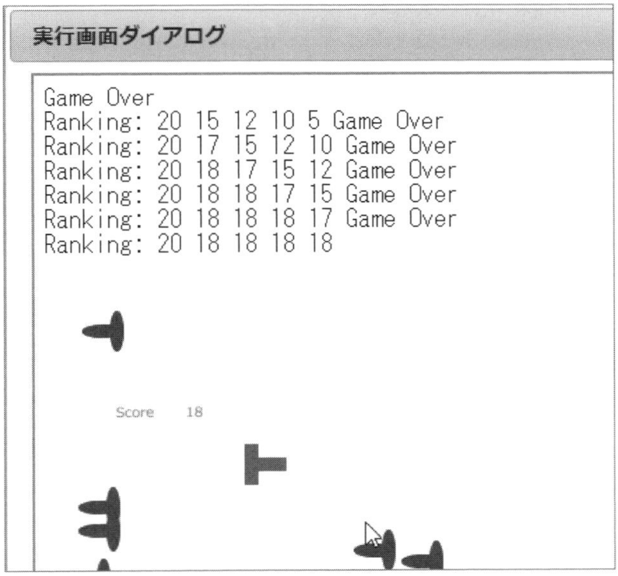

図4-14 ゲームを繰り返したときの画面

そこで得点の表示と同じようにGame OverやランキングもdrawString()関数やdrawNumber()関数を利用し画面内に表示してみましょう。ただしそのままGame Overやランキングを表示したとしても直ぐにゲームが再開してしまいますので、ゲームオーバーになってからキーボードの「R」キー（リスタート：Restartの意味）を押すまでゲームを再開しないように改造してみましょう。まず、Game Overと表示していたcheckEnemiesAndPlayer()内のprintf()を削除します。

```
int checkEnemiesAndPlayer(Rect enemy[], Rect player) {
    int i;
    for (i=0; i<ENEMYCOUNT; i++) {
        if(crash(enemy[i], player)==1) {
            printf("Game Over\n");//削除
            return 1;
        }
    }
    return 0;
}
```

次に、main()関数内のメインループ内でプレイヤーと敵がぶつかったときの判定を行っている、if文を修正しプレイヤーと敵がぶつかった場合はGame Overなどの文字列を画面内に表示し、while()文を利用し「R」キーが押されるまでゲームオーバーの画面を描画し続けます。またelse部を利用してプレイヤーと敵がぶつかっていない場合は今まで通り敵や弾を表示して動かす処理を実行します。

プログラムリスト 4-9 Rキーでゲームを再開できるようにする

```
#include <stdio.h>
#include <x.h>
#include <stdlib.h>
#define ENEMYCOUNT 10
#define BULLETCOUNT 5

int score = 0;//得点はグローバル変数で定義する
typedef struct {/* ～略～ */} Rect;
int between(int a,int b) {/* ～略～ */}
Rect newRect(float x, float y,float vx, float vy) {/* ～略～ */}
void draw(Rect re) {/* ～略～ */}
Rect move(Rect re) {/* ～略～ */}
void drawPlayer(Rect p) {/* ～略～ */}
Rect movePlayer(Rect player) {/* ～略～ */}
Rect goRight(Rect re) {/* ～略～ */}
void drawEnemy(Rect e) {/* ～略～ */}
int crash(Rect a, Rect b) {/* ～略～ */}
void moveEnemies(Rect enemy[]) {/* ～略～ */}
int checkEnemiesAndPlayer(Rect enemy[], Rect player) {/* ～略～ */}
```

```
int selectBullet(Rect bullet[]) {/* ～略～ */}
void moveBullet(Rect bullet[]) {/* ～略～ */}
void checkBulletsAndEnemies(Rect enemy[], Rect bullet[]) {/* ～略～ */}
void fireBullet(Rect bullet[], Rect player) {/* ～略～ */}
void sortRank(int rank[]) {/* ～略～ */}

int main(void) {
    Rect player;
    player = newRect(10,10,0,0);
    Rect enemy[ENEMYCOUNT]; // 敵をあらわすRect(10個)
    Rect bullet[BULLETCOUNT];
    int rank[5]={20,15,10,5,3};//ランキングの定義
    while(1) {
        int i, j;
        for (i=0 ;i<ENEMYCOUNT ; i++) {// 敵の位置、方向を初期化
            enemy[i]
            = newRect(between(200,300), between(0.500), between(-3,-1),0);
        }
        for (i=0; i<BULLETCOUNT; i++) {
            bullet[i] = newRect(500, player.y, 6,between(-3,3));
        }
        while(1) {
            clear();
            drawString("Score", 50, 100);
            drawNumber(score, 100, 100);
            //敵とプレイヤーの当たり判定
            if (checkenemiesAndPlayer(enemy, player) == 1) {
                clear();
                setColor(128,128,128);
                drawString("Game Over",50,60);
                drawString("Hit R Key", 50, 80);
                while(getkey("R") != 1) {
                    score = 0;
                    update();
                }
                break;
            } else {
                player = movePlayer(player);//自機の動作
```

```
                moveEnemies(enemy);//敵の動作
                moveBullet(bullet);//弾の動作
                checkBulletsAndEnemies(enemy, bullet);//弾と敵の当たり判定
                fireBullet(bullet, player);//弾の発射
            }
            update();
        }
        //ランクインの判定
        if (score>rank[4]) {
            rank[4]=score;
            sortRank(rank);
        }
        // ランキングの表示
        printf("Ranking: ");
        for (i=0 ; i<5 ;i++) {
            printf("%d ",rank[i]);
        }
    }
}
```

このように記述することでプレイヤーと敵が当たったときは画面をクリアしGame OverとHit R Keyを画面内に描画します。そしてRキーが押された場合は、breakを実行し再開のために繰り返し文に戻ります。そうでない場合は、ゲームを実行する処理を記述しています。実行しプレイヤーと敵が当たると次のように表示されます。

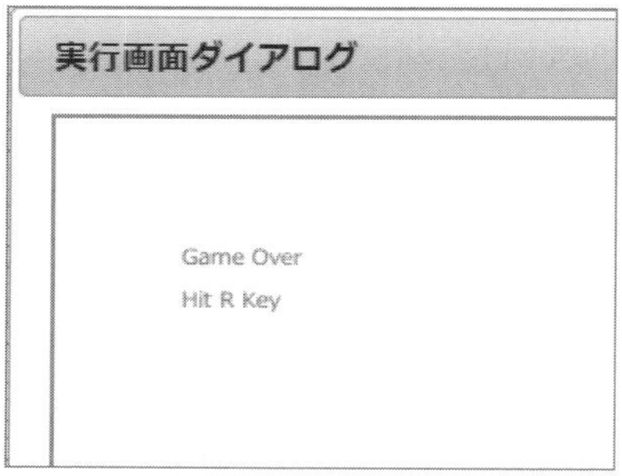

図4-15 Game Overの表示

Rキーを押すとゲームが再開しますが、そのときprintf()関数でランキングが表示されてしまいます。そこで今度はランキングをゲームが面内に表示するためにrankin《ランクイン》()関数を作って処理を移動してdrawString()関数やdrawNumber()関数で画面内にランキングを

表示してみましょう。

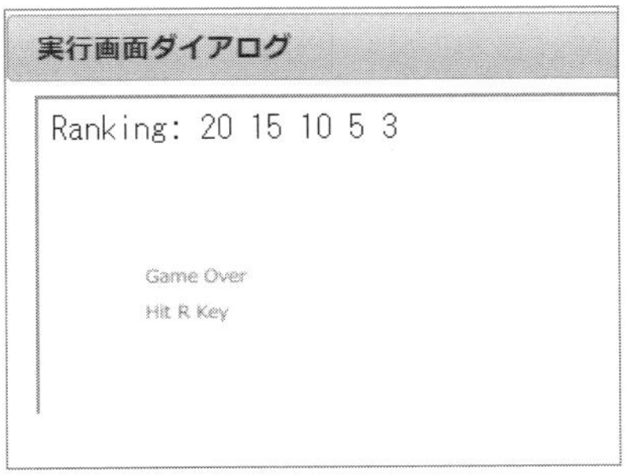

図4-16 Rキーを押した後のGame Over画面

作成したrankin()関数を呼び出す処理をmain()関数内のGame Overと表示している部分に追加します。

プログラムリスト 4-10 ランキングの表示を関数にする

```
#include <stdio.h>
#include <x.h>
#include <stdlib.h>
#define ENEMYCOUNT 10
#define BULLETCOUNT 5

int score = 0;//得点はグローバル変数で定義する
typedef struct {/* ～略～ */} Rect;
int between(int a,int b) {/* ～略～ */}
Rect newRect(float x, float y,float vx, float vy) {/* ～略～ */}
void draw(Rect re) {/* ～略～ */}
Rect move(Rect re) {/* ～略～ */}
void drawPlayer(Rect p) {/* ～略～ */}
Rect movePlayer(Rect player) {/* ～略～ */}
Rect goRight(Rect re) {/* ～略～ */}
void drawEnemy(Rect e) {/* ～略～ */}
int crash(Rect a, Rect b) {/* ～略～ */}
void moveEnemies(Rect enemy[]) {/* ～略～ */}
int checkEnemiesAndPlayer(Rect enemy[], Rect player) {/* ～略～ */}
int selectBullet(Rect bullet[]) {/* ～略～ */}
void moveBullet(Rect bullet[]) {/* ～略～ */}
void checkBulletsAndEnemies(Rect enemy[], Rect bullet[]) {/* ～略～ */}
```

```
void fireBullet(Rect bullet[], Rect player) {/* 〜略〜 */}
void sortRank(int rank[]) {/* 〜略〜 */}

void rankin(int rank[]) {
    int i;
    //ランクインの判定
    if(score>rank[4]) {
        rank[4] = score;
        sortRank(rank);
    }
    //ランキングの表示
    drawString("-- Ranking --", 50, 100);
    for(i=0; i<5; i++) {
        drawString("NO.",50,120+(i*20));
        drawNumber(i+1,80,120+(i*20));
        drawNumber(rank[i],120,120+(i*20));
    }
}

int main(void) {
    Rect player;
    player = newRect(10,10,0,0);
    Rect enemy[ENEMYCOUNT]; // 敵をあらわすRect(10個)
    Rect bullet[BULLETCOUNT];
    int rank[5]={20,15,10,5,3};//ランキングの定義
    while(1) {
        int i, j;
        for (i=0 ;i<ENEMYCOUNT ; i++) {// 敵の位置、方向を初期化
            enemy[i]
            = newRect(between(200,300), between(0.500), between(-3,-1),0);
        }
        for (i=0; i<BULLETCOUNT; i++) {
            bullet[i] = newRect(500, player.y, 6,between(-3,3));
        }
        while(1) {
            clear();
            drawString("Score", 50, 100);
            drawNumber(score, 100, 100);
```

```
            //敵とプレイヤーの当たり判定
            if (checkenemiesAndPlayer(enemy, player) == 1) {
                clear();
                setColor(128,128,128);
                drawString("Game Over",50,60);
                drawString("Hit R Key", 50, 80);
                rankin(rank);
                while(getkey("R") != 1) {
                    score = 0;
                    update();
                }
                break;
            } else {
                player = movePlayer(player);//自機の動作
                moveEnemies(enemy);//敵の動作
                moveBullet(bullet);//弾の動作
                checkBulletsAndEnemies(enemy, bullet);//弾と敵の当たり判定
                fireBullet(bullet, player);//弾の発射
            }
            update();
        }
}
}
```

これでGame Over時に画面内にランキングの表示を行いRキーでゲームを再開できるようになりました。

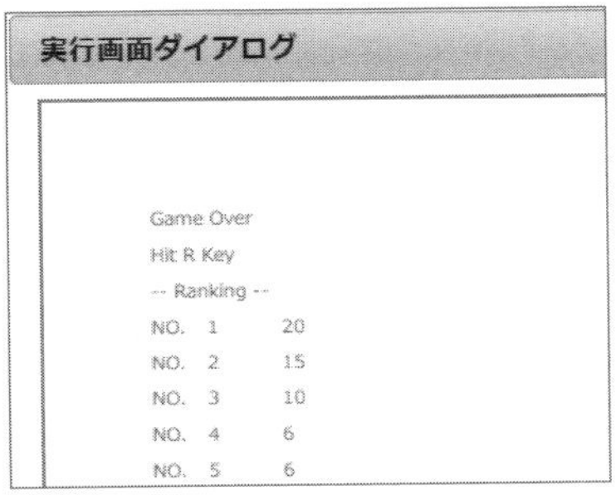

図4-17 ゲームオーバーとランキングの表示

第5節 プログラム全景

ここまで作成してきたシューティングゲームプログラムの全景は以下のようになります。

プログラムリスト 4-11 プログラム全景

```
#include <stdio.h>
#include <x.h>
#include <stdlib.h>
#define ENEMYCOUNT 10
#define BULLETCOUNT 5

int score = 0;//得点はグローバル変数で定義する
typedef struct {
    float x, y,vx, vy;
} Rect;

int between(int a,int b) {
    int r=rand()%(b-a-1)+a;
    return r;
}

Rect newRect(float x, float y,float vx, float vy) {
    Rect re;
    re.x=x;
    re.y=y;
    re.vx=vx;
    re.vy=vy;
    return re;
}

void draw(Rect re) {
```

```
    // 四角形を描く(draw)
    fillRect(re.x,re.y, 30,30);
}

Rect move(Rect re) {
    // 四角形を動かす(move)
    re.x+=re.vx;
    re.y+=re.vy;
    return re;
}

void drawPlayer(Rect p) {
    setColor(0,128,0);
    fillRect(p.x+0, p.y+0, 10, 30);
    fillRect(p.x+10, p.y+10, 20, 10);
}

Rect movePlayer(Rect player) {
    drawPlayer(player);
    player = move(player);
    if(getkey("Down")>0) {
        player.vy = 2;
    } else if(getkey("Up")>0) {
        player.vy = -2;
    } else {
        player.vy = 0;
    }
    if(getkey("Right")>0) {
        player.vx = 2;
    } else if(getkey("Left")>0) {
        player.vx = -2;
    } else {
        player.vx = 0;
    }
    if (player.x < 0) {
        player.x = 0;
    } else if(player.x > 470) {
        player.x = 470;
    }
```

```
    if (player.y <0) {
        player.y = 0;
    } else if(player.y > 470) {
        player.y = 470;
    }

    return player;
}

Rect goRight(Rect re) {
    if(re.x < 0) {
        re.x = 500;
        re.y = between(0, 500);
    }
    return re;
}

void drawEnemy(Rect e) {
    setColor(128,0,0);
    fillOval(e.x+0, e.y+10, 30, 10);
    fillOval(e.x+20, e.y+0, 10, 30);
}


int crash(Rect a, Rect b) {
    if(a.x >= b.x-30 && a.x <= b.x+30 && a.y >= b.y-30 && a.y <= b.y+30) {
        return 1;
    } else {
        return 0;
    }
}

void moveEnemies(Rect enemy[]) {
    int i;
    for (i=0 ; i<ENEMYCOUNT ; i++) { // 敵を描画して動かす
        drawEnemy(enemy[i]);
        enemy[i] = move(enemy[i]);
```

```
        enemy[i] = goRight(enemy[i]);
    }
}

int checkEnemiesAndPlayer(Rect enemy[], Rect player) {
    int i;
    for (i=0; i<ENEMYCOUNT; i++) {
        if(crash(enemy[i], player)==1) {
            //printf("Game Over\n");
            return 1;
        }
    }
    return 0;
}

int selectBullet(Rect bullet[]) {
    int i;
    for (i=0 ; i<BULLETCOUNT; i++) {
        if (bullet[i].x>=500) {
            return i;
        }
    }
    return -1;
}

void drawBullet(Rect b) {
    setColor(128,128,128);
    fillRect(b.x+0, b.y+10, 30, 10);
}

void moveBullet(Rect bullet[]) {
    int i;
    for(i=0; i<BULLETCOUNT; i++) {
        drawBullet(bullet[i]);
        bullet[i] = move(bullet[i]);
    }
}
```

```
void checkBulletsAndEnemies(Rect enemy[], Rect bullet[]) {
    int i, j;
    for (i=0 ; i<BULLETCOUNT ; i++){
        for (j=0; j<ENEMYCOUNT ; j++) {
            if (crash(bullet[i], enemy[j])==1) {
                enemy[j].x = -100;
                bullet[i].y = -100;
                score++;//スコアを加算する
            }
        }
    }
}

void fireBullet(Rect bullet[], Rect player) {
    int i;
    if (getkey("space")==1) {
        i=selectBullet(bullet);
        if (i>=0) {
            bullet[i].x=player.x;
            bullet[i].y=player.y;
        }
    }
}

void sortRank(int rank[]) {
    int i,j;
    for (j=0 ; j<4 ;  j++) {
        for (i=0 ; i<4-j ; i++) {
            if (rank[i]<rank[i+1]) {
                int c=rank[i];
                rank[i]=rank[i+1];
                rank[i+1]=c;
            }
        }
    }
}

void rankin(int rank[]) {
```

```
    int i;
    //ランクインの判定
    if(score>rank[4]) {
        rank[4] = score;
        sortRank(rank);
    }
    //ランキングの表示
    drawString("-- Ranking --", 50, 100);
    for(i=0; i<5; i++) {
        drawString("NO.",50,120+(i*20));
        drawNumber(i+1,80,120+(i*20));
        drawNumber(rank[i],120,120+(i*20));
    }
}

int main(void) {
    Rect player;
    player = newRect(10,10,0,0);
    Rect enemy[ENEMYCOUNT]; // 敵をあらわすRect(10個)
    Rect bullet[BULLETCOUNT];
    int rank[5]={20,15,10,5,3};//ランキングの定義
    while(1) {
        int i, j;
        for (i=0 ;i<ENEMYCOUNT ; i++) {// 敵の位置、方向を初期化
            enemy[i]=newRect(between(200,300), between(0,500), between(-3,-1),0);
        }
        for (i=0; i<BULLETCOUNT; i++) {
            bullet[i] = newRect(500, player.y, 6,between(-3,3));
        }
        while(1) {
            clear();
            drawString("Score", 50, 100);
            drawNumber(score, 100, 100);
            if (checkEnemiesAndPlayer(enemy, player) == 1) {//敵と自機の当たり判定
                clear();
                setColor(128,128,128);
```

```
                drawString("Game Over",50,60);
                drawString("Hit R Key", 50, 80);
                rankin(rank);
                while(getkey("R") != 1) {
                    score = 0;
                    update();
                }
                break;
            } else {
                player = movePlayer(player);//自機の動作
                moveEnemies(enemy);//敵の動作
                moveBullet(bullet);//弾の動作
                checkBulletsAndEnemies(enemy, bullet);//弾と敵の当たり判定
                fireBullet(bullet, player);//弾の発射
            }
            update();
        }
    }
}
```

第6節 演習

演習 4-1

ランキング1位の得点を大きく表示してみよう。

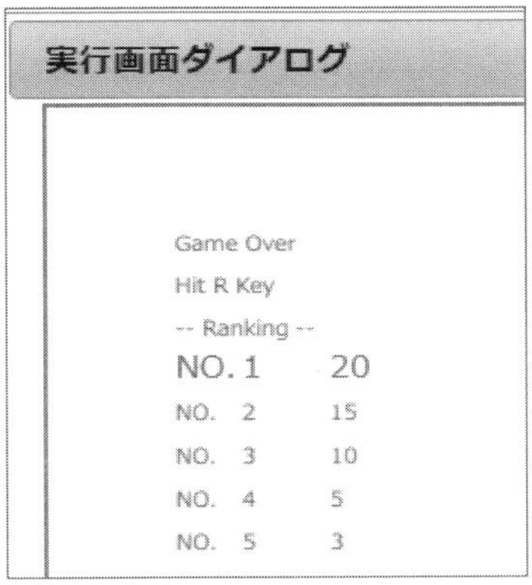

演習 4-2

タイトル画面を表示しスペースキーを押すとゲームが始まるようにしてみましょう。

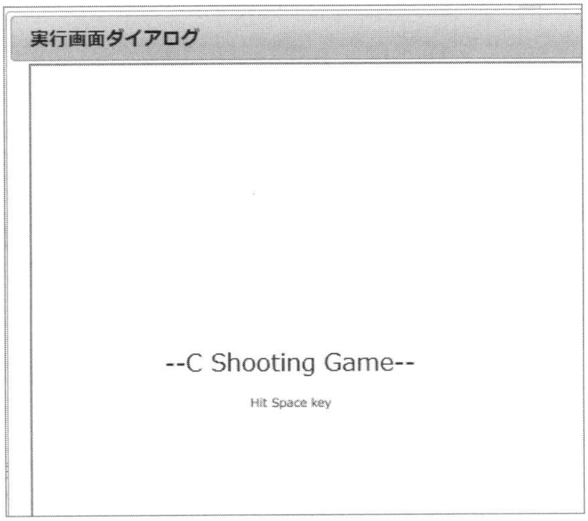

ここから先は発展的な課題となります。

演習 4-3

次の手順を参考に背景に色をつけてみましょう。

ゲーム実行中のメインループ内の画面をクリアーした後に背景に色をつける処理を入れる。

```
while(1) {//メインループ
    playTime++;
    clear();
    setColor(180,220,220);//背景色を指定する
    fillRect(0,0,500,500);//背景の四角形を描画する
    setColor(0,0,0);//得点の色を黒に指定する
    drawString("Score", 50, 100);
```

演習 4-4

次の手順を参考に背景に星を流してみましょう。

1. 星をマクロで定義する。

```
#define STARCOUNT 20
```

2. main()関数で、破片の集まりを示す配列を宣言する。

```
Rect fraction[FRACTIONCOUNT];
```

3. main()関数内の初期化の部分で星を作成し位置を初期化する。

```
for (i=0 ; i<STARCOUNT ; i++ ){
    star[i]=newRect(rand() % 400,rand() % 400,-1,0);
}
```

4. 星を動かすためのmoveStars()関数を作成しメインループからmoveStars()関数を呼び出す。

```
void moveStars(Rect star[]) {
    int i;
    for (i=0 ; i<STARCOUNT ; i++) {
        drawStar(&star[i]); // 星を描画
        move(&star[i]);  // 左に移動
        goRight(&star[i]);// 一番左まできたら、右に戻る
    }
}
```

5. moveStarts()関数内で定義した、星を描くためのdarwStar()関数をdrawPlayer()関数と同じように作成する。darwStar()関数では大きさ1x1の四角形を表示する(他の絵でもよい)。

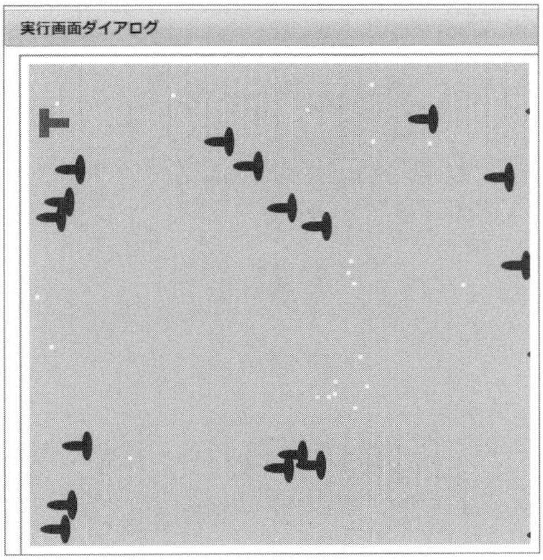

演習 4-5

次の手順を参考にゲームのプレイ時間に応じてゲームの難易度を変えてみましょう。

1. プレイ時間に応じて増える変数playTimeをmainに宣言し、メインループを1回通るたびに1増えるようにする(ゲームオーバー時には0にリセット)。
2. 関数goRight()関数を変更し、playTimeの値を引数で受け取るようにする。関数goRight()関数はmoveEnemy()関数から呼ばれているので、moveEnemy()関数もplayTimeの値を引数で受け取るようにする。
3. goRight()関数の中で敵が画面左端に出たときに、例えば次のようにすると、次に右から出てくる敵の移動するスピードが少しずつ増える。

```
(*r).vx=-1-playTime/600;
```

演習 4-6

次の手順を参考に敵が弾を撃つようにしてみましょう。

1. 一度に出せる敵弾の数をマクロで定義する。

```
#define ENEMYBULLETCOUNT 3
```

2. main関数で、弾の位置を記憶する配列を作る。

```
Rect enemyBullet[ENEMYBULLETCOUNT];
```

3. main()関数内の初期化の部分で、作成した配列enemyBulletを初期化する処理を追加する。敵の弾の初期位置は乱数ではなく、すべて(-500,0)の画面外に置く。
4. 敵弾を動かすmoveEnemyBullets()関数を作成し、メインループから呼び出す。

```
void moveEnemyBullets(Rect enemyBullet[]) {
    int i;
    for (i=0 ; i<ENEMYBULLETCOUNT ; i++) { //敵弾を動かす
        draw(&enemyBullet[i]);
        move(&enemyBullet[i]);
    }
}
```

5. プレイヤーと敵の弾との当たり判定を行うcheckPlayerAndEnemyBullets()を作成しメインループから呼び出す(checkPlayerAndEnemiesを参考に、1が返されたらメインループを終了させる)。

```
int checkPlayerAndEnemyBullets(Rect enemyBullet[],Rect *player){
    int i;
    for (i=0 ; i<ENEMYBULLETCOUNT ; i++) {
        if (crash(player, &enemyBullet[i])==1) {
            printf("Game Over\n");
            return 1;
        }
    }
    return 0;
}
```

6. 敵が弾を撃つようにmoveEnemies()関数のfor文の中で次のような処理を入れる。

```
        if (rand() % 50 ==0 ){
          int j=selectEnemyBullet(enemyBullet);
          if (j>=0) {
              enemyBullet[j].x=enemy[i].x;
              enemyBullet[j].y=enemy[i].y;
          }
        }
```

注)配列enemyBulletをmain()関数から受け取れるように、moveEnemies()関数の引数を増やす必要がある

7. 6で追加したselectEnemyBullet()関数を次のように定義する。

```
int selectEnemyBullet(Rect enemyBullet[]) {
    int i;
    for (i=0 ; i<ENEMYBULLETCOUNT ; i++) {
        if (enemyBullet[i].x<0) {
            return i;
        }
    }
    return -1;
}
```

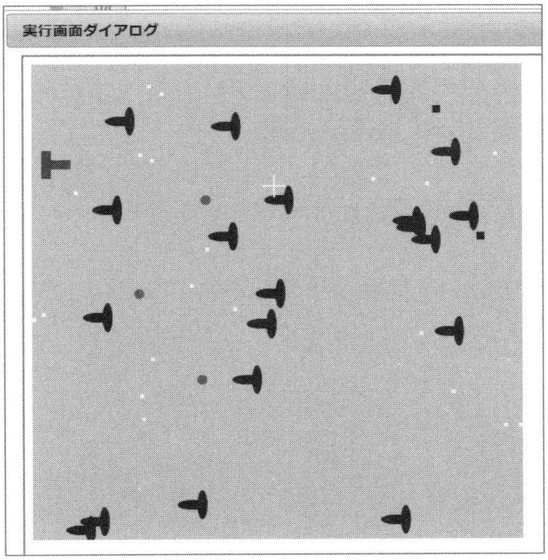

演習 4-7

弾が当たった敵から破片(fraction《フラクション》)が飛び散るようなアニメーションを次のような手順で入れてみましょう。

1. 破片の数をマクロで定義する。

```
#define FRACTIONCOUNT 5
```

2. main()関数で、破片の集まりを示す配列を宣言する。

```
Rect fraction[FRACTIONCOUNT];
```

3. main()関数の初期化の部分で、fractionの初期化を行う。

```
for (i=0 ; i<FRACTIONCOUNT ; i++ ){
    fraction[i]=newRect(0,-50,0,0);
}
```

4. 敵と弾の判定を行っているcheckBulletsAndEnemies()関数に破片を発生させる処理を追加する(引数を追加して配列fractionを受け取るようにする)。

```
        if (crash(....) ) { // 敵と弾が当たったら(これはすでに書いてある)
            int k;
            for (k=0 ; k<FRACTIONCOUNT ; k++) {
                // すべての破片の位置を、今弾が当たった敵の位置にする
                fraction[k].x=enemy[j].x;
                // すべての破片の位置を、今弾が当たった敵の位置にする
                fraction[k].y=enemy[j].y;
                fraction[k].vx=rand2(-4,5); // -4 から 4 の乱数
                fraction[k].vy=rand2(-4,5); // -4 から 4 の乱数
            }
              // (その他の処理:敵や弾の移動, スコアの増加など)
        }
```

5. moveFractions()関数を作成しメインループから呼び出す。

```
void moveFractions(Rect fraction[]) {
    int i;
    for (i=0 ; i<FRACTIONCOUNT ; i++) {
        draw(&fraction[i]); // 破片を描画
        move(&fraction[i]);  // 移動
    }
}
```

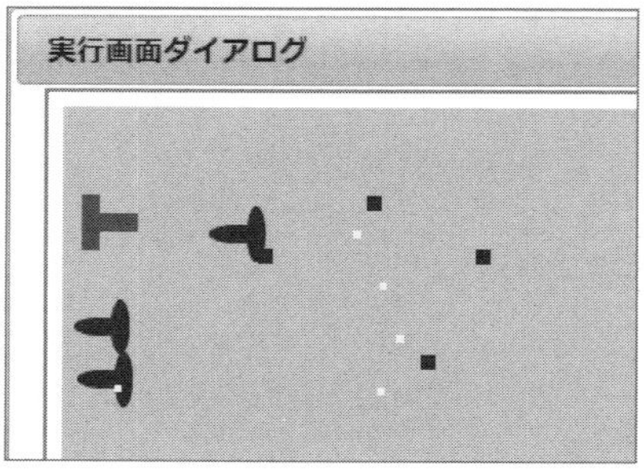

第3部

発展

これまで取り上げてこなかったC言語の基本文法について詳しく見ていきます。アルゴリズムについても解説していきます。

第1章

プログラムの基本（その2）

本章では第1部、第2部で利用しなかったC言語の文法の基礎について学んでいきます。

第1節 do-while文による繰り返し処理

第1部ではC言語の基礎をBit Arrowのアニメーション機能などを使いながら学んできました。第2部では第1部で学んだ内容を使ってシューティングゲームを作成してきました。第3部では第1部、第2部で利用しなかったC言語のそのほかの基本文法や、第1部や第2部では詳しく説明できなかった配列や文字列、構造体について詳しく見ていきます。

またアルゴリズムや再帰呼び出しといったプログラミングでの重要な概念についてC言語とBit Arrowを利用して確認していきます。

第1部第3章では繰り返し文として`while()`文と`for()`文を利用してきました。例えば次のプログラムは繰り返す回数でかけ算を行うものです。

プログラムリスト 1-1 繰り返す回数同士でかけ算を行う

```
#include<stdio.h>
int main(void) {
   int x,n;
   printf("繰り返す回数? ");
   scanf("%d",&n);
   x=1;
   while(x<=n) {
       printf("%d * %d = %d\n", x, x, x*x);
       x=x+1;
   }
}
```

例えば5と入力しエンターキーを押すと次のように表示されます。

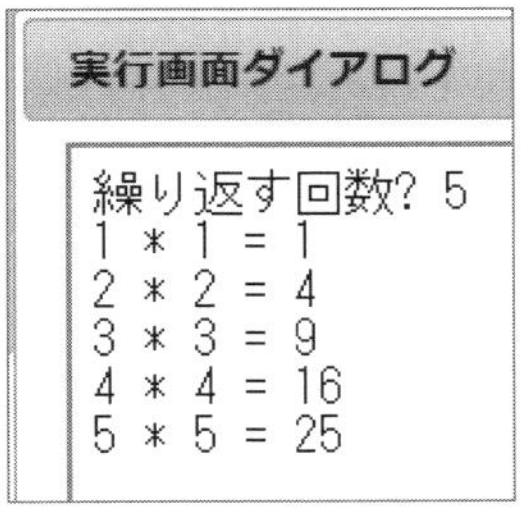

図1-1 5と入力した場合

正の整数の値を入力した場合は入力した整数分かけ算の結果が表示されますが、負の整数を入力した場合は繰り返し文の条件を満たさないため何も出力されません。

図1-2 負の数を入力した場合

このような場合に正しい入力を受け付けるまで入力画面を繰り返し表示するにはどのようにすればよいでしょうか。次のように記述してもnの値はまだ画面からの入力で代入されていませんのでうまくいきません。

```
while(n<0) {
    printf("繰り返す回数? ");
    scanf("%d",&n);
}
```

このようなときに最初の1回は必ず繰り返し文の中の処理が実行されるdo-while()文という文法があります。do-while()文の書式は次の通りです。

```
do {
  //繰り返す処理
} while(条件);
```

do-while()文を利用して正の整数が入力されるまで処理を受け付ける例は次の通りです。

プログラムリスト 1-2 do-while() 文を利用して正しい入力を待つ

```
#include<stdio.h>
int main(void) {
    int x,n;
    do {
        printf("繰り返す回数? ");
        scanf("%d",&n);
    } while(n<=0);
    x=1;
    while(x<=n) {
        printf("%d * %d = %d\n", x, x, x*x);
        x=x+1;
    }
}
```

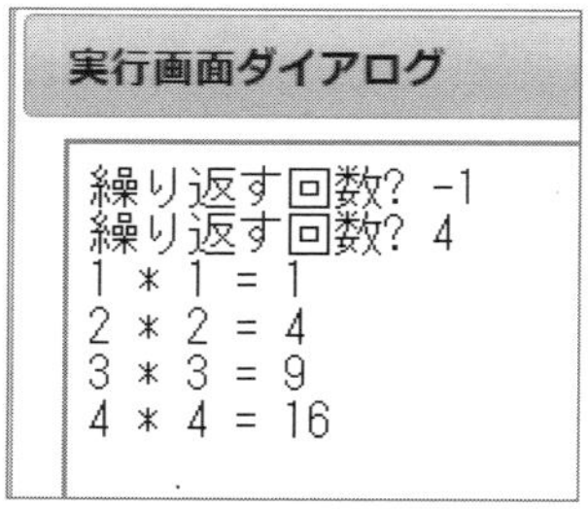

図1-3 do-while() 文の実行例

第2節 switch文による条件分岐

第1部第3章ではif()文を利用した条件分岐処理を行ってきました。if()文ではelse if部を使うことで複数の条件を判定することができます。例えばif()文を利用して入力された値を元に占いを行うプログラムは次の通りです。

プログラムリスト 1-3 if()文を用いて占いを行う

```
#include <stdio.h>
#include <stdlib.h>

int main(void) {
    int result, input;
    printf ("占いを行います。\n今日のラッキーナンバーを入力してください：");
    scanf ("%d", &input);
    result = rand()/input % 5;
    if(result == 0) {
        printf("大吉です");
    } else if(result == 1) {
        printf("中吉です");
    } else if(result == 2) {
        printf("小吉です");
    } else if(result == 3) {
        printf("吉です");
    } else {
        printf("凶です");
    }
}
```

このプログラムの実行例は次の通りです。

実行画面ダイアログ

```
占いを行います。
今日のラッキーナンバーを入力してください：10
大吉です
```

図1-4 if()文を使った占いの実行例

このようにif()文のelse if部を利用することにより複数の条件分岐処理を行うことができますが、else if()部が条件に応じて増えていき、それに対応する{}のペアも増えていくためプログラムが見にくくなってしまいます。

このようなときは処理を切替えて条件分岐を行うswitch《スイッチ》()文を使うと簡潔に記述することができます。switch()文の書式は次の通りです。

```
switch(式) {
case 値:
  動作;
  break;
case 値:
  動作;
  break;
default:
  動作;
}
```

switch()文では式を計算し「～場合」を示すcase《ケース》に一致した値の下から処理を行います。どの値とも一致しない場合はdefault《デフォルト》以降の処理を行います。switch()文を記述するときの注意点は次の通りです。

1. 「case 値:」のようにcaseの終わりは目印という意味で:（コロン）を利用する
2. 処理を中断するbreak;を記述しない場合は次のcase以降も続けて処理をする

先ほどのif()文を利用した占いのプログラムをswitch()文で記述すると、次のようなプログラムになります。

プログラムリスト 1-4 switch()文を利用して占いを行う

```
#include <stdio.h>
#include <stdlib.h>

int main(void) {
```

```
    int result, input;
    printf ("占いを行います。\n今日のラッキーナンバーを入力してください：");
    scanf ("%d", &input);
    result = rand()/input % 5;
    switch(result) {
        case 0:
        printf("大吉です");
        break;
        case 1:
        printf("中吉です");
        break;
        case 2:
        printf("小吉です");
        break;
        case 3:
        printf("吉です");
        break;
        default:
        printf("凶です");
    }
}
```

このプログラムの実行例は次の通りです。

図1-5 switch() 文を使った占いの実行例

switch() 文を使った場合は{}のペアが1つですむのでプログラムを簡潔に記述することができます。break; の記述を忘れた場合は次のように思ったような結果にならない場合があるので注意しましょう。

プログラムリスト 1-5 break; を省略した例

```
#include <stdio.h>
```

```
#include <stdlib.h>

int main(void) {
    int result, input;
    printf ("占いを行います。\n今日のラッキーナンバーを入力してください：");
    scanf ("%d", &input);
    result = rand()/input % 5;
    switch(result) {
        case 0:
        printf("大吉です");
        case 1:
        printf("中吉です");
        case 2:
        printf("小吉です");
        case 3:
        printf("吉です");
        default:
        printf("凶です");
    }
}
```

プログラムの実行例は以下の通りです。

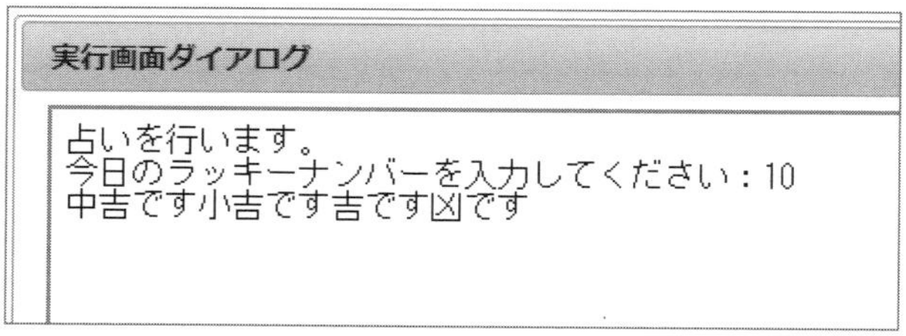

図1-6 break;を省略した場合の実行例

第3節 配列について

これまで変数を利用してプログラムに値を覚えさせてきました。また複数の値をプログラムに覚えさせるために配列を利用してきました。ここではこの配列について詳しく見ていきましょう。まず複数の値を利用する手段として変数を複数記述してみましょう。

プログラムリスト 1-6 複数の変数を利用する

```
#include<stdio.h>

int main(void) {
    int x1, x2, x3, x4;
    x1 = 10;
    x2 = 12;
    x3 = 3;
    x4 = 7;
    printf("%d\n", x1);
    printf("%d\n", x2);
    printf("%d\n", x3);
    printf("%d\n", x4);
}
```

このプログラムを実行すると次のように表示されます。

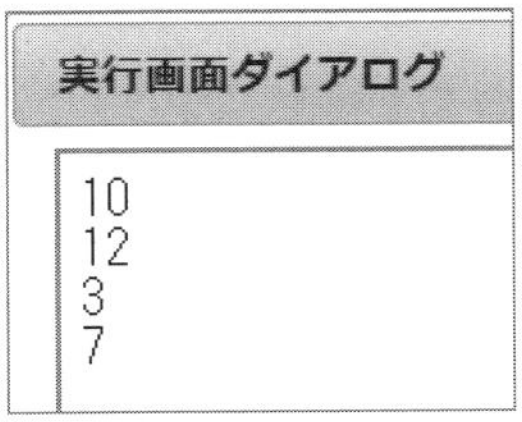

図1-7 複数の変数を利用した出力

このとき、変数名x1やx2,x3,x4はプログラマーがつける名前であり、x1がaでもx2がbでもプログラムとしては動きます。変数は一つの値を覚えさせるものであるため、変数の集まりや順番を表現するのが苦手です。変数の集まりを表現して複数の値をプログラムに覚えさせるためには**配列《はいれつ》**というものを利用します。配列は変数をたくさん集めてまとめたようなものです。配列に付ける名前を**配列名《はいれつめい》**と呼び、配列で複数の値を入れる部屋の番号を**添《そ》え字《じ》**と呼びます。また各部屋に格納した値のことを**要素《ようそ》**と呼び、配列の部屋の数のことを**要素《ようそ》数《すう》**と呼びます。

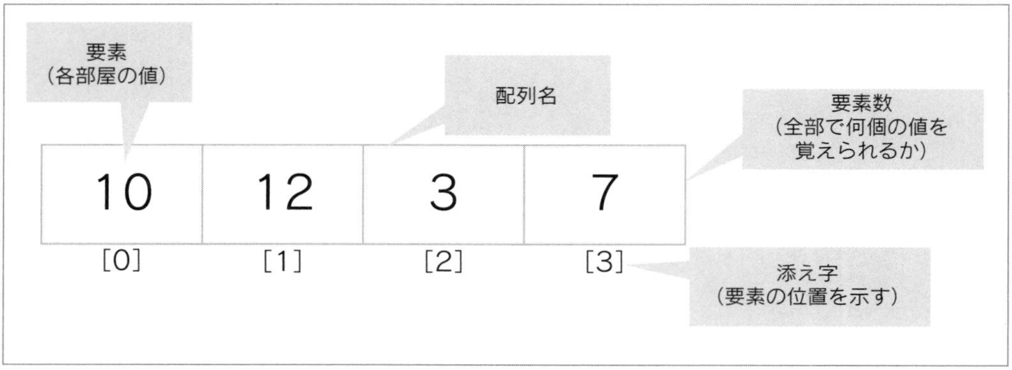

図1-8　配列の概念図

配列は変数と同じように型と配列名を使って宣言します。作成する配列に何個の値を覚えさせるかを示す要素数を[]（大括弧）の中に記述します。

```
型 配列名[要素の数];
```

例えば整数を4つ格納する配列を宣言するには

```
int arr[4];
```

のように記述します。arrは英単語の配列を示すarray《アレイ》を略したもので、ここでは配列名として利用しました。作成した配列の部屋に値を格納するには、0番目から始まる「添え字」を利用します。

```
配列名[添え字] =値;
```

例えば、0番目の部屋に10を代入するには

```
arr[0] = 10;
```

と記述します。

先の変数で作成したプログラムを配列に変更すると次のようになります。

プログラムリスト 1-7 配列で複数の値を表示する

```
#include<stdio.h>

int main(void) {
    int arr[4];
    arr[0] = 10;
    arr[1] = 12;
    arr[2] = 3;
    arr[3] = 7;
    printf("%d\n", arr[0]);
    printf("%d\n", arr[1]);
    printf("%d\n", arr[2]);
    printf("%d\n", arr[3]);
}
```

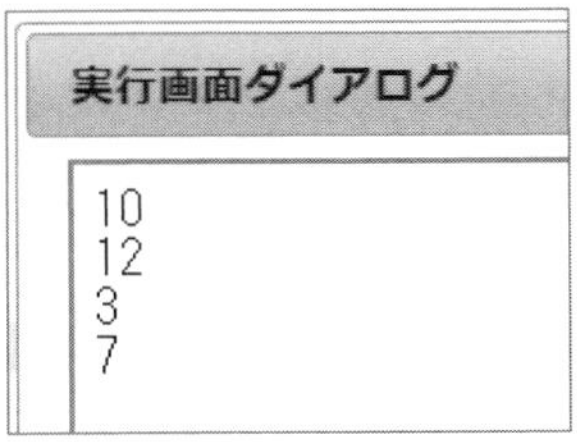

図1-9 配列の利用と値の出力

変数と異なり配列は複数の値のかたまりと順番が分かるので、次のように出力する部分を繰り返し文でまとめることができます。

プログラムリスト 1-8 for文を利用した配列の値を出力する

```
#include<stdio.h>

int main(void) {
    int arr[4];
    int i;
    arr[0] = 10;
    arr[1] = 12;
```

```
    arr[2] = 3;
    arr[3] = 7;
    for(i = 0; i < 4; i++) {
        printf("%d\n", arr[i]);
    }
}
```

このプログラムを実行すると先ほどと同じように結果が出力されます。

として、右の図を移動する。

このとき配列の要素数は4でしたので、繰り返し文もi<4と記述しました。この部分を間違えてi<5としてしまうと定義した配列の要素数よりも大きな場所にアクセスしてしまい、次のようなエラーが表示されますので注意しましょう。このエラーメッセージはBit Arrow独自のものです。通常のC言語の場合はエラーメッセージは表示されず、おかしな結果が表示されることもあります。

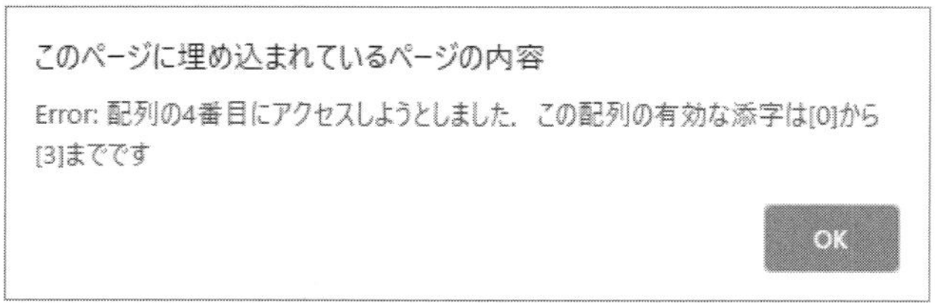

図1-10 要素数以上の場所にアクセスした場合

配列も変数と同じように宣言と同時に値を代入する初期化を行うことができます。初期化は{}（波括弧）を利用し,（カンマ）で区切って値を代入することができます。初期化により要素数が決まるので[]で指定する要素数は省略することができます。

プログラムリスト 1-9 配列の初期化

```
#include<stdio.h>

int main(void) {
    int arr[] = {10, 12, 3, 7};
    int i;
    for(i = 0; i < 4; i++) {
        printf("%d\n", arr[i]);
    }
}
```

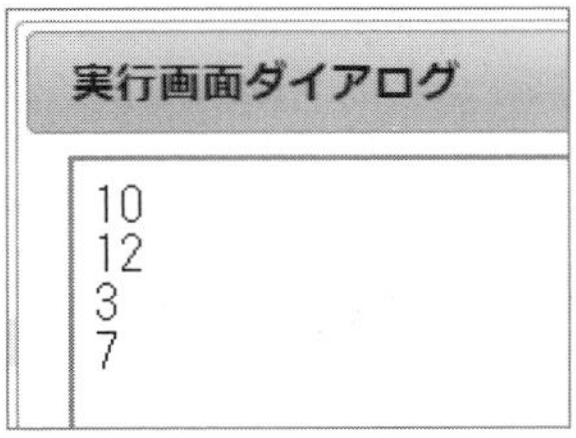

図1-11 配列の初期化と繰返しの利用

このように配列を利用することで複数の値を効率よく表現することができるようになります。

第4節 配列と文字列

次に「文字」について復習してみましょう。文字とは半角英数字記号の一文字表現をするものです。C言語で文字を利用するには英語のcharacter《キャラクター》を略したchar《キャラ》型という型を利用します。作成したchar型の変数に文字を代入するには文字を'(シングルコーテーション)で囲みます。次の例はAという文字を入力して出力するものです。printf()機能を利用してchar型の変数に格納されている文字を出力する場合は%cのフォーマット指定子を利用します。

プログラムリスト 1-10 文字Aを代入出力する

```
#include<stdio.h>

int main(void) {
    char c;
    c = 'A';
    printf("%c\n", c);
}
```

このプログラムの実行結果は次の通りです。

図1-12 文字Aの代入と出力

これらのchar型で利用できる文字はASCII(American Standard Code for Information Interchange)コードというもので定義されています。ASCIIでは次のように半角英数字記号が整数に割り当てられています。

スペース	!	"	…	)
32	33	34	…	41
A	B	C	…	Z
65	66	67	…	90
a	b	c	…	z
97	98	99	…	122

図1-13 ASCIIコードの一部

このため文字は整数でも表現することができます。次のプログラムはchar型の変数に65という整数の値を代入し出力するものです。

プログラムリスト 1-11 整数で文字を表現する

```
#include<stdio.h>

int main(void) {
    char c;
    c = 65;
    printf("%c\n", c);
}
```

このプログラムを実行すると、先ほどと同様に文字Aが出力されます。

図1-14 整数を利用した文字の出力

また次にように整数と繰り返し文を利用することでA-Zまでの文字を出力することができます。

プログラムリスト 1-12 A-Zの文字を出力する

```
#include<stdio.h>

int main(void) {
    int i;
    char c;
```

```
    for(i = 65; i < 91; i++ ) {
        c = i;
        printf("%c", c);
    }
}
```

このプログラムを実行すると次のように表示されます。

図1-15 A-Zの出力

このように文字は'A'や'B'など文字一文字を示しています。0文字以上の文字の集まりを文字列（String《ストリング》）といいます。C言語で文字列を表現するにはどのようにすればよいでしょうか。次のように文字に文字列を代入した場合はエラーになります。

プログラムリスト 1-13 文字に文字列を代入する（エラー）

```
#include<stdio.h>

int main(void) {
    char c;
    c = 'AB'; //これはエラー
    printf("%c", c);
}
```

文字に文字列を代入した場合は次のようなエラーになります。

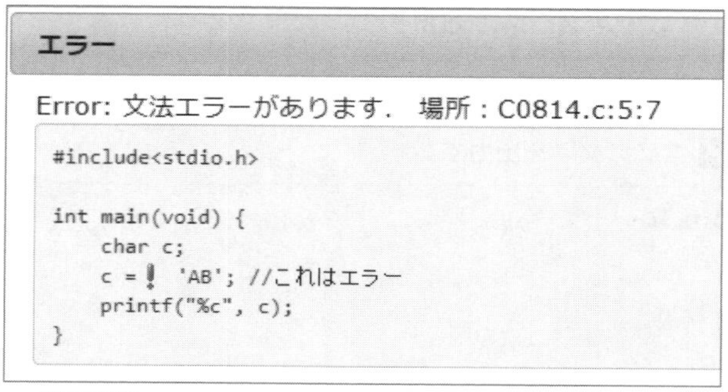

図1-16 文字変数に文字列を代入したときのエラー

これは先ほどの整数で考えるとAが65でありBが66になります。cには65と66の2つの変数を同時に代入することができないためエラーになります。そこで配列を使って'A'の65と'B'の66を表現してみます。

プログラムリスト 1-14 配列で文字列を表現する

```
#include<stdio.h>

int main(void) {
    char c[2];
    c[0] = 65;
    c[1] = 66;
    printf("%c", c[0]);
    printf("%c", c[1]);
}
```

すると次にようにABが出力されます。

図1-17 ABの出力

このように文字の配列を利用して文字列が表現できることが分かりました。char型の配列を利用して"Hello"という文字列を表現してみましょう。

プログラムリスト 1-15 Helloを表現する

```
#include<stdio.h>

int main(void) {
    int i;
    char c[10];
    c[0] = 'H';
    c[1] = 'e';
    c[2] = 'l';
    c[3] = 'l';
    c[4] = 'o';
```

```
    for(i = 0; i < 10; i++) {
        printf("%c", c[i]);
    }
}
```

この例では配列の要素数を10としてプログラムを作成しました。このプログラムを実行すると次にように残りの要素の位置に変な文字が出力されてしまいます。

図1-18 Helloの出力

C言語ではこのようなときに文字列の終わりを示す特殊な文字が用意されています。改行を示す\nと同様に文字列の終端を示す文字は\0《ゼロ》で表現します。\0のことを「ヌル文字」と呼んでいます。\0を利用して次のように文字列のみを出力することができます。

このときの繰り返し文の条件に

```
c[i] != '\0'
```

と文字列の終端を示すヌル文字でない間、配列に格納された文字列を出力するという処理をすることで文字だけが出力され文字列を表現できるのです。

プログラムリスト 1-16 ヌル文字で文字列の終端を指定する

```
#include<stdio.h>

int main(void) {
    int i;
    char c[10];
    c[0] = 'H';
    c[1] = 'e';
    c[2] = 'l';
    c[3] = 'l';
    c[4] = 'o';
    c[5] = '\0';
    for(i = 0; c[i] != '\0'; i++) {
        printf("%c", c[i]);
```

```
    }
}
```

このプログラムを実行すると次のようにHelloと表示されます。

図1-19 ヌル文字を指定したHelloの出力

配列の宣言時に文字を代入して初期化することもできます。

プログラムリスト 1-17 文字配列を初期化する

```
#include<stdio.h>

int main(void) {
    int i;
    char c[] = {'H', 'e', 'l', 'l', 'o', '\0'};
    for(i = 0; c[i] != '\0'; i++) {
        printf("%c", c[i]);
    }
}
```

図1-20 初期化を利用した文字列の出力

このように文字の配列で文字列を表現することができますが、文字列は利用頻度が高いため"(ダブルコーテーション)で初期化できるようになっています。この場合は\0のヌル文字は指定しなくても自動で設定されます。

プログラムリスト 1-18 ダブルコーテーションを利用して初期化する

```c
#include<stdio.h>

int main(void) {
    int i;
    char c[] = "Hello";
    for(i = 0; c[i] != '\0'; i++) {
        printf("%c", c[i]);
    }
}
```

図1-21 ダブルコーテーションでの初期化

また%sのフォーマット指定子を利用することで、文字配列を文字列としてそのまま出力することができます。

プログラムリスト 1-19 %sを利用して文字配列を出力する

```c
#include<stdio.h>

int main(void) {
    int i;
    char c[] = "Hello";
    printf("%s", c);
}
```

図1-22 %sを利用した文字列の出力

第5節 構造体

配列を利用して値の集まりをプログラムに覚えさせたり、文字列を表現したりできることが分かりました。このときint型の配列であれば整数の値の集まりが表現でき、char型の配列であれば文字の集まりとして文字列を表現することができました。

int型の値とchar型の値を同時にまとめて扱う場合はどのようにすればよいでしょうか。C言語では型の種類が混在した集まりを表現することができる構造体《こうぞうたい》というものが用意されています。構造体を利用するには初めにどのような型をどのような名前で扱うかを定義する必要があります。この構造体を定義するにはtypedef《タイプデフ》という「型を定義する」というキーワードと構造体を示す構造体を示すstruct《ストラクト》というキーワードを利用します。

```
typedef struct {
  型 変数名;
  型 変数名;
} 構造体名;
```

例えば、学生を示すGakuseiという構造体を定義し、その構造体にint型で学年を示すgakunenと氏名を示すshimeiをchar型の配列で定義するには次のように記述します。

プログラムリスト 1-20 構造体を定義する

```
#include<stdio.h>

typedef struct {
    int gakunen;
    char shimei[30];
} Gakusei;

int main(void) {
}
```

構造体の定義はこの例のようにmain()関数より上の部分に記述します。Gakusei構造体に定義したgakunenやshimeiは構造体に属する変数・配列という意味でメンバと呼ばれます。

定義した構造体はmain()関数の中で変数名のように名前をつけて呼び出して利用することができます。

```
struct Gakusei g;
```

宣言した構造体のgakunenやshimeiのメンバにアクセスするには.(ピリオド)を利用します。

プログラムリスト 1-21 定義した構造体を利用する

```
#include<stdio.h>

typedef struct {
    int gakunen;
    char shimei[30];
} Gakusei;

int main(void) {
    struct Gakusei g;
    g.gakunen = 1;
    g.shimei = "Yamada Taro";
    printf("学年：%d\n", g.gakunen);
    printf("氏名：%s\n", g.shimei);
}
```

図1-23 構造体を利用した出力

構造体を利用することで名前をつけた複数の型の変数や配列をGakuseiなどの「概念」でまとめて扱うことができるようになります。

第6節 ポインタとポインタ変数

本節ではポインタとポインタ変数というC言語の重要な概念について見ていきます。C言語などさまざまなプログラムは物理的なメモリという場所の中で実行されています。

図1-24 メモリ

このメモリの中にはとてもたくさんの0と1が入る小さい箱が入っています。この0と1が入る箱を情報の最小単位としてBit（ビット）と呼んでいます[*1]。ビットの箱には0か1しか入りません。0と1の組み合わせでさまざまな数を表現するものを2進数と言います。例えば`int`型の変数aを定義するとき、

```
int a;
```

＊1 ちなみにBit ArrowのBitはこの情報の最小単位であるBitを示しています。

と記述しました。int型は32bitという決まりになっていますので、ビットの箱を32個集めたものをaと名前を付けたことになります。32個の箱の数が多く細かいので、ここでは8bitで一つの箱を表現してみましょう。これをByte（バイト）といいます。つまり32bitは4byteになります。メモリをバイトの四角形で表現し先ほどのint aを表現すると

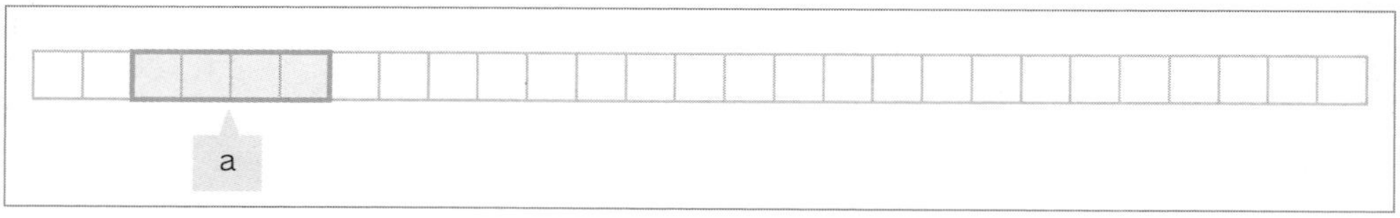

図1-25 変数の宣言

int型の変数aを宣言するというのは、メモリの中の4byte分の領域にaという名前を付けたことになります。変数宣言後は

```
a = 3;
```

のように値を代入しました。これは確保したaの領域に値をセットしたという意味になります。

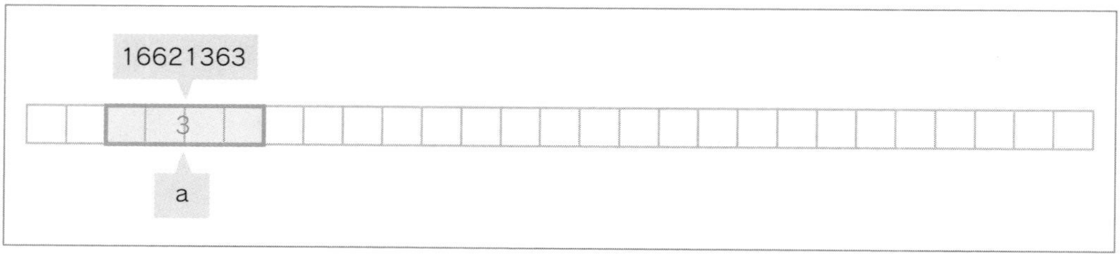

図1-26 値の代入とメモリへの格納イメージ

このように変数なども含めプログラムはメモリ上で動いています。そしてメモリはこのように物理的な存在のため場所があるのです。例えば先の例では変数aは16621363の場所から始まっていて、そこに3という値が入っていることを示しています。C言語ではこの16621363といった場所（アドレス）をプログラムから扱うことができます。C言語のプログラムからメモリ上の変数の場所を扱う場合は&《アンド》を利用します。

例えば次のように記述することでメモリ上の場所を表示することができます。

プログラムリスト 1-22 変数の場所を表示する

```
#include <stdio.h>

```

```
int main(void) {
    int a;
    a = 3;
    printf("%d", &a);
}
```

このプログラムを実行すると次のように変数の場所が表示されます。

図1-27 変数の場所

ここでは「16621363」と表示されていますが、この数字（アドレス）はメモリ上の空いている場所に変数がセットされるため、変数の作成状況やメモリの空き状況により表示される数値は異なります。

第1部第2章プログラミングの基本（その1）で出てきた画面からの入力を受け付けるscanf()は次のように記述しました。

```
int x;
scanf("%d", &x);
```

このときに&はまさにメモリ上の場所という意味で、画面から入力した値を変数xがある位置に直接セットしているということを示しています。

C言語ではこのメモリ上の場所を変数として管理することができるようになっていて、メモリ上の場所を格納する特別な変数をポインタ変数と呼びます。ポインタ変数を利用するには次のように*（アスタリスク）を利用して宣言します。

```
int *p;
```

ポインタ変数として宣言した変数には変数がある場所しか代入できなくなるため

```
p = 10;
```

のように整数などを代入しようとするとエラーとなります。宣言したポインタ変数には&を利用して変数の場所をセットする必要があります。

プログラムリスト 1-23 ポインタ変数の定義し利用する

```
#include <stdio.h>

int main(void) {
    int a;
    int *p;
    a = 3;
    p = &a;
    printf("%d\n", &a);
    printf("%d", p);
}
```

このプログラムでは変数aの場所を&aとして出力するとともに、ポインタ変数に代入されている値を出力しています。実行すると次のように変数aの場所とポインタ変数pの値が出力されます。

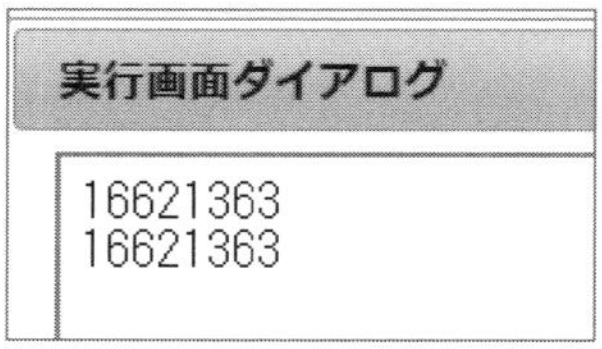

図1-28 ポインタ変数の定義と利用

ポインタ変数もまた変数であるためメモリ上で動作しています。つまりメモリの中では次のようになっているのです。

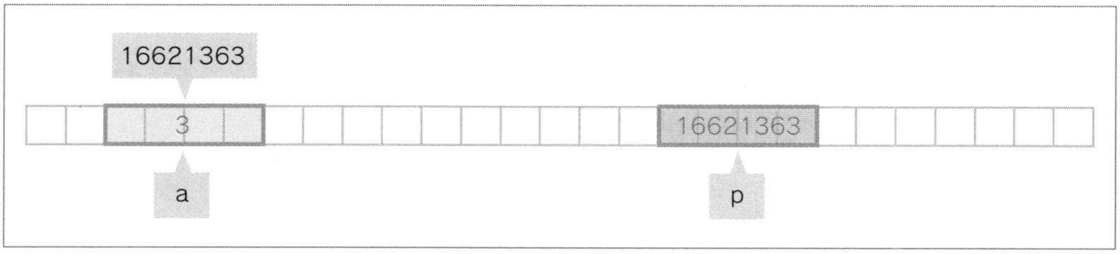

図1-29 変数とポインタ変数

ポインタ変数に格納された値は変数aの場所を示しているわけですから、次のようになっているといえます。

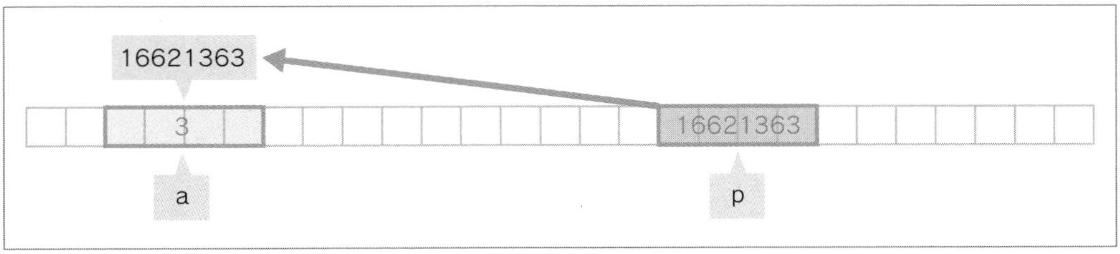

図1-30 ポインタの概念

このようにポインタ変数は変数の場所を指し示しています。「指し示す」ことを「ポイントする」などということから、ポインタ変数という名前になりました。ポインタ変数pには変数aの場所が格納されているため、変数aがどこにあるか分かります。変数aがどこにあるか分かればそこから変数aに格納されている値を知ることができます。このようにポインタ変数に格納された値から変数の場所をたどりその変数の値にアクセスすることを**参照**《さんしょう》と呼んでいます。

ポインタ変数から変数の値を参照するには、*pと記述します。

プログラムリスト 1-24 場所から値を参照する

```
#include <stdio.h>

int main(void) {
    int a;
    int *p;
    a = 3;
    p = &a;
    printf("%d\n", &a);
    printf("%d", *p);
}
```

このプログラムを実行すると次のように変数aの値を出力することができます。

図1-31 変数の値を参照

これを利用して変数aの値を書き換えることもできます。

プログラムリスト 1-25 参照先の値を変更する

```
#include <stdio.h>

int main(void) {
    int a;
    int *p;
    a = 3;
    printf("%d/n", a);
    p = &a;
    *p = 7;
    printf("%d\n", &a);
    printf("%d\n", a);
    printf("%d", *p);
}
```

このプログラムを実行すると次のように出力されます。

図1-32 参照先の値の変更

次に配列とポインタ変数の関係について考えていきます。配列を宣言し値を代入した後に配列をそのまま出力するとどのようなことが起きるでしょうか。

プログラムリスト 1-26 配列名を出力する

```
#include <stdio.h>

int main(void) {
    int arr[3];
    arr[0] = 3;
    arr[1] = 5;
    arr[2] = 7;
    printf("%d", arr);
}
```

このプログラムを実行すると次のように出力されます。

図1-33 配列名の出力

この配列を利用したプログラムのメモリ上の様子を表現すると次のようになっています。

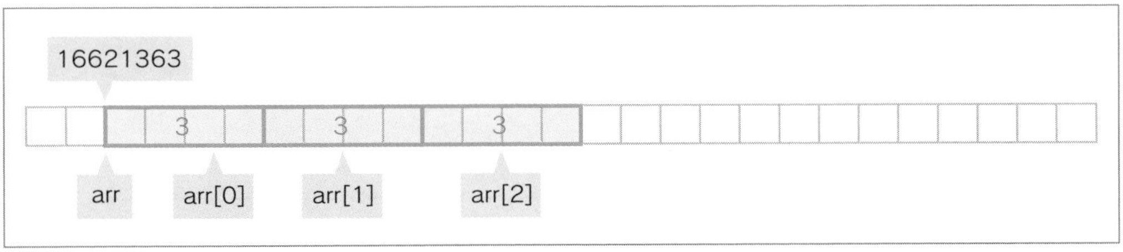

図1-34 配列のメモリ上の概念

配列は変数と同じようにメモリ上に領域が確保されarr[0]やarr[1]、arr[2]などの名前が付いて並んでいます。

配列名はその先頭の場所を示しているため、配列名を出力したときにメモリ上の場所の値が出力されていたのです。

第7節 文法のまとめ

第1項　その他の繰り返し文と条件分岐

do-while() 文

```
do {
    繰り返す処理;
} while(条件);
```

switch() 文

```
switch(値) {
   case 値:
   値が合致したときの処理;
   break;
   case 値:
   値が合致したときの処理;
   break;
   default:
   値が合致しなかったときの処理;
   break;
}
```

第2項　配列

配列の宣言

```
型名 配列名[要素数];
```

要素の代入

```
配列名[添え字] = 値;
```

第3項　配列と文字列

文字配列による文字列の表現

```
char 配列名[要素数]
配列名[0] = 'A';
配列名[1] = 'B';
```

文字配列による文字列の初期化

```
char 配列名 = {'A', 'B', '\0'};
```

文字配列に文字列の代入

```
char 配列名 = "AB";
```

第4項　構造体

構造体の定義

```
typedef struct {
  型 変数名;
  型 変数名;
} 構造体名;
```

構造体の利用

```
struct 構造体名 構造体変数名;
```

メンバへのアクセス

```
構造体変数名.メンバ名
```

第5項　ポインタとポインタ変数

アドレスの表示

```
&変数名;
```

ポインタ変数の宣言

```
型名 *ポインタ変数名;
```

ポインタ変数へのアドレスの代入

```
ポインタ変数名 = &変数名
```

▼ ポインタ変数から変数への参照(間接参照)

```
*ポインタ変数名
```

第3部

第2章

アルゴリズムと関数の再帰呼び出し

本章ではプログラミングにとって重要なプログラミングの方法であるアルゴリズムをBit Arrowの機能を使いアニメーションを行いながら確認していきます。また関数から関数を呼び出す再帰呼び出しを利用し同じ形の図形が大きさを変えて描かれるフラクタル図形を描いていきます。

第1節 アルゴリズムとは

同じ結果を得るプログラムでもいくつものプログラムの内容を考えることができます。このような「ある問題を解くためのプログラミングの方法」を**アルゴリズム**といいます。同じ結果を得るプログラムでもアルゴリズムによりプログラムの拡張性や効率性が異なってきます。例えば次のような課題があったとします。

【課題】

1から10までの数値を足した結果を表示するプログラムを作成せよ

この課題を満たすプログラムは例えば次のようなものが考えられます。

プログラムリスト2-1 1から10までを足す

```
#include <stdio.h>

int main(void) {
    int r;
    r = 1+2+3+4+5+6+7+8+9+10;
    printf("%d", r);
}
```

実行すると次のように表示されます。

図2-1 1から10までの和

この1から10までの和を求めるプログラムを拡張して1から100までの合計を求める場合

はとても大変です。そこで繰り返し文を利用して1から10まで合計を求めるように修正してみましょう。

プログラムリスト 2-2 繰り返し文で1-10までの合計を求める

```
#include <stdio.h>

int main(void) {
    int i, r;
    r = 0;
    for(i=1; i<=10; i++) {
        r += i;
    }
    printf("%d", r);
}
```

このプログラムの実行結果は次のように単純に足し算を行っていった場合と同じです。

図2-2 繰り返し文を利用した1-10までの和

繰り返し文に変更することで1から10までの合計から1から100までの合計に簡単に変更することができます。次の例は1から100までの合計を繰り返し文により求めるプログラムです。

プログラムリスト 2-3 繰り返し文で1-100までの合計を求める

```
#include <stdio.h>

int main(void) {
    int i, r;
    r = 0;
    for(i=1; i<=100; i++) {
        r += i;
    }
    printf("%d", r);
```

```
}
```

このプログラムを実行すると次のように表示されます。

図2-3 1から100までの合計

繰り返し文を使うことで簡単に1から100までの合計を求めることができました。それでも繰り返し処理を行うために処理の回数が増えると処理時間がかかり非効率な部分が出てきます。例えば1から999,999までの合計を求めるように修正した場合は実行結果が表示されるまで2-3秒ほどの時間がかかります。

プログラムリスト 2-4 繰り返し文で回数を増やして合計を求める

```
#include <stdio.h>

int main(void) {
    int i, r;
    r = 0;
    for(i=1; i<=999999; i++) {
        r += i;
    }
    printf("%d", r);
}
```

図2-4 1から999,999までの合計

このような場合、数学の公式を使うともっと簡単に合計を求めることができます。合計を求める公式は次の通りです。

【公式】 n(n+1)/2

例えば、1から10までの和を求める場合（n=10の場合）は

```
1+2+3+4+5+7+8+9+10
```

を計算すればいいわけです。この足す順番を逆にすると

```
10+9+8+7+6+5+4+3+2+1
```

となります。この2つを上下に並べると

```
1+2+3+4+5+7+8+9+10
10+9+8+7+6+5+4+3+2+1
```

となり、上下を足していくと、(1 + 10)、(2 + 9)・・・つまりn + 1となるので

```
11+11+11+11+11+11+11+11+11+11
```

となります。これは11（n + 1）が10個（n個）ですので、11 × 10 = 110になります。この110は1から10までの合計を2回計算したのと同じですから、1/2にすると1回の1から10までの合計になります。つまり110/2=55となります。

このようにして公式n(n+1)/2を確認することができます。公式を使った1から100までの合計を求めるプログラムは次の通りです。

プログラムリスト 2-5 公式を利用して1から100までの合計を求める

```
#include <stdio.h>

int main(void) {
    printf("%d", 100*(100+1)/2);
}
```

このプログラムの実行結果は

図2-5 公式を利用した1から100までの合計

公式を利用し1から999,999までの合計を求めるプログラムは次の通りです。

プログラムリスト 2-6 公式を利用した999,999までの合計を求める

```
#include <stdio.h>

int main(void) {
    printf("%d", 999999*(999999+1)/2);
}
```

実行結果は次のように繰り返し文を利用したときと同じですが、公式を利用した場合は瞬時に計算結果が表示されます。

図2-6 公式を用いた999,999までの合計

このように1-nまでの合計を求めるプログラムでもさまざまな記述方法があり、記述方法により効率（プログラムの拡張性や実行速度）の違いが出てきます。このような最終的に同じ結果を得る場合もさまざまなプログラミングの方法がありこれらをアルゴリズムと呼んでいます。

第2節 図形を使って棒グラフを描いてみよう（ランダムに棒グラフを描く方法について理解する）

アルゴリズムではよく並べ替え（ソート）の問題が出てきます。ソートを確認するためにまずはBit Arrowでランダムな長さの横棒グラフを描いてみましょう。

まず長さ（length《レングス》）を示すlenという25個の値を格納するint型の配列を宣言し、lenの値を400までのランダムな値に設定し、縦方向に動かしながら四角形として描画していきます。

プログラムリスト 2-7 ランダムな長さの横棒を描く

```
#include <stdio.h>
#include <stdlib.h>
#include <x.h>

int main(void) {
    int len[25];
    int i, y;
    drawGrid();
    for(i=0; i<25; i++) {
        len[i] = rand()%400+10;
    }
    y = 10;
    setColor(0,128,0);
    for(i=0; i<25; i++) {
        fillRect(30, y, len[i], 10);
        y += 20;
        sleep(0.01);
    }
}
```

このプログラムを実行すると次のように長さの異なる横棒グラフを描くことができます。

図2-7 ランダムな長さの横棒グラフ

第3節 棒グラフを大きい順に並べ替えるにはどうすればいいか考えてみよう（代入と交換について理解する）

これらランダムな長さの横棒グラフを小さい順に並べ替える場合は、例えば次のような方法が考えられます。

(1) len[0]の値を取得する
(2) len[0]の値とlen[1]から[24]までの値を比較する
(3) len[1]から[24]までの値の方が小さければ値をlen[0]と入れ替える
(4) これでlen[0]からlen[24]までで一番小さな値がlen[0]にセットされる
(5) 今度はlen[1]について同様に、len[2]からlen[24]の範囲で比較と入れ替えを行い、２番目に小さい値をlen[1]にセットする。
(6) さらにlen[2], len[3].... len[24]を確定させていく

このとき、(3)の値を入れ替える処理を「交換」といいます。例えばlen[0]の値とlen[1]の値を入れ替える場合は、一度、一時的な変数に値を代入してから入れ替えます。

```
int tmp;
tmp = len[0];
len[0] = len[1];
len[1] = tmp;
```

ソートのアルゴリズムは値の比較の方法と交換をどのように行っていくかで、たくさんのアルゴリズムが考えられています。

第4節 プログラムで棒グラフを並べ替えてみよう1（選択ソートについて理解する）

先の例は選択ソートというものでプログラムにすると次のようになります。

プログラムリスト 2-8 選択ソートによる並べ替え

```
#include <stdio.h>
#include <stdlib.h>
#include <x.h>

int main(void) {
    int len[25];
    int i, j, y, min, tmp;
    drawGrid();
    for(i=0; i<25; i++) {
        len[i] = rand()%400+10;
    }
    y = 10;
    setColor(0,128,0);
    for(i=0; i<25; i++) {
        min = i;
        for(j=i+1; j<25; j++) {
            if(len[j] < len[min]) {
                min = j;
            }
        }
        tmp = len[i];
        len[i] = len[min];
        len[min] = tmp;
        fillRect(30, y, len[i], 10);
        y += 20;
        sleep(0.01);
```

```
    }
}
```

このプログラムでは0番目から比較していき配列の中で一番小さな値がある場所（添え字）をmin変数に代入しています。

```
        for(j=i+1; j<25; j++) {
            if(len[j] < len[min]) {
                min = j;
            }
        }
```

その後、配列minの位置の値を0番目から順番に入れ替えながら四角形を描画していきます。このプログラムを実行すると次のように並べ替えられた結果が表示されます。

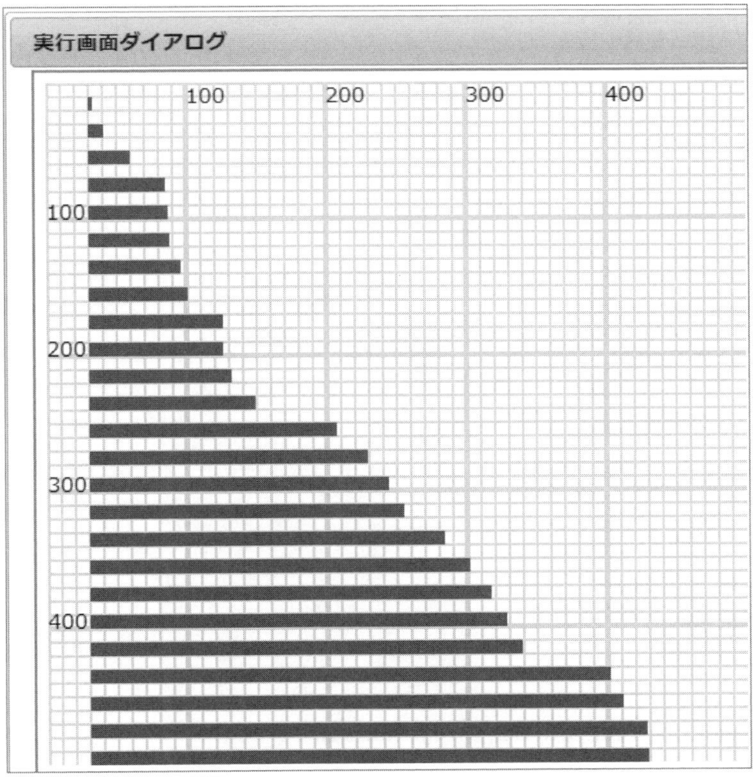

図2-8 選択ソートによる並べ替え

このままだと並べ替えの様子が分かりませんので、並べ替えの様子が分かるように改造してみましょう。次のような過程を表示するshow()関数を作成してみます。

```
void show(int len[],int i,int j,int min) {
    int k,y=0;
    clear();
    for(k=0; k<25; k++) {
        if (k==i) {
            setColor(255,0,0);
        } else if (k==j) {
            setColor(0,255,0);
        } else if (k==min) {
            setColor(0,0,255);
        } else {
            setColor(0,128,0);
        }
        fillRect(30, y, len[k], 10);
        y += 20;
    }
    sleep(0.1);
}
```

show()関数ではif (k==i) {にて比較対象の元となる配列の値の色を赤色に設定しています。次に} else if (k==j) {にて比較中の配列の値の色を緑色に設定しています。最後アルゴリズムで見つけた現時点での最小の配列の値を} else if (k==min) {にて青色に設定しています。それ以外の配列の値は元と同じ濃い緑色に設定しています。

このshow()関数を利用し並べ替えの過程をアニメーション化したプログラムは次の通りです。

プログラムリスト 2-9 並べ替えの様子を可視化する

```
#include <stdio.h>
#include <stdlib.h>
#include <x.h>

void show(int len[],int i,int j,int min) {
    int k,y=0;
    clear();
    for(k=0; k<25; k++) {
```

```
        if (k==i) {
            setColor(255,0,0);
        } else if (k==j) {
            setColor(0,255,0);
        } else if (k==min) {
            setColor(0,0,255);
        } else {
            setColor(0,128,0);
        }
        fillRect(30, y, len[k], 10);
        y += 20;
    }
    sleep(0.1);
}
int main(void) {
    int len[25];
    int i, j, y, min, tmp;
    drawGrid();
    for(i=0; i<25; i++) {
        len[i] = rand()%400;
    }
    y = 10;
    for(i=0; i<25; i++) {
        min = i;
        for(j=i+1; j<25; j++) {
            if(len[j] < len[min]) {
                min = j;
            }
            show(len, i, j, min);
        }
        sleep(0.1);
        tmp = len[i];
        len[i] = len[min];
        len[min] = tmp;
        show(len, i, j, min);
        sleep(0.1);
    }
}
```

このプログラムを実行すると次のように並べ替えのようすをアニメーションで確認することができます。

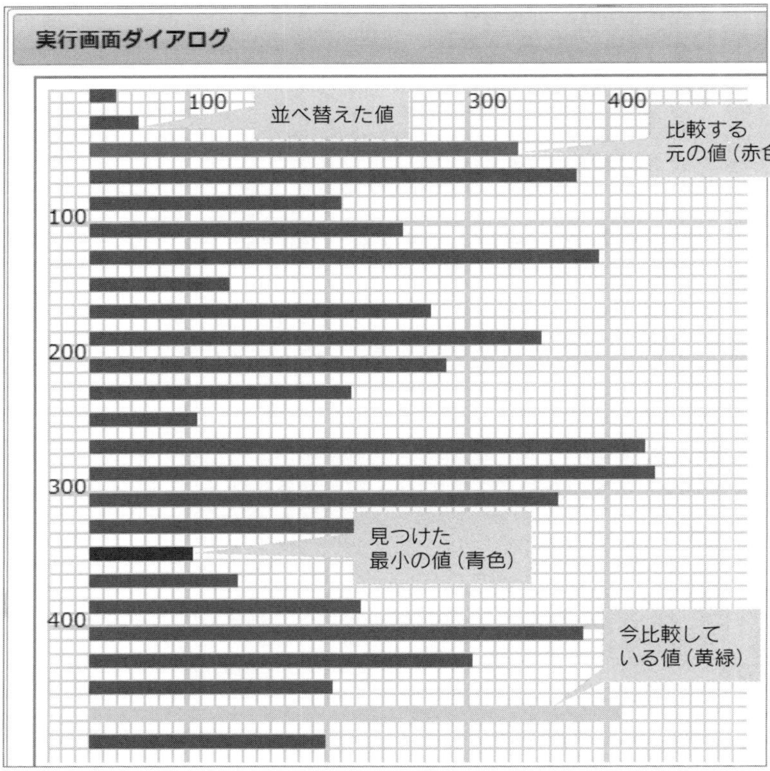

図2-9 並べ替えのアニメーション

選択ソートは上から順番に配列の値を比較し一番小さなものを見つけたら値を入れ替えていくものでした。赤い四角形は上から下に順番に動いていき、さらに比較対象も赤い四角形から下の部分を動いていきます。そして最後まで比較して一番小さな青い四角形を交換していきます。

第5節 プログラムで棒グラフを並べ替えてみよう2(バブルソートについて理解する)

次にバブルソートというソートアルゴリズムについて確認してみましょう。

バブルソートは次のように並び替えを行います。

(1) len[23]とlen[24]を比較して、len[23](前のほうにある値)のほうが大きければ、お互いを入れ替える。

(2) len[22]とlen[23]について同様に比較と(必要ならば)入れ替えを行う。

(3) これをlen[0]とlen[1]まで繰り返すと、一番小さい値がlen[0]にセットされる。

(4) 次に、len[24]からlen[1]まで同様に比較と入れ替えを行い、2番目に小さい値がlen[1]にセットされる。

(5) これをlen[24]まで繰り返す。

```
for(i=0; i<25; i++) {
    for(j=25-1; j>i; j--) {
    }
}
```

外側のiの繰り返しは配列の要素数分調べるための繰り返し文です。内側のjの繰り返し文は配列の最後から最初に向かう繰り返し文です。

この繰り返しの中で隣り合った配列の値を比較し上側の配列の方が値が大きければ値を交換していきます。

```
for(i=0; i<25; i++) {
    for(j=25-1; j>i; j--) {
        if(len[j-1] > len[j]) {
            //交換;
        }
    }
}
```

バブルソートのソース全体は次の通りです。

プログラムリスト 2-10 バブルソートで並べ替えを行う

```
#include <stdio.h>
#include <stdlib.h>
#include <x.h>

void show(int len[],int i,int j) {
    int k,y=0;
    clear();
    for(k=0; k<25; k++) {
        if (k==i) {
            setColor(255,0,0);
        } else if (k==j) {
            setColor(0,255,0);
        } else if (k==j-1) {
            setColor(0,0,255);
        } else {
            setColor(0,128,0);
        }
        fillRect(30, y, len[k], 10);
        y += 20;
    }
    sleep(0.1);
}
int main(void) {
    int len[25];
    int i, j, min, tmp;
    drawGrid();
    for(i=0; i<25; i++) {
        len[i] = rand()%400+10;
    }
    setColor(0,128,0);
    for(i=0; i<25; i++) {
        for(j=25-1; j>i; j--) {
            show(len,i,j);
            if(len[j-1] > len[j]) {
                tmp = len[j-1];
                len[j-1] = len[j];
                len[j] = tmp;
```

```
                sleep(0.1);
                show(len,i,j);
                sleep(0.1);
            }
        }
    }
}
```

プログラムを実行すると次のように、青と緑が隣り合った状態で上により小さな値の四角が上に上がっていき最後に赤の位置で交換されます。

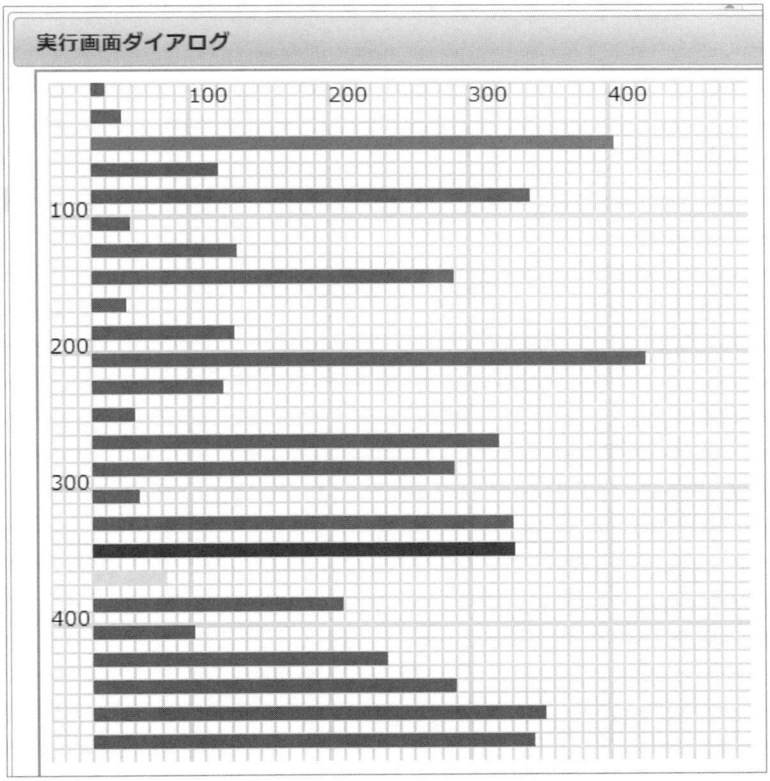

図2-10 バブルソートの実行例

このようにバブルソートでは並べ替える値が下から上に上がってくるように見えます。このようすが泡（バブル）が上がってくるように見えるためバブルソートと呼ばれています。

第6節 プログラムで棒グラフと並べ替えてみよう3(挿入ソートについて理解する)

次に紹介する挿入ソートも今までのソートと同じように配列の要素分の繰り返し文の中に処理を入れていきます。

```
for(i=0; i<25; i++) {
}
```

この繰り返し文の中に

```
for(i=0; i<25; i++) {
    j=i;
    while((j>0)&&(len[j-1]>len[j])) {
    }
}
```

配列の先頭に戻るような繰り返し文を記述していきます。そして間に値を挿入するように交換を行っていきます。

プログラムリスト 2-11 挿入ソートで並べ替えを行う

```
#include <stdio.h>
#include <stdlib.h>
#include <x.h>

void show(int len[],int i,int j) {
    int k,y=0;
    clear();
    for(k=0; k<25; k++) {
        if (k==i) {
            setColor(255,0,0);
        } else if (k==j) {
            setColor(0,255,0);
```

```
        } else if (k==j-1) {
            setColor(0,0,255);
        } else {
            setColor(0,128,0);
        }
        fillRect(30, y, len[k], 10);
        y += 20;
    }
    sleep(0.1);
}
int main(void) {
    int len[25];
    int i, j, min, tmp;
    drawGrid();
    for(i=0; i<25; i++) {
        len[i] = rand()%400+10;
    }
    for(i=0; i<25; i++) {
        j=i;
        while((j>0)&&(len[j-1]>len[j])) {
            tmp = len[j-1];
            len[j-1] = len[j];
            len[j] = tmp;
            j--;
            show(len,i,j);
        }
    }
}
```

実行すると次のように外側の繰り返しである赤い四角形が下に動いていきます。比較対象の青い四角形と現在対象の緑色の四角形は赤い四角形の上側で挿入するように動いていきます。

第7節 関数の再帰呼び出しとフラクタル図形

本章のはじめでは1からnまでの和を考えました。このとき直接計算する場合や繰り返し文を利用して計算する場合、数学の公式を利用して計算する場合の3つのプログラミングの方法があり、これらのプログラミングの方法がアルゴリズムであることを示しました。

実はもう一つ、関数の「再帰呼び出し」という方法を利用して1からnまでの合計を求めることができます。再帰呼び出しとはどのようなものでしょうか。再帰呼び出しとは関数からその関数を呼び出す方法です。再帰呼び出しを利用すると1からnまでの合計は次のようなプログラムになります。

プログラムリスト 2-12 再帰呼び出しを利用して1から100までの合計を求める

```
#include <stdio.h>

int goukei(int n) {
    int m;
    if(n==0) {
        return 0;
    }
    m = goukei(n-1);
    return m + n;
}

int main(void) {
    int kekka;
    kekka = goukei(100);
    printf("1-100までの合計は%d", kekka);
}
```

このプログラムを実行すると次のように表示されます。

図2-11 再帰呼び出しを利用した1-100までの合計

main()関数の中に記述している、

```
kekka = goukei(100);
```

が処理のスタート地点になります。goukei(100)としていますから、goukei()関数のnに100が代入されます。goukei()関数の

```
m = goukei(n-1);
```

の部分が再帰呼び出しの部分で、goukei(n-1)となっていますから、goukei(99)が実行されます。順番に99, 98, 97･･･と再帰呼び出しされていき、if(n==0)でnの値が0になったところで、return 0;が処理が逆順に戻ってきます。最終的に、1から99までの合計であるmが4950とnが100を足した結果である5050がmain()関数に戻ります。分かりやすくするためにprintf()を入れると次のようなプログラムになります。

プログラムリスト 2-13 実行過程をprintf()で可視化する

```
#include <stdio.h>

int goukei(int n) {
    int m;
    if(n==0) {
        printf("n==0\n");
        return 0;
    }
    m = goukei(n-1);
    printf("%d+%d=%d\n", m, n, (m+n));
    return m + n;
}

int main(void) {
```

```
    int kekka;
    kekka = goukei(100);
    printf("1-100までの合計は%d", kekka);
}
```

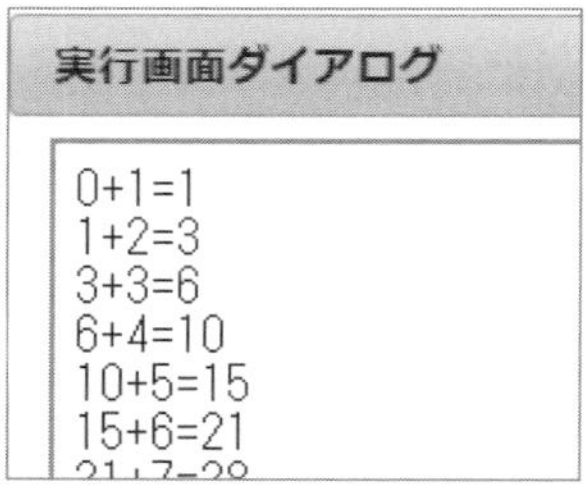

図2-12 実行過程の可視化

この再帰呼び出しと図形描画を組み合わせると面白い図形を描くことができます。その図形はフラクタル図形と呼ばれます。フラクタル図形は図形全体と拡大した部分が同じ（自己相似形）になっている図形で自然界もこのフラクタル図形で表現することができるものが多くあります。

図2-13 自然界のフラクタル図形（ロマネスコブロッコリー）

例えば第1部第4章で関数として利用したsankaku()を利用すると次のようなフラクタル図形を描画することができます。

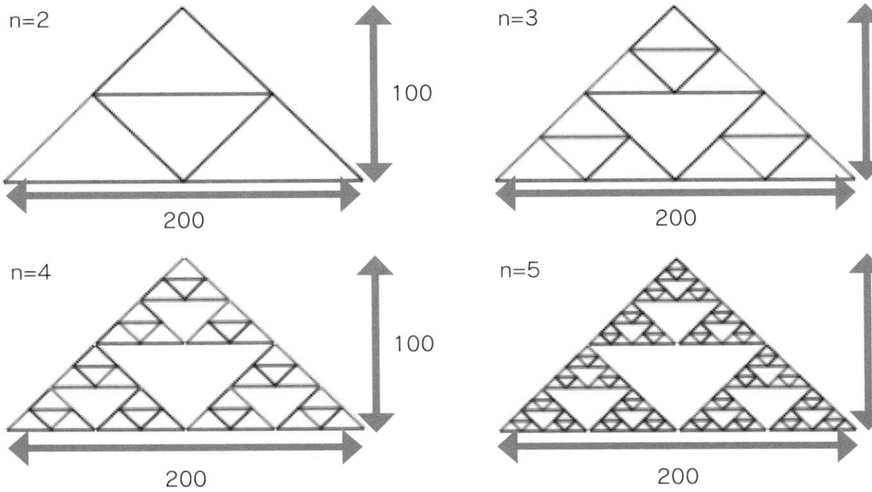

図2-14 フラクタル図形の例

このフラクタル図形は「シェルピンスキーのギャスケット」と呼ばれるもので、

1. 三角形を描く
2. 上下左右の大きさ（倍率：zoom）を半分にして元の三角形の中に3つの三角形を描く
3. これを指定回数（レベル：L）分繰り返す

というものです。sankaku()関数を次のように再帰呼び出しすることで描画することできます。

プログラムリスト 2-14 再帰呼び出しを利用したフラクタル図形の描画

```
#include <x.h>
#include <stdio.h>

void sankaku(int x, int y, float zoom) {
    setPen(x, y);
    movePen(100*zoom , 100*zoom);
    movePen(-200*zoom, 0);
    movePen(100*zoom, -100*zoom);
}
int L=1;
void sankaku_n(int n, int x, int y, float zoom) {
    if(n>=L) {
```

```
            sankaku(x,y,zoom);
        } else {
            zoom = zoom/2;
            n++;
            sankaku_n(n, x,y, zoom);
            sankaku_n(n, x-100*zoom, y+100*zoom, zoom);
            sankaku_n(n, x+100*zoom, y+100*zoom, zoom);
            sleep(0.3);
        }
}
int main(void) {
    int n;
    drawGrid();
    printf("描画レベル：");
    scanf("%d", &n);
    L=n;
    sankaku_n(1,250,100,1);
}
```

このプログラムを実行し描画レベルを5に指定すると次のように表示されます。

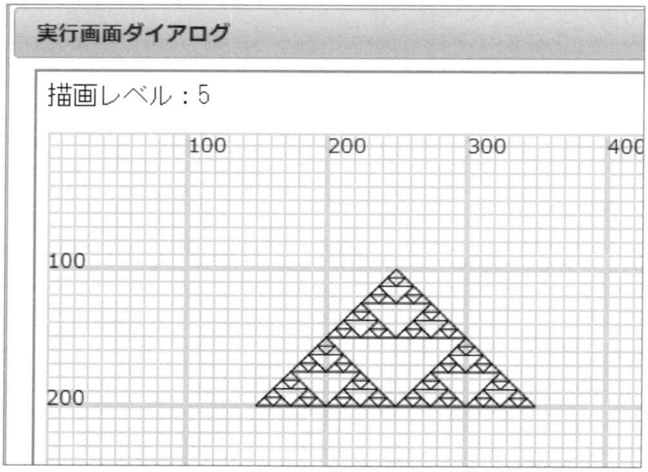

図2-15 再帰呼び出しによるフラクタル図形

第8節 関数の再帰呼び出しを利用した並べ替え（クイックソート）

再帰呼び出しを利用して並べ替えを行うこともできます。代表的なものとしてクイックソートがあります。クイックソートの並び替えの手順は次のようになります。

1. lenの要素のから1つを「軸(pivot)」として選ぶ。
2. 軸の値より小さい要素が軸より手前に，軸の値より大きい要素が軸より後ろに来るように並び替える（この時点では「小さい要素」「大きい要素」の中身は並び変わっていない）。
3. 「小さい要素」「大きい要素」それぞれを昇順に並び替える。並び替え方法には「クイックソート」自身を用いる。

プログラムリスト 2-15 クイックソートによる並べ替え

```
#include <stdio.h>
#include <stdlib.h>
#include <x.h>

void show(int len[],int min,int max,int i,int j,int pivot) {
    int k,y=0;
    clear();
    for(k=0; k<25; k++) {
        if (k<min || k>max) {
            setColor(200,200,200);
        } else if (k==i && k==j) {
            setColor(255,255,0);
        } else if (k==i) {
            setColor(255,0,0);
        } else if (k==j) {
            setColor(0,255,0);
        } else if (k==pivot) {
            setColor(0,0,255);
```

```
        } else {
            setColor(0,128,0);
        }
        fillRect(30, y, len[k], 10);
        y += 20;
    }
    sleep(0.1);
}
void qsort(int len[], int min,int max) {
    int pivot=min;
    if (min>=max) return;
    int i=min+1,j=max,tmp;
    while(1) {
        while(1) {
            show(len,min,max,i,j,pivot);
            if (len[i]>len[pivot]) break;
            if (i==j) break;
            i++;
        }
        while(1) {
            show(len,min,max,i,j,pivot);
            if (len[j]<len[pivot]) break;
            if (i==j) break;
            j--;
        }
        if (i<j) {
            sleep(0.1);
            tmp = len[i];
            len[i] = len[j];
            len[j] = tmp;
            show(len,min,max,i,j,pivot);
            sleep(0.1);
        } else break;
    }
    show(len,min,max,i,j,pivot);
    if (len[i]>len[pivot]) {
        i--;
        show(len,min,max,i,j,pivot);
```

```
    }
    tmp = len[pivot];
    len[pivot] = len[i];
    len[i] = tmp;
    show(len,min,max,i,j,pivot);
    qsort(len,min,i-1);
    qsort(len,i+1,max);
}
int main(void) {
    int len[25];
    int i, j, y, min, tmp;
    drawGrid();
    for(i=0; i<25; i++) {
        len[i] = rand()%400+10;
    }
    qsort(len,0,24);
}
```

クイックソートを行う関数qsort()を作成しました。qsort()では配列lenと位置の最大と位置の最小の3つの引数を設定します。main()関数ではqsort(len,0,24);としてlen配列の0番目から24番目を指定してqsort()関数を実行しています。qsort()関数では上（i）から下（j）で配列を操作し、下（j）の方が大きい場合は入れ替える処理を行います。

その後、qsort(len,min,i-1);とqsort(len,i+1,max);にて上下に分けた状態でqsort()関数を実行していきます。これにより最終的にすべての並べ替えが行われて処理が終了するのです。

Appendix

付 録

プログラムを作成する際に打ち込む特殊な文字の入力方法やC言語で使える演算子や関数をまとめています。わからない部分があった時や「C言語でこんなことはできないのかな？」と思った時に活用してください。

A）キーボードの入力方法

数字・英字・基本動作

数字入力 0-9	①の対応するキーを押します。機種によっては右端にあるテンキーと呼ばれるキーを使うこともできます。
英小文字入力 a-z	②の対応するキーを押します。
英大文字入力 A-Z	③の Shift キー（左右どちらか１つ）を押しながら②のキーを押します。
空白入力	④のキー（スペースキー）を押します。
移動	⑤の矢印キーでキャレット（編集位置）を移動します。
削除	⑥ BackSpace（バックスペース）でキャレットの直前１文字を削除します。Delete（デリート）でキャレットの直後の１文字を削除します。 ※Macでは がBackSpace、 がDelete

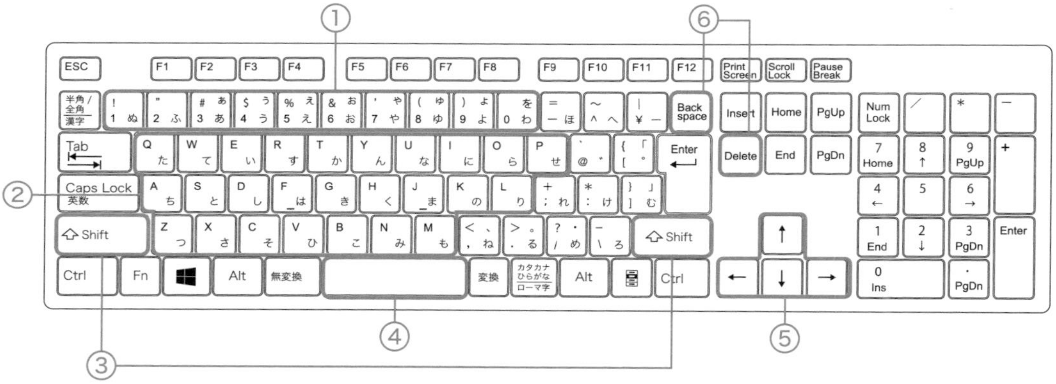

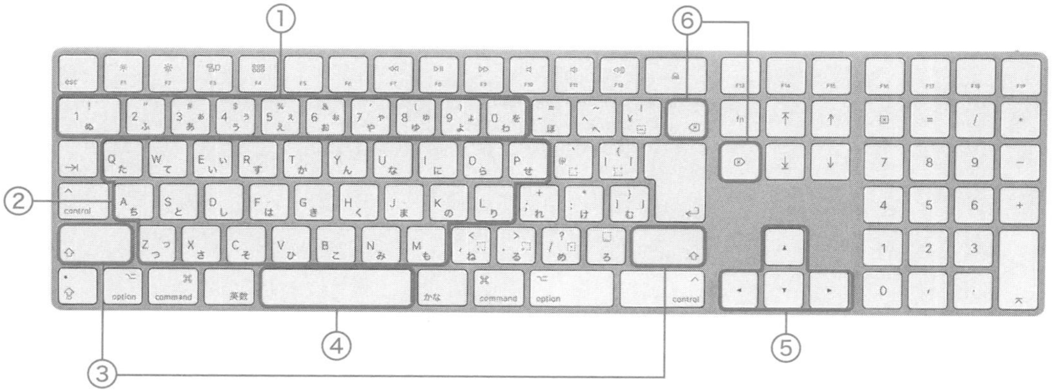

記号

記号	読み	入力方法（次ページの番号に対応）
#	シャープ	Shift ＋③
<	小なり・三角括弧（開き）	Shift ＋ 16
>	大なり・三角括弧（閉じ）	Shift ＋ 17
(	丸括弧・小括弧（開き）	Shift ＋⑧
)	丸括弧・小括弧（閉じ）	Shift ＋⑨
{	波括弧・中括弧（開き）	Shift ＋ 12
}	波括弧・中括弧（閉じ）	Shift ＋ 13
[	大括弧・四角括弧（開き）	Shift 押さずに 12
]	大括弧・四角括弧（閉じ）	Shift 押さずに 13
"	ダブルコーテーション・ダブルクォート	Shift ＋②
'	シングルコーテーション・シングルクォート	Shift ＋⑦
.	ピリオド・ドット	Shift 押さずに 17
,	カンマ・コンマ	Shift 押さずに 16
;	セミコロン	Shift 押さずに 14
:	コロン	Shift 押さずに 15
\	バックスラッシュ	Shift 押さずに 11
¥	円マーク	※バックスラッシュと同じ記号ですが、環境によっては円マークで表示されます。
=	イコール	Shift ＋ 10
+	プラス・たす	Shift ＋ 14
-	マイナス・ハイフン・ひく	Shift 押さずに 10
*	アスタリスク・かける	Shift ＋ 15
/	スラッシュ・わる	Shift 押さずに 18
%	パーセント	Shift ＋⑤
&	アンド・アンパサンド	Shift ＋⑥
|	オア・縦棒・パイプ	Shift ＋ 11
!	エクスクラメーション	Shift ＋①
_	アンダースコア・アンダーバー	Shift ＋ 19
?	クエスチョンマーク	Shift ＋ 18
$	ドル・ダラー	Shift ＋④

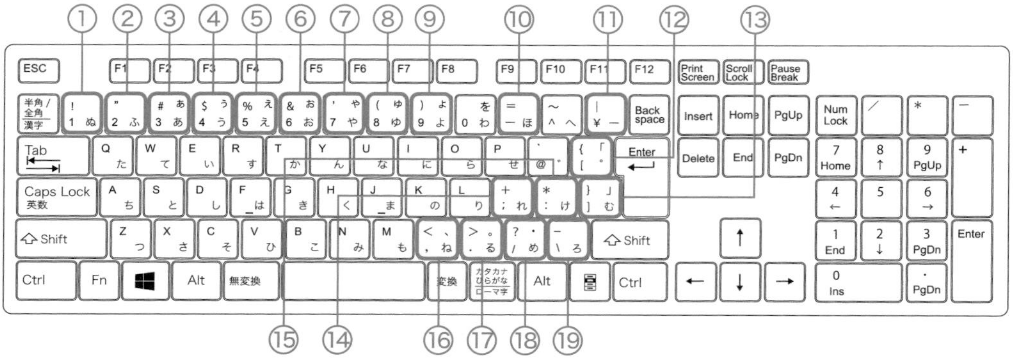
①
②
③
④
⑤
⑥
⑦
⑧
⑨
⑩
⑪
⑫
⑬
⑮
⑭
⑯
⑰
⑱
⑲

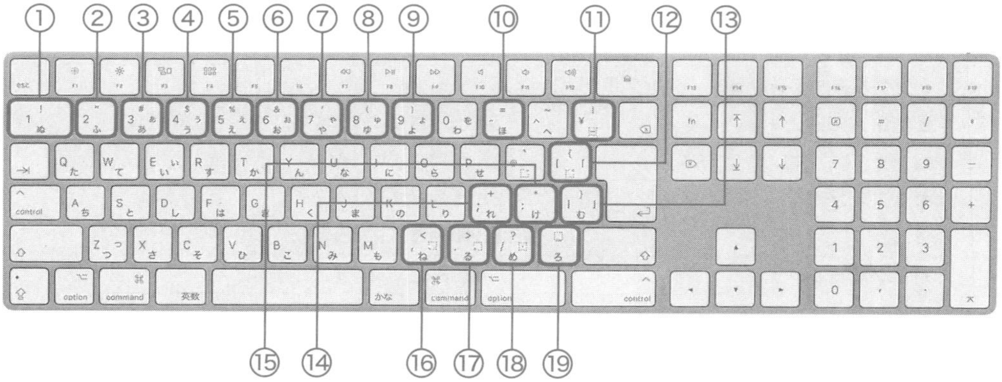
①
②
③
④
⑤
⑥
⑦
⑧
⑨
⑩
⑪
⑫
⑬
⑮
⑭
⑯
⑰
⑱
⑲

ショートカット（選択、編集、保存、検索、実行など）

※①Shiftおよび③Ctrl / commandは左右どちらかを押す

範囲の選択	① Shift を押しながら②矢印キー
コピー	③ Ctrl / command を押しながら④の C
切り取り	③ Ctrl / command を押しながら④の X
貼り付け	③ Ctrl / command を押しながら④の V
すべて選択	③ Ctrl / command を押しながら④の A
保存＋インデント修正	③ Ctrl / command を押しながら④の S
元に戻す	③ Ctrl / command を押しながら④の Z
検索	③ Ctrl / command を押しながら④の F
保存＋インデント修正＋実行	⑤ F9

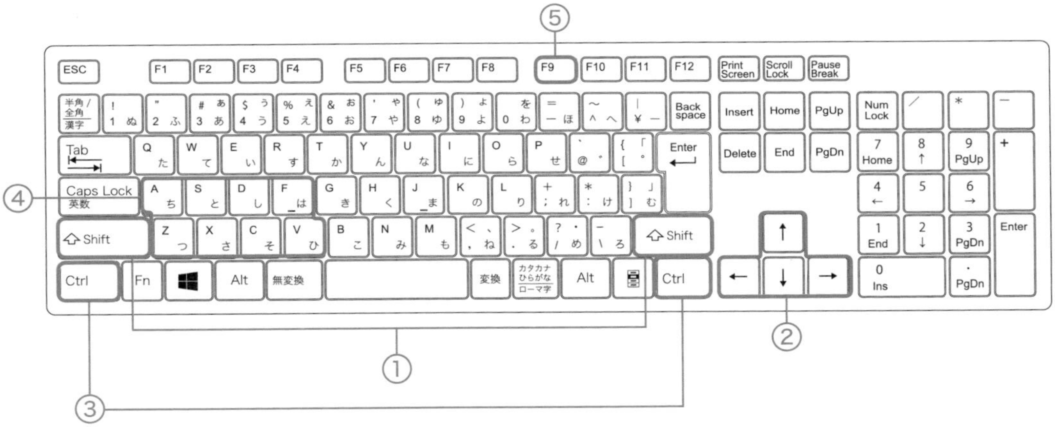

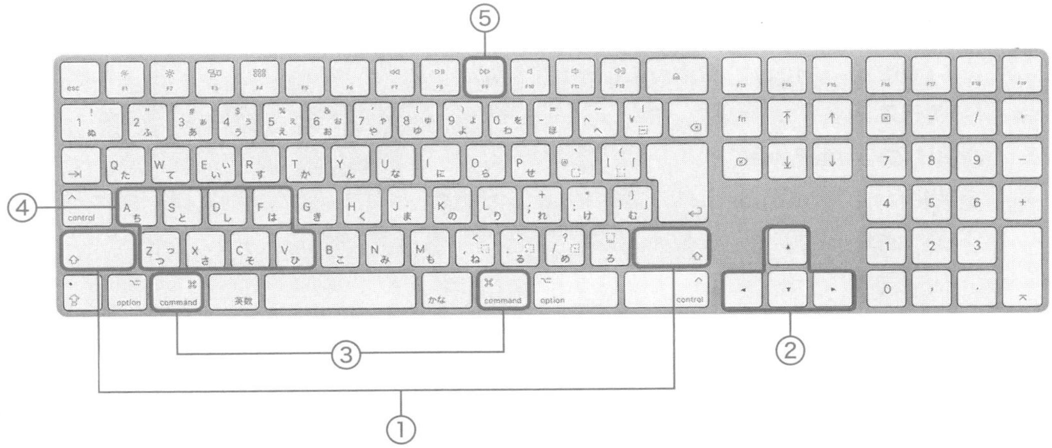

B) BitArrow の C と一般 C の違い（2019 年 3 月現在の状況）

- データ型は「int」「float」「double」「char」「void」およびそれらのポインタ型，構造体を使えます。
- 標準入出力（stdio.h）は「printf」「scanf」を使えます。
  - ・printf のフォーマットは「%f」「%d」「%c」「%s」に対応しています。桁数指定子に対応しています。
  - ・scanf のフォーマットは「%f」「%d」「%c」「%s」に対応しています。
- 数値関数（math.h）は次の関数に対応しています。
  - ・abs，acos，asin，atan，atan2，ceil，cos，exp，floor，log，max，min，pow，random，round，sin，sqrt，tan
- 文字列関数（string.h）は次の関数に対応しています。
  - ・strlen，strcpy，strncpy，strcmp，strncmp，strcat，strncat，memset，index，rindex，memcmp，memcpy，strstr
- 多次元配列に対応しています。
- BA-C 特有の仕様
  - ■ int と double/ float の代入は自動的に型が変換されます。
  - ■ 1 回の scanf で複数の値を入力させる場合は、すべての値を一行で入力してください。途中で改行するとそれ以降の値は入りません。
- 対応していない主な機能
  - ・関数ポインタ
  - ・共用体
  - ・プロトタイプ宣言における変数名の省略。例えば、void f(int, int); は void f(int x, int y); のように記述してください。
  - ・キャスト
  - ・引数つき #define
  - ・#define #include 以外のプリプロセッサ指令。
  - ・三項演算子
  - ・列挙型

C) 変数とポインタ変数の早見表

	単純変数	配列変数	ポインタ変数
宣言方法	Rect r; 引数の場合 : func(Rect r) {..}	Rect r[3]; 引数の場合 : func(Rect r[]) {..}	Rect *r; 引数の場合 : func(Rect *r) {..}
アドレスになるもの	&r (r が格納されている場所のアドレス)	r （配列の先頭のアドレス） &r[i] （i 番目の要素のアドレス）	r
アドレスではないもの（実体）	r	r[i] （i 番目の要素の実体）	(*r) （r によって指されている Rect の実体）
構造体のメンバへのアクセス	r.x	r[i].x	(*r).X r->X と書くこともできる

D) 演算子早見表

算術演算子

演算子	構文	説明
+	x+y	x と y を足す
-	x-y	x から y を引く
*	x*y	x に y をかける
/	x/y	x を y で割る
%	x%y	x を y で割った余りを求める

代入演算子

演算子	構文	説明
=	x = y	x に y を代入する
+=	x += y	x に x+y を代入する
-=	x -= y	x に x-y を代入する
*=	x *= y	x に x*y を代入する
/=	x /= y	x に x/y を代入する
%=	x %= y	x に x%y を代入する

インクリメントとデクリメント

演算子	構文	説明
++	i++ または ++i	i に 1 を加える
--	i—または --i	i から 1 を引く

比較演算子

演算子	構文	説明
==	x == y	x と y が等しいか調べる
!=	x != y	x と y が等しくないか調べる
>	x > y	x が y より大きいか調べる
>=	x >= y	x が y 以上か調べる
<	x < y	x が y より小さいか調べる
<=	x <= y	x が y 以下か調べる

論理演算子

演算子	構文	説明
&&	A && B	A と B ともに真なら真
||	A || B	A または B が真なら真

E）予約語一覧

次の単語はC言語では予約されているため変数などの識別子として使うことはできません。

auto, break, case, char, const, continue, default, do, double, else, enum, extern, float, for, goto, if, int, long, register, return, short, signed, sizeof, static, struct, switch, typedef, union, unsigned, void, volatile, while

F）関数早見表

#include<stdio.h>

書式	説明
printf(" フォーマット ", 値 , 値 …);	フォーマットに従って値を出力します。
scanf(" フォーマット ", & 変数 , & 変数 …);	フォーマットに従ってキーボードから値を入力し、指定された変数に格納します。

フォーマットには次のものを指定できます:

%d….整数の値(10進数表記)
%f….実数の値(10進数表記)
%c….一文字
%s….文字列(文字の配列またはポインタ)
%x…. 整数の値(16進数表記、a-f小文字)
%X…. 整数の値(16進数表記、A-F大文字)
%o…. 整数の値(8進数表記)
%%…. %という文字自身
それ以外の文字…. そのまま出力または入力します

#include<stdlib.h>

書式	説明
rand()	0 以上 RAND_MAX 未満の乱数を返します。
RAND_MAX	rand() で返される値の最大値です。

#include<math.h>

書式	説明
abs(double a)	絶対値を求めます。
acos(double a)	arc cosine を求めます。
asin(double a)	arc sine を求めます。
atan(double a)	arc tangent を求めます。
atan2(doule a, double b)	a,b より arc tangent を求めます。
ceil(double a)	小数点以下の数値を切り捨てます。
cos(double a)	cosine を求めます。
exp(double a)	底数 e の指数関数を計算します。
floor(double a)	小数点以下の数値を切り上げます。
log(double a)	自然対数を計算します。
max(double a, double b)	大きい方の値を求めます。※ A
min(double a, double b)	小さい方の値を求めます。※ A
pow(double a)	べき乗を求めます。
random()	0 以上 1 未満の実数乱数を求めます※ B
round(double a)	四捨五入します。
sin(double a)	sine を求めます。
sqrt(double a)	平方根を求めます。
tan(double a)	tangent を求めます。

※A: 一般的なC言語ではfmax と fmin という名前です。
※B: 一般的なC言語では使えません。

#include<string.h>

書式	説明
strlen(char *s)	文字列の長さを求めます。
strcpy(char *s1, char *s2)	s2 を s1 にコピーします。
strncpy(char *s1, char *s2, size_t n)	s2 を s1 に n 文字コピーします。
strcmp(char *s1, char *s2)	s1 と s2 を比較します。
strncmp(char *s1, char *s2, size_t n)	s1 と s2 を n 文字比較します。
strcat(char *s1, char *s2)	s1 に s2 を連結します。

書式	説明
strncat(char *s1, char *s2, size_t n)	s1 に s2 を n 文字連結します。
memset(void *buf, int ch, size_t n)	メモリに指定バイト数の値をセットします。
index(char *s, int c)	最初に文字が現れる位置を調べます。
rindex(char *s, int c)	最後に文字が現れる位置を調べます。
memcmp(void *s1, void *s2, size_t n)	メモリ上で s1 と s2 を n 文字比較します。
memcpy(void *b1, void *b2, size_t n)	b1 に b2 を n 分コピーします。
strstr(char *s1 , char *s2)	s1 に s2 があるか調べます。

#include<x.h>※BitArrow専用の関数です。

書式	説明
void setColor(int r,int g,int b);	描画に使う色を指定します。 r: 色の赤成分 (0-255) g: 色の緑成分 (0-255) b: 色の青成分 (0-255)
void fillRect(int x,int y,int width,int height);	四角形を描画します x: 描画位置（左上）の x 座標 y: 描画位置（左上）の y 座標 width: 四角形の横幅 height: 四角形の縦幅
void drawString(char *string,int x,int y);	文字列を描画します string: 描画する文字列 x: 描画位置（左上）の x 座標 y: 描画位置（左上）の y 座標
void drawNumber(int number,int x,int y);	数値を描画します number: 描画する数値 x: 描画位置（左上）の x 座標 y: 描画位置（左上）の y 座標
void drawLine(int x1,int y1,int x2,int y2);	点 1(x1,y1) と点 2(x2,y2) を結ぶ直線描画します x1: 点 1 の x 座標 y1: 点 1 の y 座標 x2: 点 2 の x 座標 y2: 点 2 の y 座標
void fillOval(int x,int y,int width,int height);	円（楕円）を描画します x: 描画位置（左上）の x 座標 y: 描画位置（左上）の y 座標 width: 楕円の横幅 height: 楕円の縦幅
void setPen(int x,int y);	線を描くときに、開始点を設定します。 x: 開始点の x 座標 y: 開始点の y 座標

書式	説明
void movePen(int dx,int dy);	線を描きます。前回 setPen で設定した場所、または直前の movePen で移動した場所からの相対座標を指定します。 dx: 描く方向の相対座標（x 座標） dy: 描く方向の相対座標（y 座標）
void update();	グラフィックスを実際に描画し、数ミリ秒待機します。次のような状況で呼び出してください。 ・アニメーションを行う場合に、1 コマ分の表示を行う ・scanf を行う直前に、それまでに描いた絵を表示する
int getkey(char* k);	キー入力を判定します k: キーの名前を文字列で指定します。 ・Left, Right, Up, Down : カーソルキーの上下左右 ・space: スペースキー ・Z: アルファベット A-Z ・0-9: 数字キー ・Shift_L: 左シフトキー ・Shift_R: 右シフトキー ・Button1: マウスの左ボタン 戻り値： 0 ＝押されていない　1 ＝押されたばかり　2 以上＝押し続けられている
void clear();	実行画面に描かれたグラフィックスを消します。アニメーションで物が動いて見えるように表示させたいとき、そのフレームの描画を行う前に使います。
void drawGrid();	実行画面に座標を表示します。一度呼ぶだけで clear 命令が呼ばれても座標は表示され続けます。
void setLineWidth(int w);	movePen 命令と drawLine 命令で描かれる線の太さを設定します。初期値は 1 になっています。0 や負の値は無視されます。 w: 描く線の太さ
void sleep(int sec);	指定秒数処理を止めます。 sec: 処理を止める秒数
void setTextSize(int sz);	drawString 命令と drawNumber 命令で描かれる文字のサイズを設定します。 sz: 描く文字のサイズ

G) 教員向けの機能

教員向けには次の機能を提供しています。

・先生の登録
先生のためのアカウントを発行いたします。メールアドレスが必要になります。
・クラスの管理
先生毎にクラスを複数作成できます。さらに、クラス毎に学習者(ユーザ)を複数登録可能です。
・ユーザの状況把握
ユーザが現在行っている活動をタイムライン形式で閲覧できます。
・ユーザの作成したファイルの一括ダウンロード
ユーザが作成したファイルをzip形式でまとめてダウンロードできます。
・プログラム配布
教員が作成したプログラムを配布することができます。

詳しい使い方はBitArrowページ(https://bitarrow.eplang.jp/)より参照してください。2019年3月現在、ページ左側のメニュー「教員の方へ」より参照できます。

索 引

記号

英字

な行

は行

ま行

や行

ら行

■著者略歴

飯塚 康至（いいづか やすし）

ビジネス・ブレイクスルー大学経営学部ITソリューション学科専任講師
明星大学 非常勤講師，法政大学 兼任講師
株式会社つばさ商会代表取締役

長 慎也（ちょう　しんや）

明星大学情報学部情報学科教授
研究室ではプログラミング教育のために新しい開発環境と教材の開発を行っている。
著書に『初級Java ～やさしいJava～』（共著者：筧 捷彦、飯塚康至）など。

●装丁　小野貴司
●本文デザイン／レイアウト　BUCH+

楽《たの》しく学《まな》ぶC言語《げんご》

2020年1月31日　初版　第1刷発行

著　者　飯塚 康至、長慎也
発行者　片岡 巌
発行所　株式会社 技術評論社
東京都新宿区市谷左内町21-13
電話　03-3513-6150　販売促進部
03-3267-2270　書籍編集部

印刷／製本　昭和情報プロセス株式会社

定価はカバーに表示してあります。

ISBN978-4-297-11057-4 C3055
Printed in Japan

本書へのご意見、ご感想は、技術評論社ホームページ（http://gihyo.jp/）または以下の宛先へ、書面にてお受けしております。電話でのお問い合わせにはお答えいたしかねますので、あらかじめご了承ください。

〒162-0846
東京都新宿区市谷左内町21-13
株式会社技術評論社　書籍編集部
『楽しく学ぶC言語』係

FAX　03-3267-2271